U0393040

INDOOR AIR POLLUTION
室内空气污染概论

张淑娟　著

科学出版社
北　京

内 容 简 介

作者及其研究团队自20世纪90年代末开始致力于室内空气污染防治研究，主要研究方向包括室内空气品质调查与评价、室内空气污染数值模拟、室内空气污染治理技术研究、室内空气污染防治管理规范研究等。本书经反复修订、校核和增补，汇集了作者长期从事环境科学与室内空气污染防治研究的主要科研成果，其中不乏实际调查案例、科学实验成果以及多年教学心得体会。本书共十一章，内容丰富、实用性强，可作为高等院校环境科学、环境工程、建筑环境、环境卫生、通风及空调工程等相关专业教材，也可供从事室内空气污染控制、室内空气品质评价监测研究等技术与管理人员使用和参考。同时，本书通俗易懂，是公众很好的环境健康科普读物。

图书在版编目(CIP)数据

室内空气污染概论/张淑娟著. —北京：科学出版社，2017.6

ISBN 978-7-03-052006-7

Ⅰ. ①室…　Ⅱ. ①张…　Ⅲ. ①室内空气–空气污染–概论　Ⅳ. ①X51

中国版本图书馆CIP数据核字(2017)第044508号

责任编辑：万　峰　朱海燕/责任校对：张小霞

责任印制：吴兆东/封面设计：北京图阅盛世文化传媒有限公司

科学出版社 出版

北京东黄城根北街16号

邮政编码：100717

http://www.sciencep.com

北京厚诚则铭印刷科技有限公司印刷

科学出版社发行　各地新华书店经销

*

2017年6月第　一　版　开本：787×1092　1/16

2024年3月第五次印刷　印张：14 1/2　插页：5

字数：345 000

定价：69.00元

(如有印装质量问题，我社负责调换)

序

当前，空气污染问题受到社会各界的广泛关注，相对于室外大气环境，室内空气污染容易被忽视。人们在室内活动的时间往往多于室外，我国城市居民每天平均有 60%~90% 的时间于室内度过，室内空气质量的优劣密切关系着人们的身体健康，尤其是老弱病残孕幼等敏感群体。

随着现代人对生活品质要求的提高，人们对家居及办公环境装修装饰的需求越来越大。但市场上装修产品良莠不齐，加上装修材料环保标准尚待完善，装修材料对室内环境存在较大的污染隐患。甲醛、TVOC、苯系物等已成为我国新装修室内环境的常见污染物，而对于 $PM_{2.5}$、氮氧化物、硫氧化物等主要来源于室外的污染物，其暴露时间也多出现在室内。近年来大量研究表明，频发的呼吸道疾病、肺癌等多种疾病在一定程度上与室内空气污染相关联。同时，越来越多室内工作者受到“病态建筑综合征”（sick building syndrome，SBS）的影响。2016 年 5 月 23 日第二届联合国环境大会发布的一份报告表明，世界每年因环境恶化而过早死亡的人数比冲突致死的人数要高 234 倍，其中，室内空气污染引发的相关疾病死亡人数达到 430 万人，发展中国家的妇女和儿童占很大比例。可见，室内空气污染问题对人类的身体健康存在很大威胁，必须引起高度重视。

本书作者带领的研究团队自 20 世纪 90 年代末就开始从事室内空气污染相关课题的研究，21 世纪初成立了广东省首个高校“室内环境污染防治研究中心”，在广东省首次开展了“中心城市群室内空气污染调查”、广东省国立中山图书馆室内空气质量跟踪调查与研究、广州市中心城区办公环境健康调研等系列课题，并对广州、深圳、佛山、中山等珠三角中心城区的办公室、家居环境、公共场所与轨道交通（地铁、汽车等）的室内环境等进行了 8 年多的室内空气监测与调研工作，掌握了丰富的室内空气污染第一手资料。作者于 2003 年在国内率先开设了《室内空气污染》本科课程，为本科生讲授室内空气污染基本知识及案例，培养的十多届研究生均在室内空气污染调查及治理技术上进行延续性的研究，教研相长，在室内空气污染方向积累了丰富的经验成果，形成了独到的见解。

本书立足于目前国内外的研究现状，从不同角度解读室内空气污染特征、现状与危害性，以及目前主要的研究方向等内容。结合研究团队多年来的研究成果，从室内空气质量调查与评价、空气污染数值模拟、室内污染治理技术研究、防治管理规范研究等方面提供丰富全面的学科前沿信息。同时，本书内容贴近实际需求。本研究团队花了 8 年多的时间，深入不同的家居、办公、公共场所等室内环境进行监测调研，分析当前室内空气污染的特征，了解人们对室内空气污染的认知情况与实际需求，使得本书内容更贴近当前室内空气污染控制的现状和需求。

本书既具有较强的专业性，同时又具备实用性，希望能够帮助读者提高室内污染防治意识，预防室内空气污染，营造健康的室内生活环境，同时也为相关专业人士提供技术参考。

张培宏

2017年3月20日

前 言

随着经济的发展、城市化进程的加快和人民生活水平的提高，人们的生活环境与生活方式都发生了明显的变化，室内空气污染问题日渐突出并受到社会各界的普遍关注，并已成为我国室内环境与健康及公共卫生等领域的研究热点。

根据《中国人群暴露参数手册》（环境保护部，2013 年），我国城市居民每天约有86%的时间于室内度过，老年人、婴幼儿等在室内的时间更长。室内空气质量对人体健康的重要性不言而喻，同时，它对人们的工作和学习效率以及生活的舒适度也有重要的影响。

装饰装修材料、家具等可能散发有毒有害物质；吸烟所产生的烟雾也是室内空气污染的重要来源；烹饪、取暖时，化石及生物燃料的燃烧会产生大量对健康有害的污染物。同时，现代建筑普遍密闭性增强，新风量减少，也加剧了室内空气污染的程度。

2005 年广东省首次室内空气质量调查结果显示，广东省室内空气污染呈现以有机物污染为主等特征，其中甲醛、总挥发性有机物（total volatile organic compounds，TVOC）污染较严重，超标率均达到 50%以上。2016 年世界卫生组织发布的《通过健康环境预防疾病：对环境风险疾病负担的全球评估》报告（第二版）指出，频发的呼吸道疾病、肺癌等多种疾病在一定程度上与室内空气污染相关联，空气污染会对呼吸系统，心血管系统等产生重要影响已成为共识。与此同时，越来越多的室内工作者受到了“病态建筑综合征”及办公室病（office illness，OI）的影响。2014 年广州中心城区办公环境健康调研活动中回收的近四千份调查问卷统计结果显示，被调查人群出现困倦、嗜睡症状的高达50.59%，有呼吸系统疾病、头晕头痛症状等也超过 30%；调查同时显示出人们对室内环境污染的关注程度较高，但对其内涵、危害及防治方法等缺乏正确认识。

让更多人正确认识到室内空气污染问题，了解如何改善室内空气质量的科学方法，采取合适的防治措施改善室内环境质量，营造健康的室内环境，降低污染环境所造成的损失，正是作者编写本书的主要目的。

本书全面总结了作者多年的教学积累与研究成果，内容涵盖了室内空气污染研究的各个方面。在梳理国内外室内空气污染相关研究进展的基础上，结合实例对室内空气污染的现状、来源、危害、监测方法、品质评价以及控制技术等进行了系统的阐述。

本书共计十一章。第一章绪论，介绍了室内空气品质问题与室内空气污染的研究历史和现状。第二、三章，针对室内空气污染的特点，介绍了污染物的来源、分类、存在状态和性质。第四章，从室内空气污染物的毒理特性与健康效应着眼，探讨室内空气污染物单项和联合作用时对人体健康的危害。第五章，介绍了室内空气三大类监测即污染源监测、空气质量监测和特定目的监测的基本要求与监测方法。第六章，结合目前国内外普遍运用的评价方法和相关案例对室内空气品质评价进行详细介绍。第七至十章，系统阐述了室内空气污染防治的思路、对策和技术方法，使读者了解和掌握室内空气污染现有的防治手段。第十一章，结合本研究团队多年的研究实例，分类介绍了日常生活及办公环境空气质量调查与污染特征研究的典型案例。附录提供了室内空气污染物的测定方法、公共场所室内环境卫生标准相关节选、民用建筑工程室内环境污染控制规范和绿色建筑评价与等级划分，以方便读者查阅相关的标准规范。

参与本书编写的有谢子钊、江浩芝、陈宇荣、冯良机、毛文锋。

同时，感谢苏志锋、许培源、黄耀棠、王棋、孙淑冰、徐芬芬、赵婉君、陆剑、何能贤、张旭兰、黄柳祯、章婷婷、刘元哲、冀建平、杨伯杰、谢汉文、马旋智以及历届学生在本书编写过程中提供帮助。

特别感谢张培震院士百忙之中为本书作序。

由于作者水平有限，本书的内容难免有疏漏和不当之处，恳请有关专家学者及广大读者补充指正为盼。

作者

2017 年 3 月

目　录

第一章　绪　论

“室内”是与人类生存关系最为密切的环境。这里所说的“室内”主要是指居室内，从广义上讲，也包括办公场所、体育馆、健身房、餐厅、商店、书店、展览馆、博物馆、图书馆、候车室等一般公共场所和歌舞厅、影剧厅、音乐厅、美容场所、理发店等特殊公共场所以及飞机、汽车、火车等交通工具。

自工业革命以来，人们的生活发生了质的飞跃，但快速的工业化和经济发展却导致大气环境状况不断地恶化，我国大气污染问题持续严峻。大气污染物及其可能带来的健康危害问题更是引发了我国政府、公众和媒体的高度关注。当人们一直致力于治理大气污染时，室内环境装修装饰时所带来的室内空气污染（indoor air pollution）往往被人们忽略。

国外早在20世纪中期就开始进行室内空气质量研究，20世纪80年代，美国、加拿大、日本和欧洲各国的报纸杂志上频繁出现病态建筑物综合征（sick building syndrome，SBS）的词汇。世界卫生组织（WHO）于1982年把室内空气污染引起人们身体的眼、鼻、咽喉部位有刺激感、头疼、易疲劳、呼吸困难、皮肤刺激、嗜睡、哮喘等非特异症状称为病态建筑物综合征（SBS）（WHO，1982）。近年更是有研究（王凡，2013；Ahmed and Syed，2007）不断表明，频发的支气管炎、呼吸道疾病、肺癌等多种疾病在一定程度上与室内空气污染相关联，室内空气污染问题才逐渐为大众所关注。室内空气污染问题相对普遍，污染物种类多样，影响因素复杂，人们逐渐认识到室内空气质量（indoor air quality，IAQ）的重要与迫切性，主要原因可归类为以下三点。

（1）室内是人们接触最频繁密切的环境之一。现代人平均有60%~90%的时间在室内度过，室内空气质量时刻影响着人们的工作与生活。尤其是老、弱、病、残、孕、幼等敏感人群，在室内活动的时间更长，室内空气质量对他们更为重要。

（2）室内空气污染物种类日趋增多，对健康具有潜在危害。室内空气污染物主要分为物理性、化学性、生物性和放射性四大类，仅化学性中的室内挥发性有机物检出种类就达500多种，常见的种类包括甲醛、苯及其同系物等，不同剂量范围可产生不同的健康效应，如刺激、过敏和病变等。

（3）室内空气污染物不易去除。部分室内空气污染物如甲醛主要来源于木制板材所用的粘合剂，其甲醛的释放往往具有持久性，有些可长达3~5年，甚至十几年。大多数的治理方法只能处理部分已散发出来的污染物，而不能达到根除的效果。与此同时，随着世界能源的日益紧张，许多地方开始过分地追求建筑的密闭性与能源节约而忽视了对人体健康的影响，造成室内通风能力下降，室内空气污染物不易扩散，增加了污染物与室内人群的接触水平。

因此，在经历了工业革命带来的“煤烟型污染”和“光化学烟雾型污染”之后，现代人正进入以“室内空气污染”为标志的第三污染时期。

第一节　室内空气污染概述

一、问题提出

随着科技的快速发展以及生活水平的提高，人们对居室和工作环境美观的要求不断提高。然而，在追求居室美观与功能的同时，室内空气污染这一“隐形杀手”正扼杀着人们的健康，这使得平均每天60%~90%时间处于室内的现代人开始关注室内空气质量。针对室内空气质量问题，美国成立了专门机构负责空气质量工作，并历时5年进行专题调查，结果发现，许多民用和商用建筑，室内的空气污染程度是室外空气污染的 2~5 倍，有的甚至超100倍。目前在室内空气中已检测出的挥发性有机物多达500余种，其中有致癌物质20余种，致病物质200余种。Loh等（登启红等，2015；Loh et al.，2007）研究人员利用美国室内外环境污染数据估测发现，导致癌症高风险的污染物依次是1,3-丁二烯、甲醛和苯，总风险中的69%来自室内污染暴露；室内源污染中甲醛暴露风险为70%，苯为20%。

美国相关检测机构统计公布，世界上30%的新建和重修的建筑物中发现有害于健康的室内空气成分，这些有害成分已经引起全球的人口发病率和死亡率的增加。在美国每年因病态建筑物综合征的医疗费开支和劳动生产率的损失估计达到6000万美元。Logue（2012）对室内空气污染导致的慢性健康危害产生的工作时间损失进行了研究，发现导致室内空气污染因子中危害最大的为$PM_{2.5}$，其次为丙烯醛、甲醛和臭氧。而在中国，室内空气环境中的$PM_{2.5}$和甲醛等有机物的污染往往更高。

中国室内装饰协会环境检测中心调查统计显示，室内空气污染程度常常比室外空气污染严重 2~3 倍，甚至可达几十倍，每年国内由室内空气污染引起的死亡人数超过 10万人。来自世界银行的一份研究表明，中国目前每年由于室内空气污染造成的损失，如果按支付意愿价值估计，约为106亿美元。

2014年3月，世界卫生组织发布新的估计数字，称2012年空气污染造成约700万人死亡，也就是全球每八位死者中就有一位死于空气污染。从区域看，东南亚区域和西太平洋区域的低收入和中等收入国家2012年空气污染相关负担最重，总计330万例死亡与室内空气污染有关，260万例死亡与室外空气污染有关。2016年5月，第二届联合国环境大会新发布的报告也表示出空气污染是影响死亡率的重要因素之一，其中世界各地每年约有430万人死于空气污染，尤其是发展中国家的妇女和儿童。近日，著名医学期刊《柳叶刀》上刊登的一项大型研究同样值得国人高度关注。该研究由华盛顿大学健康测量与评估研究中心（IHME）牵头完成，通过对包括中国在内的全球188个国家和地区1990~2013年的健康数据进行统计分析，并发表了一篇题为《1990~2013年中国240种疾病别死亡率原因：2013年全球疾病负担研究的一项省级水平的系统性分析》的论文，该论文主要研究数据来自于中国和美国学者共同参与的全球疾病负担项目。该研究将中国的不同地区及省份重新组合并划分为五个组，并指出江苏、海南、广东、福建、湖北、湖南该组合有相对更高的预期寿命，但由于癌症或慢性阻塞性肺部疾病造成的死亡率较高，室内空气污染作为中国居民健康损失的十大因素之一，与慢性阻塞性肺病有着很大的关联性（Prof Maigeng Zhou et al，2016）。

因此，由上述室内空气污染物的种类数量、致癌风险比例、经济损失数额和疾病死亡率等研究数据可以看出，室内空气污染是“室内隐形杀手”，严重威胁着人体的健康，亟须公众的关注与重视。

二、室内空气污染的定义

空气污染分为室外空气污染与室内空气污染。平时所说的室内空气污染可以定义为：由于室内环境引入能够释放对人体有害物质的污染源或室内环境通风不佳而造成室内空气中有害物质的种类或数量不断累积增长，并对人体健康产生损害的过程。

三、室内空气污染特点

室内环境污染物来源广、种类多、危害程度不同，同时由于在建筑设计中越发重视节能效益，建筑与外界的通风性较差，造成室内室外环境截然不同，因此室内环境污染具备以下特点：

1. 多样性

室内空气污染主要包括物理性、化学性、生物性和放射性四大类。物理性污染是指因物理因素，如电磁辐射、噪声以及不合适的温度、湿度等引起的污染。化学性污染主要包括挥发性有机物污染源和无机化合物污染源。生物性污染主要来自人为活动、宠物、代谢产物以及生活废弃物等。放射性污染主要来自石材或土壤。与此同时，这些污染物还可相互作用，形成二次污染物综合作用于人体。

2. 影响范围广

室内空气污染涉及的影响范围较广，包括家居环境、办公室、图书馆、医院、教室、娱乐场所等公共环境以及飞机、汽车、火车等交通工具。

3. 短期污染浓度高

刚装修完的室内环境，由于装修材料（如油漆或涂料）释放污染物的速率较大，若不进行适宜地通风扩散，很容易造成污染物浓度累积剧增。

4. 人员暴露时间长

污染物的释放周期一般较长，如室内甲醛的释放周期可达3~15年，而对于放射性污染物如氡，其释放时间可能更长。同时，根据我国环境保护部统计（环境保护部，2013），我国人群暴露于室内的时间可达到1200min/d，美国为1159min/d，日本为948min/d，这说明我国人群每天暴露于室内空气污染环境中的时间相对较长。

5. 危害的表现时间不一

有的污染物在短时间内就可对人体造成极大伤害，如浓度相对较高的污染物；有的则具有潜伏性，如放射性污染物，潜伏期可达几十年之久。

6. 健康危害不清

目前人们对一些室内空气污染物长期作用于人体健康的机理及阈值剂量尚不清楚。据统计（环境保护部，2013），我国 18~59 岁的城市人群长期呼吸量约为 16.0m³/d，这意味着，长期吸附一些低浓度的室内空气污染物所累积的危害不容小觑。

第二节　研究室内空气污染的意义

人们在步入信息时代之后，生活方式的转变使得人们停留在室内的时间越来越长，室内空气质量更加引起了人们的关注。近年来大量研究表明，建筑相关的病态综合征发生越发频繁，许多人会出现不同程度的不适症状，因此认识清楚室内空气污染的危害，让更多的人了解室内空气污染的相关知识，对控制室内空气污染，改善室内空气质量，提高人们的身心健康十分重要。

以下简单列举了室内空气污染对社会产生的主要危害。

一、危害人体健康

建筑材料，装修材料和家具中含有甲醛、苯、氨、氡等危害人体健康物质。例如，甲醛对人健康的影响主要表现在刺激、过敏和病变三个方面。世界卫生组织和国际癌症研究中心已将其列为可疑致癌物质。苯是强烈的致癌物，人在短时间内吸入高浓度的甲苯、二甲苯时，轻者会头昏、头痛、恶心、意识模糊，严重者可致昏迷以及呼吸循环衰竭而死亡。氡无色无味，即使浓度很高时也无法察觉，但是它具有放射性，是致肺癌的重要因素之一。世界卫生组织 2011 年 9 月发布的《室内空气污染与健康》文章中显示：全球 4%的疾病与室内空气质量相关，包括慢性呼吸道疾病、肺炎、肺癌等。因此，暴露于不良室内空气中，人体受到的健康危害可能是短期的，也可能是长期的，不同程度的污染对人体产生的危害不同。

二、造成经济价值受损

室内空气质量与工作效率有着密切的关系，由此产生的缺勤与就医费用损失巨大。据《美国医学杂志》报道，在美国每年因呼吸道感染就医的人数达 7500 万次，每人每年估计损失 1.5 个工作日，因缺勤损失高达 590 亿美元。由于室内空气质量而引起装修公司与业主之间、雇员与雇主之间、房东与房客之间关系紧张，纠纷时有发生，由此可造成材料受损，制造商信誉下降，甚至引起法律争端等问题，浪费人力与物力。国际研究经验表明加强室内空气的质量，通常不需要增加太多的费用，从而提高工作效率，间接减少经济损失。

室内空气污染对社会所造成的危害远不止以上两点。通常，室内空气污染还可造成室内用品的表面污染或损坏，缩短使用寿命，加剧有害物质释放，或者加重人们的心理压力等。

因此，研究室内空气污染不仅可以保护人们的身体健康，减少财产损失和环境纠纷等，还可以进一步了解室内环境现状与污染特征，更有效地帮助人们正确的认识与预防室内空气污染问题，提高全社会的环保意识，为寻求安全科学的预防与治理方法提供重要的指导依据。

第三节 室内空气污染研究历史与现状

一、国外的研究

（一）国外室内空气污染研究现状

国外有关室内空气污染问题的研究是从20世纪60年代开始的（李友平，2011；唐孝炎等，2006），此时国外装修热正大规模兴起。当时的研究主要集中在室内与室外空气质量的关系，以及室内空气污染物与人体健康的关系。

1965年，荷兰学者Biersteker等进行了第一个系统的、大规模的室内与室外空气质量的关系研究，研究表明室内外的空气质量存在显著差异，且室内的空气质量严重地影响到人体的健康。1976年，一起军团病事件的爆发，更加引起了国际组织、政府部门及科学界对室内环境问题的重视。

1979年，世界卫生组织召开了室内空气品质与健康国际会议，至1990年，世界卫生组织共召开了八次关于室内空气质量（IAQ）的会议。1984年和1986年由欧洲共同体和美国采暖、制冷与空调工程师学会（American Society of Heating, Refrigerating and Air-Conditioning, ASHRAE）分别召开了IAQ会议。1991年ASHRAE与国际建筑研究学会（CIB）联合举办了首次健康建筑与IAQ国际会议。此前，几乎每年都召开各种小型的有关室内空气品质研究的会议（马仁民，1999；李晓蕾等，2009）。

1997年在华盛顿召开的健康建筑和室内空气品质国际会议，会议交流内容包括室内空气污染对人体健康影响、室内空气污染源释放机理、空调系统空气污染及改善室内空气品质方法探索等研究成果。根据会议的交流成果，美国国家职业安全与卫生研究所（National Institute of Occupational Safety and Health, NIOSH）对上千所学校（以中小学为主）进行了研究，其中49份报告指明，引起“建筑综合征”问题的主要原因与室内空气污染源、通风系统、建筑结构及空调设备等有关。在公共及办公建筑中，普遍存在头痛、恶心及神经衰弱等症状，大部分起因于过敏。这些症状与建筑装修材料、办公用品（如计算机、打印机和复印机等）散发的甲醛、总挥发性有机物（total volatile organic compound, VOC）、可吸入细颗粒物及细菌等污染物有关。对于居住建筑，东欧、北欧和日本发表了大量文章，主要针对污染物的释放规律进行了研究。在日本，公寓住宅的甲醛及挥发性有机物的浓度均高于世界卫生组织的规定值，大部分污染源均与室内装修材料及建筑结构等有关系（马仁民，1999）。

从1979年开始历时7年，美国环境保护署（Environmental Protection Ageney, EPA）通过总暴露量的评价方法（total exposure assessment methodology, TEAM）测定了650个家庭的室内外空气、个体接触量及呼出浓度，研究表明，室内TVOC高于室外，并于1989

年提出了空气有机污染物的分类。TEAM 研究成果被德国（500 个家庭，75 种 TVOC）和芬兰（300 多个家庭，45 种 TVOC）的调查所证实。世界卫生组织的一个小组利用这些数据得出了 TVOC 对人类危害的实验结果，德国学者根据这些实验结果推荐了室内空气中 TVOC 的浓度限值（李晓蕾等，2009）。

近年来各类调查研究发现，室内空气污染与人体健康的关系越发紧密。21 世纪初，美国 EPA 的一项分析报告显示，在美国 120 万商业建筑物中有 2500 万工作人员患有"病态建筑综合征"；加拿大一个卫生组织通过调查研究，提出当前人们 68%的疾病都与室内空气污染有关；2002 年日本研究发现，在日本约有 30%的住宅因使用有害化学物质而引发"新居综合征"。

综上可见，美国、加拿大和德国等发达国家的室内空气污染现象从 20 世纪开始就已经普遍存在，对 IAQ 的研究也较早地受到相关学者与研究机构的重视，在调查实践及单项研究已取得了较大的成果。

（二）国外室内空气质量管理现状

1. 管理方面

美国、澳大利亚、加拿大和英国这四个国家对室内空气质量的管理都是多个管理机构协同管理；美国和英国的管理机构主要是环境保护部门，加拿大和澳大利亚主要是联邦政府。

芬兰、挪威这两个北欧小国的室内空气品质管理较为单一。芬兰室内空气品质和气候学会通过制定室内空气品质和气候的建议分级方法管理新建建筑；挪威的管理机构是健康指导委员会，该部门于 1991 年制定非工业环境下的室内空气品质指引。

日本的管理机构主要是健康福利部，几乎所有的法规和标准、指引都是由该部门制定，韩国的立法和标准都很全面，但管理部门过多。

2. 立法、标准方面

美国、加拿大、英国、澳大利亚在室内空气质量管理方面都没有专门的立法。四个国家都有完整的标准和准则，且全面地涉及到工业场所和非工业场所，对建筑物均制定有通风标准。

挪威、芬兰在室内空气质量管理方面也没有单独立法，制定了室内空气污染物浓度指引，还没有上升到标准或法规的高度，各种污染物的指标也不够全面。

日本、韩国这两个国家在室内空气质量管理都有立法，韩国的立法尤为全面，有完整的标准或指引，共同的特征是对建筑物均制定有通风标准。日本的标准制定机构和管理机构都是健康福利部，韩国的则是由多个部门自行制定。

根据各国环保部门的规定，同时参考郝俊红（2004）、谭琳琳（2008）、任远（2009）等相关文献研究，总结出以下各国室内空气质量管理现状，见表 1-1。

表 1-1 各国室内空气质量管理现状

国家	IAQ 管理机构	IAQ 立法及法规	IAQ 标准或指引
美国	主要由国家环境保护署（EPA）、国立职业安全与健康协会（NIOSH）、国家职业安全健康协会、能源部（DOE）、商业部、消费品安全委员会和其他部门组成。其中 EPA 是主导管理机构	没有专门的 IAQ 立法，部分州颁布地方 IAQ 法律	美国供暖、制冷与空调工程师协会颁布 ASHRAE 标准；各州规章各异
加拿大	联邦政府为主，国家自然资源部、大众工作与政府服务部以及健康部承担非工业工作场所研究；居民楼房的 IAQ 由国家楼房守则管辖；劳工部负责处理有关室内空气污染的投诉	各省 IAQ 法规和标准不同；联邦/省职业安全及健康委员会出版三份指南：居民室内空气质量指南、办公楼空气质量技术指南、公共楼房过滤细菌污染：认识与管理指南	住宅室内空气质量标准；办公大楼内空气质量标准：技术导则；公共建筑物的真菌污染：认识和管理指南；住宅室内空气质量指引（修订版）
英国	环境部(DOE)1997 年以前主要负责 IAQ 政策的规划与实施，后充当宏观控制环境问题的角色，协调部门间的政策与管理工作；环境健康局（EHOs）、其他政府部门包括健康与安全执行委员会（HSE）等地方权力机构执行 IAQ 条例	IAQ 法规包括 1974 年的工作健康和安全法及 1963 年的办公场所、商场、铁道房屋安全法	1991 年的楼房条例、2003 年的危害健康物质控制条例
澳大利亚	联邦政府、国家职业健康和安全委员会、国家健康和医疗研究委员会和澳大利亚标准协会	法规主要包括：职业健康与安全（工厂工作车间污染）、公共健康（室内空气污染）	机械通风标准（AS1668.2）等；各州负责制定和执行该州的 IAQ 标准和法规
挪威	健康指导委员会	没有单独立法	室内空气品质指引（1999 修订）
芬兰	室内空气品质和气候学会	没有单独立法	室内空气质量限定值(2000)
日本	健康福利部	楼房卫生保养法、楼房卫生条例、办公楼卫生条例	防止军团病指引、通风系统指引、室内空气的挥发性有机化合物指引；HASS102—1995 通风标准等
韩国	健康及福利部、建设和交通部、环境部（MOE）	公共卫生法、食品卫生法、公共健康法、建筑法、地下室室内空气质量卫生管理法、地下室空气质量指南和标准等	地下空间室内空气标准、多用途场所室内空气质量标准

二、我国的研究

（一）我国室内空气污染研究现状

与国外对比，我国室内空气品质研究起步较晚，20 世纪 70 年代开始有关于住宅室内空气污染的研究，主要针对室内通风及二氧化碳等污染物。80 年代开始，我国开始出现较严重的室内空气污染问题，中国预防医学科学院开展云南宣威地区农村室内燃料燃烧与癌症发生率的研究，这是我国较早的室内空气污染与健康关系的研究。90 年代，不良的室内装修引起了大量疾病问题，此时室内空气污染才引起普遍关注。有关室内装饰材料的污染研究及室内化学品与健康关系的研究也逐渐增多，此后中国预防医学科学院数次举办过关于室内空气质量研讨会。

室内空气污染现状的调查是室内空气污染研究的基础。由李晓蕾等（2009）可知，21 世纪起，我国不少城市开展了室内空气污染状况的调查。对北京和深圳两地的住宅和办公室进行的调查结果表明，室内环境空气中检出甲醛、乙醛、丙酮、苯、甲苯、乙苯等 20 多种挥发性有机物，其中甲醛和苯的检出率高达 100%，明显高于室外；测得甲醛浓度是室外的 15~150 倍，苯浓度为室外的 5~15 倍。调查结果还表明，新装修的房间挥发性有机物污染更为严重。朱迪迪等（2010）对我国室内空气污染现状进行了调研分析：该调研对我国东北、华北、华东、华南、西北、西南 6 个地区的某些城市室内空气污染情况（主要是甲醛污染情况）进行了比较分析。与其他地区相比，华南地区室内空气甲醛污染最为严重，主要是因为华南地区温度最高，甲醛从装修材料中散发到室内大气的速率较快。反之，西北地区温度低，污染相对较轻。李荣喜和王伟（李荣喜和王伟，2010）对长沙市某小区 46 户已装修完住宅室内空气甲醛进行了调查研究，结果表明被检测住宅合格率较低，主要居室合格率不足 40%，室内甲醛污染严重。周慧和钱盘金（周慧和钱盘金，2005）对苏州市一些竣工验收的新建楼盘、办公写字楼、一般居民住宅的室内四大污染物（甲醛、氨、氡、苯及其同系物）进行调查和检测分析，新建楼盘的室内甲醛的达标率在 90%以上；公共场所等原有建筑的达标率为 70%左右，一般居民住宅装修的甲醛达标率仅为 40%。同时，农村的室内空气质量问题也不容忽视。根据徐业林等（徐业林等，2006）对合肥农村地区居室内空气污染现状进行了研究，发现居室内一氧化碳（CO）、二氧化碳（CO_2）、可吸入颗粒物（inhalable particles, IP）、甲醛、空气细菌总数都有超标现象，超标最严重的是可吸入颗粒物，超标率 71%，几种污染物测定结果比较，室内浓度高于室外，厨房浓度高于卧室。

近年来随着社会及科研的发展，我国在室内空气污染的研究从污染现状调查与评价方向逐渐向污染源污染机理、数学模拟预测及评价、室内空气污染与人体健康关系等方向延伸。赵巍（2006）基于灰色系统理论研究了室内空气品质的预测及评价问题，通过对室内污染物来源的分析及室内空气品质的定量预测及评价，提出了室内空气品质控制的方法及对策。庄晓虹（2009）选取了百户新装修居室和百户非新装修居室，对各户室内空气样进行采集，以甲醛、苯系物为研究对象，采取实验与理论分析并用的方法对污染物释放周期、释放本质及是否产生二次污染物等问题进行深入分析。

（二）我国室内空气质量管理发展

我国室内空气质量管理现状见表 1-2。

基于社会发展的需求，国家已开始重视室内空气污染防治工作，并逐渐完善室内空气质量标准。我国室内空气质量标准的完善可简单分为以下 3 个阶段,见表 1-3。

表 1-2　我国室内空气质量管理现状

地区	IAQ 管理机构	IAQ 标准或指引
内陆	卫生部、国家质量监督检验检疫总局、住房和城乡建设部、环境保护部	民用建筑工程室内环境污染控制规范（GB50325—2010）；室内空气质量标准（GB/T18883—2002）等
香港	室内空气品质管理小组：由四个政策局及十个政府部门组成。包括：规划环境地政局（主席）、教育统筹局、卫生福利局、工务局、建筑署、屋宇署、香港海关、卫生署、机电工程署、环境保护署、消防处、劳工处、市政总署和区域市政总署	办公楼及公共场所的室内空气品质管理指引
台湾	环保署	室内空气品质管理法、室内空气品质法规

表 1-3　我国室内空气质量标准进展

分类	标准进展
起步阶段	1979~1983 年，我国只制定了两个室内空气质量相关标准：《工业企业设计卫生标准》TJ 36—79、《12 种公共场所卫生标准（1988）》
发展阶段	1994 年，中国环境标识产品认证委员会提出了室内装修材料环保标准，对建材中能释放到室内空气中的污染物含量进行了限制 1995 年，卫生部颁布了室内甲醛的卫生推荐标准，并在此后的 5 年中陆续颁布了甲醛、室内细菌总数、二氧化碳、可吸入颗粒物、氮氧化物、二氧化硫以及苯并[a]芘等 7 种类物质的推荐标准 1996 年新修订的公共场所标准监测项目中增加了甲醛监测项目 1998 年，上海市技术监督局发布了我国第一个地方性健康型建筑内墙涂料的标准——《健康型建筑内墙涂料标准》（DB31/T 15—1998）
规范管理阶段	为了有效控制严重的室内空气污染，从 2001 年起国家颁布了一系列室内空气质量相关标准和规范：《室内空气质量卫生规范》、《室内用涂料卫生规范》 、《木制板材中甲醛的卫生规范》《民用建筑工程室内环境污染控制规范》（GB50325—2010）；10 种“室内建筑装饰装修材料中有害物质限量”的强制性国家标准（GB18580—2001《室内装饰装修材料木家具及其制品中甲醛释放限量》、GB18581—2001《室内装饰装修材料溶剂型木器涂料中有害物质限量》、GB18582—2001《室内装饰装修材料内墙涂料中有害物质限量》、GB18583－2001《室内装饰装修材料胶黏剂中有害物质限量》、GB18584－2001《室内装饰装修材料木家具中有害物质限量》、GB18585—2001《室内装饰装修材料壁纸中有害物质限量》、GB18586—2001《室内装饰装修材料聚氯乙烯卷材地板中有害物质限量》、GB18587—2001《室内装饰装修材料地毯、地毯衬垫及地毯用胶黏剂中有害物质释放限量》、GB18588—2001《混凝土外加剂中释放氡限量》、GB6566—2001《建筑材料放射性核素限量》）；《室内空气质量标准》（GB/T18883—2002）等

三、总结

随着室内环境受到公众重视的程度越来越高，美国、加拿大、欧盟、日本及韩国等国家或地区都成立了相应的机构和组织，国际室内空气质量委员会也频繁开展各项与室内空气品质有关的研究活动。

在我国，污染源控制目前仍是我国室内空气污染研究的热点问题，通过对环境因子的调查与分析，建立数学模型模拟污染物释放过程，进而建立室内空气质量预测与评价系统。但这些还远远不够，我们只有与国际接轨才能提高我国室内环境市场的竞争力。同时，可以开展技术交流、成果展示等多种活动，引进国际上的先进技术，促进我国室内环境事业的发展。总之，室内空气品质的研究任重而道远。

第四节　国内外室内空气污染的主要研究方向

一、污染物监测方法

室内空气污染监测是指通过采样和分析手段来获知室内空气中有害物质的来源、数量、组成、转化和扩散规律。室内空气污染监测按监测目的可分为室内污染源监测、室内空气质量监测和特定目的的监测三大类（崔九思，2002）。

检测室内空气污染物的方法有很多，国内目前的检测技术条件可以基本上满足一些常见的污染物的监测要求，大部分已有成熟的方法，但对于某些污染物，如可挥发性有机物的监测，还存在着一些问题。因此，如何更方便、快捷又准确地监测室内空气污染物，建立适合室内环境监测的方法有待进一步研究。

二、污染物模拟预测

污染物的模拟预测，随着计算机技术迅猛发展而快速兴起。目前，室内气流模型和多区域模型是模拟室内气流及污染物分布主要的两种计算机模拟模型。

多区域方法一般采用多区域气流和污染物分散模型，其中由美国 NIST（National Institute of Standards and Technology）开发的 CONTAM 模型有较强的气流模拟能力，实际操作时使用的较多。

室内气流模型主要是利用计算流体力学（computational fluid dynamics, CFD）的方法，CFD 通过数值求解方程，从而得到室内各点的风速、温度、湿度、空气龄和污染物浓度等参数，进一步可对通风换气效率、热舒适性或空气品质等分析评价。目前国内学者正对其不断地研究及改善，CFD 将会成为室内空气品质客观评价的有效工具（黄燕娣等，2002）。张军甫（2012）根据测试数据建立几何模型，运用 CFD 软件进行数值模拟，对出现相关病态建筑综合征的房间进行重点研究，将测试值与模拟结果进行对比分析，观察温度场、速度场、CO_2 浓度场的变化趋势。杨秀峰（2012）在对通风房间的气流形式和气流速度进行简化分析的基础上，给出了室内外初始温度相同条件下通风房间内的气态污染物输送模型，并利用该模型对室内外初始温度相等的通风房间的空气污染状况进行了分析。

在未来科研发展中，室内空气污染物的模拟预测技术将为解决室内污染源扩散规律及室内空气品质预测评价等方向的研究提供大力支持，并成为进一步探索及研究的对象之一。

三、空气污染物与人体健康的关系

室内空气污染因素不是单一的，包括物理性、化学性、生物性和放射性四种主要因素。每种有害物质由于对人体不同的作用方式和途径，会产生与该种有害因素毒理相对应的影响。多种有害因素的混合物，其毒性会比单种毒物的毒性大，而且这种有害因素是同时作用于人体而产生联合毒性作用。此外，各种有害因素还可通过不同的接触途径作用于人体发生联合作用，其中较为普遍和危害较大的是各种化学物质之间的联合作用。由于污染物种类繁多，加之作用复杂，对人们的作用机理及阈值剂量尚不清楚，目前，我国在室内空气污染物的健康影响研究上仍存在着诸多不足，与国外发达国家还有一定的差距。关于室内空气污染物的健康影响，多是从流行病学的角度加以研究，缺乏毒理学方面的研究。针对室内空气污染物与人体健康的关系还有待进一步研究。

四、空气品质及评价

室内空气品质评价是一种认识室内环境的科学方法。根据吴忠标、宋广生等研究（吴忠标和赵伟荣，2005；宋广生，2006），室内空气品质评价就是针对具体的对象，运用科学的评价方法分析室内空气的优劣及污染程度和主要影响因素。它能反映在某个具体的环境中，环境要素对人群的工作、生活适宜程度，而不是简单的合格不合格的判断。

对于室内空气品质的评价方法，国内外均有一定研究。我国目前采用的评价方法有单因素评价、主观评价、综合评价、模糊综合评价等；美国供暖、制冷和空调工程师学会在 1989 年制定的 ASHRAE Standard 62—1989 中提出了可接受的室内空气品质的主客观结合法、哥本哈根大学 Fanger 教授提出的 olf-decipol 定量空气污染指标评价法、布拉格技术大学 Jokl 提出的 decibel 概念评价法等均对完善室内空气品质评价方法作出杰出贡献。

目前，对室内空气品质评价的研究还处于初级阶段，还没有一套统一、完善的评价方法，也没有系统的评价体系。国内对室内空气品质评价体系的研究甚少，大多数的研究者都是按现行评价方法，对室内空气品质进行评价，而未建立专门的评价体系。针对特定场所，若能运用相对合理、完整、实用的评价体系对室内空气品质进行评价，评价结论将更科学客观。

五、空气净化技术研究

室内空气污染的控制方法主要包括污染源控制和末端治理两个方面。从理论上讲，采用无污染或低污染的材料取代高污染材料，是最理想的控制方法。但采用环保材料的控制方法由于生产成本、经济条件等限制，在短期内并不能得到很好的推广。

国内外用于治理室内空气污染的方法很多，各种方法在特定的环境下各有优缺点，尚没有一种特别有效的方法来净化室内空气污染物。目前室内空气污染净化技术有光催化技术、臭氧氧化技术、等离子体技术、化学处理技术、植物净化技术和吸附技术等。

（一）吸附法

吸附法由于具有脱除效率高、能耗低、对低浓度有害气体处理效果好，不易造成二次污染等优点，成为净化室内空气的主要手段。

常用吸附剂制备成本较高，且对低浓度室内空气污染物进行单纯物理吸附效率较低，吸附很快达到平衡，稳定性差，容易脱附。近年来，寻找可净化空气污染物的新型廉价吸附剂逐渐成为一个研究热点，这些廉价吸附剂主要包括生物质材料。由于生物质材料来源广泛，取材方便，因而具有很好的应用前景。总之，针对各种净化方法与技术的局限性，寻找安全、经济、切实有效的去除室内空气污染的方法与技术将是未来的发展趋势。

（二）植物净化法

许多学者通过研究证明植物可净化空气中的污染物质，主要通过植物叶、茎，以及土壤的吸附、植物自身对污染物代谢和根际土壤微生物对污染物降解 3 种途径。利用绿色植物净化室内空气，既可以美化环境，又具操作简单、成本低廉、持续时间长的优点，符合公众需求，是一种适合长期持续治理室内空气污染的方法，目前已成为室内空气净化和室内植物景观研究的热点。

最早开始研究植物对室内污染物净化作用的是美国 NASA 的 BC Wolverton 博士，他自 1984~1989 年进行了一系列针对植物去除空气中甲醛能力的研究，结果表明波士顿蕨（*Nephrolepis exaltala*）、菊花（*Chrysanthemum morifolium*）、软叶刺葵（*Phoenix roebelenii*）3 种植物对甲醛的去除效果最佳；多项研究也表明，植物可有效去除室内苯、氨、甲醛、氮氧化物（NO_x）以及颗粒物。

国内对植物净化室内甲醛起步较晚，1996 年胡海红等研究发现鹅掌柴（*Schetlera octophylla*）、含复叶波士顿肾蕨（*Nephrolepis exaltata*,Marsalii"）、蔓生椒草（*Peperomia precomens*）等观赏类植物具有净化室内甲醛的功效；2005 年中国室内环境监测工作委员会与北京市玉泉营花卉市场合作，利用市场大量花卉植物资源进行了植物净化室内污染物的课题研究，得出目前市场上部分常见观赏植物对甲醛的净化效果并向社会发布。

目前，国内对植物净化空气污染物性能的研究很多，一般是使用一些常见的室内植物进行净化空气污染物能力和抗性实验的研究。但是有些研究在实验和统计方法上不够严谨科学，不能反映实际室内环境中植物净化空气污染物的能力。由于植物净化空气污染物的能力与吸附、光催化技术等有较大差距，许多学者开始从植物代谢的机理入手。另外，用吸附剂改良植物栽培基质，接种能去除污染物的微生物等联合修复的方式也是未来研究方向之一。

六、其他

目前，除了以上所介绍的研究方向，在国内外还有不少研究者针对室内空气污染源、绿色建材、装饰装修材料标准及室内空气质量管理等方面进行研究。室内空气污染源来源广，种类多，在不同的时空产生的污染程度不同，对人体的危害程度不一。我国室内装饰装修材料在标准的指标限值、实用性方面与国外还存在一定的差距。另外，制定和完善室内空气质量的有关标准、规范、法律和法规，建立室内空气质量管理机构，研究加强室内空气质量管理的各种方法，也是当前改善室内空气品质的重要手段。

思 考 题

1. 怎样正确认识室内环境质量？
2. 什么是室内？室内空气污染的定义是什么？
3. 与室外大气污染相比，室内空气污染又具有什么不同的特点？
4. 为什么说研究室内环境具有迫切性和重要性？
5. 何谓 SBS？出现 SBS 的原因主要有哪些？
6. 我国室内空气污染的研究进展如何？
7. 室内空气品质的影响因素研究包括哪几方面？
8. 改善室内空气品质主要有哪些措施？
9. 对于不同国家之间的室内空气污染管理体系你有什么看法？

参 考 文 献

崔九思. 2002. 室内空气污染监测方法. 北京: 化学工业出版社
登启红, 钱华, 王栋, 等. 2015. 中国室内环境与健康研究进展报告(2013—2014). 北京: 中国建筑工业出版社
郝俊红. 2004. 中国四城市住宅室内空气品质调查及控制标准研究. 湖南大学硕士学位论文
环境保护部. 2013. 中国人群暴露参数手册(成人卷). 北京: 中国环境出版社
黄燕娣, 胡玢, 王栋, 等. 2002. 国内外室内空气污染研究进展. 中国环保产业 CEPI, (12): 47~48
李荣喜, 王伟. 2010. 长沙某小区室内空气质量调查分析. 长沙大学学报, 24(2): 19~20
李晓蕾, 刘婷, 牛钰. 2009. 室内空气污染现状及研究进展. 中国高新技术企业, (8): 106~108
李友平. 2011. 从文献分析看我国室内空气污染研究现状. 环境科技, 24(1): 142~144
马仁民. 1999. 国外非工业建筑室内空气品质研究动态. 暖通空调. 29(2): 38~41
任远. 2009. 我国工程项目室内空气质量管理研究. 北京交通大学硕士学位论文
宋广生. 2006. 中国室内环境污染控制理论与务实. 北京: 化学工业出版社
谭琳琳. 2008. 我国室内空气质量管理控制研究. 北京交通大学硕士学位论文
唐孝炎, 张远航, 邵敏. 2006. 大气环境化学. 北京: 高等教育出版社
王凡. 2013. 典型室内空气复合污染物对多靶器官毒性评价研究. 大连理工大学博士学位论文
吴忠标, 赵伟荣. 2005. 室内空气污染及净化技术研究. 北京: 化学工业出版社
徐业林, 李婷婷, 朱中平. 2006. 合肥农村地区居室内空气污染现状的研究. 中华医学与健康, (5): 1~4
杨秀峰. 2012. 自然置换通风条件下室内空气污染的演化规律研究. 东华大学博士学位论文
张军甫. 2012. 办公建筑室内空气品质测试与气流组织分析. 西安建筑科技大学硕士学位论文
赵巍. 2006. 室内空气品质的预测及评价. 辽宁工程技术大学硕士学位论文
周慧, 钱盘金. 2005. 苏州市区室内空气污染现状调查与分析. 甘肃科技纵横, 34(1): 16~17
朱迪迪, 戴海夏, 钱华. 2010. 我国室内空气污染现状调研与分析. 上海环境科学, 29(4): 174~180
庄晓虹. 2009. 室内空气污染分析及典型污染物的释放规律研究. 东北大博士学位论文
Ahmed A. Arif, Syed M. Shah. 2007. Association between personal exposure to volatile organic compounds

and asthma among US adult population. International Archives of Occupational and Environmental Health, 80 (8)：711~719

Logue J M, Price P N, Sherman M H, et al. 2012. A method to estimate the chronic health impact of air pollutants in U. S. residences. Environ Health Perspect 120: 216~222

Loh M M, Levy J I, Spengler J D, et al. 2007. Ranking cancer risks of organic hazardous air polutants in the united states. Environ Health Perspect115: 1160~1168

Zhou M G,　Wang H D,　Zhu J, et al. 2016. Cause-specific mortality for 240 causes in China during 1990–2013: a systematic subnational analysis for the Global Burden of Disease Study 2013. THE LANCET. 387(10015): 251~272

第二章　室内空气污染物的来源

随着社会发展和人们生活方式的改变，室内装修装饰悄然地走进了千家万户，不知不觉中把污染也引入室内。室内空气污染物的来源不仅来自于室内环境中的建筑材料、装饰材料及家居用品，也可通过建筑通风与渗透将室外空气污染物带入室内（朱乐天，2003；吴忠标、赵伟荣，2004）。同时，我国城市室内环境特征也经历了巨大变化：大量的人造板材用于家具、室内装饰及物品，人造板材产量保持增长，2013 年已达到 2.56 亿 m^3，比 2012 年增长 14.43%，木制板材制作过程中附加黏合剂或油漆涂料导致了甲醛、苯系物等总挥发性有机物（total volatile organic compounds， TVOC）的释放。这些污染物可不同程度地使人体产生不适反应，如眼、鼻、喉的刺激，皮肤过敏，胸闷头疼等反应，严重影响人们的正常生活和工作。为此，必须提高人们的环境健康意识，弄清楚室内空气污染从何而来？

第一节　室 外 来 源

一、室外空气污染

室外空气污染物种类繁多，主要包括二氧化硫、氮氧化物、硫化氢和颗粒物等，这些污染物可以通过门窗、管道孔隙等途径进入室内。这些污染物的来源主要包括工业生产、汽车尾气、建筑施工、垃圾推放等。

二、土壤及房基地

一方面，若土壤和房基地曾被化工、医药等重污染企业使用过，或遭受工农业生产废弃物污染而未受到彻底治理，则可能形成室内空气污染的室外来源；另一方面，随着地质的演变，地层中某些固有的元素可能形成气态污染物扩散到室内，如土壤中的某些放射性元素会衰变成放射性气体氡，扩散到室内环境中（史德和苏广合，2005）。

三、人为携带

人们经常出入居室或办公室，很容易将室外的污染物随身带入室内。最常见的是从室外进入室内的过程中，通过衣服或皮肤作为传播载体将室外的污染物带入办公室或居室内。

四、邻里干扰

城市中邻里之间的距离一般都很近，常常因为楼房厨房排气管设计得不合理、烟道受堵或抽力不够，而造成油烟扩散到邻居家，引起室内空气品质下降。

来源于室外的空气污染物及发生源如表 2-1 所示。

表 2-1　空气污染物及发生源

空气污染物	污染物发生源
有机物	石油、化工溶剂挥发等
一氧化碳、氮氧化物、硫氧化物	燃料燃烧、交通尾气等
颗粒物	燃料燃烧、交通扬尘、建筑施工等
臭氧	光化学反应等
氯、硅、镉等	工农业生产、建筑施工等

第二节　室 内 来 源

一、人类活动

由人体新陈代谢、烹饪、吸烟、饲养宠物等人体活动所造成的污染属人为污染之列。

（一）人体新陈代谢活动

人体新陈代谢过程中产生的化学物质可达 500 余种，主要的途径包括呼吸过程及皮肤细胞的脱落。据环境保护部（2013）统计，我国 18~59 岁年龄段中的城市男、女人群长期呼吸量分别为 18.7m³/d 和 15.0m³/d，其中呼吸道排出的化学种类约 150 种。而皮肤作为人体最大的器官，经其排泄出来的废物可达 200 多种。有科学研究发现，人体皮肤脱落的细胞竟然是室内空气中尘埃的主要组成部分。

人体散发气体污染物种类和发生量如表 2-2 所示。

表 2-2　人体散发气体污染物种类和发生量　[单位：μg/（100cm³·h）]

污染物	发生量	污染物	发生量	污染物	发生量
乙醛	35	一氧化碳	10000	三氯乙烯	1
丙酮	475	二氯乙烷	0.4	四氯乙烷	1.4
氨	15600	三氯甲烷	3	甲苯	23
苯	16	硫化氢	15	氯乙烯	4
丁酮	9700	甲烷	1710	三氯乙烷	42
二氧化碳	32000000	甲醛	6	二甲苯	0.003

资料来源：周中平，2002。

（二）烹饪

烹饪产生的污染物主要有油烟和燃烧烟气两类。烹饪油烟含有多种有毒化学成分，对机体具有肺脏毒性、免疫毒性、致癌性，对人体健康的危害应引起高度重视。从李坚等（2004）和张杰等（2007）研究可知，烹饪油烟的化学成分因食油种类、加热温度、加工食品等因素的不同而不同。高级大豆烹饪油烟中含有有机物 20 种，其中 5 种属 EPA（美国环境保护总署）和国内优先监测物。国外有研究者从食用豆油的油烟中检测出 140 种化合物，其中 25 种醛、1 种芳香烃和 30 种呋喃。

油烟的各污染物来源及成分如表 2-3 所示。

表 2-3　油烟中污染物成分

形态	来源	主要成分
气态	食油及食品中物质的氧化裂解；燃烧	SO_2、CO、NO_x、醛类、酮类等
液态	食油加热	油滴、水雾
固态	燃料燃烧	可吸入颗粒物等

资料来源：李坚等，2004。

除了油烟外，我国城镇居民以煤、液化石油气或天然气等作燃料，这些燃料燃烧过程中会产生一氧化碳、氮氧化物、二氧化碳、二氧化硫和未完全燃烧的烃类以及悬浮颗粒物，对人体都会产生危害。

（三）吸烟

吸烟产生的烟气是常见的室内空气污染物。目前已鉴定出近 4000 种化学物质，其中很多化合物有致癌、致畸、致突作用。流行病学调查发现，吸烟能导致肺癌和呼吸系统疾病，还与心脏病有关。它们以气态、气溶胶状态存在，气态污染物有 CO、CO_2、NO_x、氨、甲醛、烷烃、烯烃、芳香烃、含氧烃、联氨等。气溶胶状态物质主要成分是焦油和烟碱（尼古丁），每支香烟可产生 0.5~3.5mg 尼古丁。焦油中含有大量的致癌物质，如多环芳烃、砷、镉、镍等（史德和苏广和，2005）。孙咏梅等（2001）从分子生物学水平上对香烟烟雾成分及其对 DNA 的生物氧化能力进行分析，检出有机污染物 157 种和 78 种，无机元素 5 种。香烟烟雾对 DNA 的生物氧化能力主要是由于存在大量有机污染物，其中的醌类、多酚等化合物具有自氧化作用。通常我们燃烧完一根香烟仅需要几分钟的时间，而香烟点燃后所带来的污染物在燃尽后达到峰值，之后可能需要经过几个小时后才能恢复室内本底浓度值。

二、建筑材料和装修材料

室内建筑和装修装饰所用材料一般有无机或再生材料、人造板材及人造板家具、涂料、壁纸、地毯、胶粘剂、隔热材料等多种材料。每一种材料都会或多或少地向室内释放污染物，造成室内空气污染。

建筑材料是建筑工程中使用的各种材料及其制品的总称。建筑材料种类繁多，如钢铁、砖瓦、陶瓷制品、水泥、矿物棉、木材、塑料以及复合材料等。装饰材料是用于建筑物表面起装饰效果的材料。同样，用于装饰的材料很多，如地板瓷砖、地毯、壁纸等。随着社会的发展及人们审美观的提高，各类新型建筑及装饰材料不断涌入。人们居住的环境正是由这些建筑材料和装饰材料所组成，这些材料中散发的某些成分对室内环境质量影响很大。

（一）无机和再生建筑材料

无机和再生建筑材料对室内空气污染比较突出的问题是辐射污染。各种建筑材料的放射性与取材地点有很大的关联。调查表明，我国大部分建筑材料的辐射量基本能符合标准，但也发现一些灰渣砖或石材放射性超标。释放氡的建筑材料包括建筑石材、砖、砂等，以矿渣水泥、灰渣砖及部分花岗岩石材为主。国内常用建筑材料的放射性比活度如表 2-4 所列。可以看出，在列出的建筑材料中，天然石材的放射性核素含量相对较高。

无机建筑材料和再生建筑材料自身还会释放另一种有害物——氨气。氨气产生于建筑施工中使用的混凝土外加剂，包括冬季施工过程在混凝土中加入的混凝土防冻剂，以及为了提高混凝土凝固速率而使用的高碱混凝土膨胀剂和早强剂。但是，其中所含氨类物质会随着温度、湿度等环境因素的变化而还原成氨气，并从墙体中缓慢释放出来，造成室内空气中氨气的浓度不断增高。

表 2-4　我国常用建筑材料的放射性比活度　（单位：Bq/kg）

项目	天然石材	砖	水泥	砂石	石灰	土壤
^{226}Ra	91	50	55	39	25	38
^{232}Th	95	50	35	47	7	55
^{40}K	1037	700	176	573	35	584

（二）人造板材及家具

人造板材及家具是室内重要的组成物品。人造板材和家具生产的过程中常常要加入大量的黏合剂及涂刷油漆，这些黏合剂及油漆中含有大量的挥发性有机物质，特别是刚出厂的材料或成品，会不断地向室内空气散发污染物。泡沫塑料家具使用时可能会释放甲苯二异氰酸酯（TDI）。长期的调查发现，在布置新家具的房间中可以检测出较高的甲醛、苯等几十种有害化学物质。另外，人造家具中有的还添加了防蛀剂，这些物质在使用时也可以释放到室内空气中，造成室内空气污染。日本有研究者曾对各种建材的甲醛释放量进行了测试，测试结果如表 2-5 所示。

表 2-5　各种建筑材料的甲醛释放量　[单位：μg/（100cm³·h）]

试验材料	释放量
地毯	0.2
胶合板	18.0
普通合成板	8.3
成型板	10.7
聚酯板	10.7

资料来源：吴昕，2007。

（三）涂料、胶粘剂

涂料一般可分为溶剂型、水溶性、乳液型和粉末型等四大类。涂料的组成包括成膜物质、助剂、颜料及溶剂，成分十分复杂。其中成膜物质的主要成分有酸性酚醛树脂、脲醛树脂、酚醛树脂、氯化橡胶等，这些物质是空气中甲醛、苯及其苯系物等有机污染物的重要来源。同时，助剂和颜料还可能含有镉、锰、铅等多种重金属。另外，涂料使用的溶剂基本上也是挥发性很强的有机物，涂抹之后极易挥发。因此，由于涂料成分含有易挥发性质，通常在涂刷后的短时间内可造成大量苯、甲苯、二甲苯等几十种挥发性有机物浓度的剧增，若不及时通风扩散，可对人体健康造成危害（刘永华，2004）。

据估算，2010 年我国涂料使用过程中 VOC 排放量约 223.5 万 t，占当年全国人为源 VOC 排放量的 13%。我国现阶段对 VOC 控制尚属起步，有必要借鉴国外相关综合防治政策及技术经验。在美国，已先后制定了一系列针对涂料行业 VOC 污染控制的相关法律法规，包括清洁空气法（Cloan Air Act，CAA）及其修正案、新污染源行为标准（New-Source Performance Standard，NSPS）、国家有毒空气污染物排放标准（National Emision Standards Hazardousair Pollutants，NESHAPs）和控制技术指南（Control Technology Guide，CTG），除了联邦法规和控制技术指导以外，各地区对 VOC 排放也制定了严格的限制要求（赵建国等，2012）。

（四）地毯、壁纸

地毯和壁纸都是有着悠久历史的室内装饰品。传统的地毯和壁纸是以动物毛为原材料，尤其是纯羊毛地毯或壁纸中的织物碎片是一种致敏源，可导致人体过敏。目前常用的地毯和壁纸都是用化学纤维为原料编制而成的。化纤纺织物型地毯或壁纸含有聚酯纤维（涤纶）、聚丙烯纤维（丙纶）、聚丙烯腈纤维（腈纶）以及黏胶纤维等，可释放出甲醛、氯乙烯、苯、甲苯、二甲苯、乙苯等有害气体，污染室内空气。地毯的另外一种危害是其吸附能力很强，能吸附许多有害气体、病原微生物以及灰尘，是微生物的理想滋生和隐藏场所。

三、室内用品

（一）日化产品

室内各种日化产品主要包括化妆品、空气消毒剂、杀虫剂等。如果化工产品的原材料中含有某些有害物质，或在生产过程中加入了某些挥发性有机化合物（如苯、甲醛），使得生产出来的成品中也含有这类物质，随着产品进入室内后，这些有害物质即可从化工产品中释放出来，污染室内空气。

部分消费品和化学品所产生的室内空气污染物如表 2-6 所示。

（二）办公用品

随着科学技术的进步，现代办公用品越来越普及。这些办公用品释放的空气污染物如表 2-7 所示。

表 2-6　部分消费品和化学品所产生的室内空气污染物

来源	污染物
爽身粉、香粉	醇（丙烯基乙二醇、乙醇等）
按摩剂	酮（丙酮）等
发胶	醛（甲醛、乙醛）等
肥皂	酯、醚（甲基醚、乙基醚等）
杀虫剂	颗粒物、芳香烃等

表 2-7　现代办公用品产生的空气污染物

来源	典型污染物
复印机	臭氧、墨粉等
打印机	1，1，1-三氯乙烷、三氯乙烯、墨粉等
晒图机	氨等
打字校正液	乙酮、1，1，1-三氯乙烷等
电子照相机	臭氧、苯系物、炭黑等

（三）家用电器污染

1. 电视机、计算机和手机

一般电器荧光屏一方面会产生电磁辐射，长时间看屏幕可使视力降低、视网膜感光功能失调、眼睛干涩、引起视神经疲劳，造成头痛、失眠；另一方面会与周围空气产生静电，使灰尘、细菌聚集附着于人的皮肤表面而造成疾病。此外，电视机、计算机等的荧光屏在高温作用下可产生一种称为溴化二苯并呋喃的有毒气体，这种气体具有致癌作用（周中平，2002）。据统计（环境保护部，2013），我国城市中使用手机的人的比例为 83.2%，使用手机的人与手机接触时间为 28min/d；使用计算机的人的比例为 43.2%，使用计算机的人与计算机接触时间为 188min/d。可见，我国城市人群每天电磁辐射暴露的时间相对较长，潜在风险也较大。

2. 电锅、烤箱、微波炉

电锅、烤箱、微波炉等家用烹饪电器都是较强辐射源，部分微波炉密闭不严，会有微波泄漏到外界，可能对人体造成伤害。人离微波炉越近，受到的微波辐射强度越高，危害就越大。王东等（2013）对市场上部分微波炉进行调查发现，微波炉的电磁辐射在近距离内水平较高，磁感应强度最高达 99.68μT。

3. 空调机

空调机使用的最初目的是为了调节室内的温度、湿度和气流，提高环境舒适度，但是实际运用中，人们更多地考虑节能甚至根本不引进新风量，造成室内长期累积的污染物无法及时排至室外，从而导致长期待在空调室的人群感到嗜睡、烦闷、乏力、免疫力下降等。

四、室内植物

一般来说，植物可以改善居室或办公室的景观和气氛，同时可净化室内空气，特别是花卉的芳香通过人的嗅觉，可以调整中枢神经，改善大脑功能，使人心情舒畅。但也并非所有花草都是如此，如果选择的品种不当，就会释放有害物质，污染室内空气（杨远强和郭忠玲，2009）。

（一）光照不足与人争氧

当光照不足时，光合速率低于呼吸速率，植物非但不能释放氧气反而不停地从周围环境中吸入 O_2，放出 CO_2。如果室内花卉过多，再加上室内空气流通性差，就会增加室内 CO_2 的浓度，特别是到了夜间。耗氧性花卉，如丁香、夜来香、郁金香等在进行光合作用时，大量消耗氧气，对于儿童和老人来说，容易影响身体健康。

（二）易过敏反应

会使人产生过敏反应的花卉，如月季、五色梅、天堡葵、紫荆花等均有致敏性，对于过敏性体质的人，若碰触抚摸它们或吸入这些植物的花粉等成分，比较容易引起皮肤过敏、呼吸道过敏等。

（三）异味香味过浓

一些具有浓香的花卉最好不要在室内尤其是卧室内摆放，如百合、夜来香、水仙等。百合花香中含有一种特殊的兴奋剂，闻后会刺激人的中枢神经，容易造成失眠；夜来香在晚上会散发出大量刺激性微粒，闻久会使高血压和心脏病患者感到头晕目眩、郁闷不适。甚至病情加重。如果喜爱具有浓香的花卉，可以摆放在客厅等空间较大、空气流通较好的环境中，但即便如此也不宜过多。

（四）释放毒素

带有毒素的花卉忌摆放于室内，如杜鹃花科植物、夹竹桃等。杜鹃花科植物有毒种类较多，集中于杜鹃花属、南烛属、马醉木属、木藜芦属和山月桂属（汪伟光，2009）。夹竹桃是具有观赏价值的小乔木，但其相关中毒甚至死亡的报道时有发生，夹竹桃苷是存在于夹竹桃中的主要有毒成分，属迟效强心苷类，但有较强的致吐作用，其分布于夹竹桃各个部位，包括叶、茎、芽、花、树液等（翟金晓，2015）。

思 考 题

1. 室内空气污染物的来源可以分为哪两部分？
2. 比较室内和室外污染物的来源，分析室内和室外污染物的种类有何不同？
3. 室内哪些因素可导致室内空气污染问题？
4. 人们活动对室内环境有何影响，主要产生哪些化学物质？
5. 吸烟对室内环境和身体健康有何影响？
6. 建筑材料和装饰材料的使用，可产生哪些污染物？
7. 室内空调系统为什么成为室内空气污染源？
8. 为什么说室内花卉也会带来污染？应怎样选择合适的花卉？

参 考 文 献

李坚，樊林栋，梁文俊，等. 2004. 烹饪油烟污染及其净化设备现状与发展趋势. 北京工业大学学报, 30(3): 342~347

刘永华. 2004. 建筑装修导致室内空气污染的研究. 重庆大学硕士学位论文

史德，苏广和. 2005. 室内空气质量对人体健康的影响. 北京：中国环境科学出版社

孙咏梅，戴树桂，袭著革. 2001. 香烟烟雾成分分析及其对 DNA 生物氧化能力研究. 环境与健康杂志, 18(4): 203~207

王东，郭键锋，刘宝华，等. 2013. 微波炉电磁辐射水平调查. 中国辐射卫生, 22(6): 682~684

汪伟光. 2009. 两种杜鹃花科植物中二萜毒素的化学成分研究. 昆明理工大学硕士学位论文

吴昕. 2007. 室内空气污染的预防与治理研究. 南京农业大学硕士学位论文

吴忠标，赵伟荣. 2004. 室内空气污染及净化技术. 北京：化学工业出版社

杨远强，郭忠玲. 2009. 居室花卉对室内空气污染的正负效应. 环境科学与管理, 34(514): 31~34

翟金晓. 2015. 公藤、夹竹桃及常见生物碱的中毒、检测及评价研究. 苏州大学硕士学位论文

张杰，袁寿其，袁建平，等. 2007. 烹饪油烟污染与处理技术探讨. 环境科学与技术, 30(9): 80~82

赵建国，杨利闲，陈晓珊，等. 2012. 美国涂料行业 VOC 污染控制政策与技术研究 涂料工业, 42(2): 44~49

周中平. 2002. 室内污染检测与控制. 北京：化学工业出版社

朱天乐. 2003. 室内空气污染控制. 北京：化学工业出版社

第三章　室内空气污染物的分类

按照《室内空气质量标准》（GB/T 18883—2002），室内空气污染物的性质分为物理性、化学性、生物性和放射性四类，相应的室内空气污染包括物理性污染、化学性污染、生物性污染和放射性污染。物理性污染是指因物理因素，如电磁辐射、噪声、振动，以及不合适的温度、湿度、风速和照明等引起的污染；化学性污染是指因化学物质，如一氧化碳、二氧化硫、氮氧化物、甲醛、苯及其同系物、氨气、苯并[*a*]芘、可吸入颗粒物和总挥发性有机物等引起的污染；生物性污染是指因生物污染因子，包括细菌、真菌、花粉、病毒等引起的污染；放射性污染主要是指因氡及其子体引起的污染。这几类污染中化学性污染最为突出。

第一节　污染物在空气中存在的状态

室内空气污染物种类很多，按其存在状态一般可分为气态污染物和悬浮颗粒物两大类。

一、气态污染物

气态污染物是以分子状态存在的污染物，包括无机化合物、有机化合物和放射性物质等（朱天乐，2003）。典型例子见表 3-1。

表 3-1　室内气态污染物种类

污染物类型	典型例子
无机化合物	臭氧、氨气、一氧化碳、二氧化碳、二氧化氮、二氧化硫等
有机化合物	总挥发性有机物（TVOC）、甲醛（HCHO）、半挥发性有机物（SVOCs）、易挥发性有机物（VVOC）、聚合芳香族（PAHs）、微生物产生的挥发性有机物（MVOCs）等
放射性物质	氡及其子体

气体污染物在空气中运动速度比较快，因此许多气体污染物能污染到较远的地方。

二、悬浮颗粒物

悬浮颗粒物是指悬浮在空气中的固体粒子和液体粒子，包括无机和有机颗粒、微生物和生物溶胶等（朱天乐，2003）。典型例子见表 3-2。

表 3-2 室内悬浮污染物种类

污染物类型	典型例子
无机和有机颗粒物	石棉、金属尘粒、秸秆飞灰、矿物质、土壤、皮屑、花粉
微生物和生物溶胶	霉菌、真菌、细菌、原生动物、病毒、非活性微生物颗粒

第二节 室内环境中的主要污染物

我国 2002 年发布的《室内空气质量标准》，要求控制的室内污染物主要有物理性、化学性、生物性和放射性 4 类 19 种。除物理性因素外的其他因素又可分为有机化合物、无机含氮化合物、含硫磷的化合物、一氧化碳和二氧化碳、颗粒物质、微生物和放射性。本节将就以上所述的几类主要污染物的性质及其来源分别进行介绍，其中各污染物的性质主要参考石青（1992）等所著的《化学品毒性法规环境数据手册》。

一、有机化合物

（一）甲醛

1. 甲醛的性质

通常状况下，甲醛（HCHO）是一种无色，有窒息性刺激臭味的气体，相对分子质量 30.03，凝固点–92℃，沸点–21℃，易溶于水、醇和醚，具有强烈的还原作用。35%~40%的甲醛水溶液称为福尔马林，具有杀菌和防腐能力。

2. 室内空气中甲醛主要来源

室内空气中的甲醛主要来源于装修材料、各种粘合剂、涂料、家具、合成织物、生活日用品及其他来源，分为以下几类。

（1）室内装修使用的胶合板、细木工板、中密度纤维板、刨花板和复合地板等人造板材，以及含有甲醛成分并可能向外界散发的其他各类装饰装修材料，如壁纸、化纤地毯、窗帘、布艺家具、泡沫塑料、油漆和涂料等。

（2）来自于室内日用品，包括床上用品、化妆品、清洁剂、杀虫剂等。

（3）日常生活起居，厨房使用煤炉或液化石油气等燃料燃烧产生甲醛，另外吸烟也产生甲醛。

（二）苯

1. 苯的性质

苯（benzene）分子式 C_6H_6，无色至淡黄色液体，具有强烈的芳香气味，易燃，易挥发，微溶于水，溶于乙醇、乙醚、丙酮和乙酸等。凝固点 5.5℃，沸点 80.1℃，闪点–11℃（闭杯）。

2. 室内空气中苯的来源

在日常生活中，苯也用作装饰材料、人造板家具、黏合剂、空气消毒剂和杀虫剂的溶剂。因此，室内空气中苯主要来自建筑装修中使用的化工原材料，经装修后挥发到室内。

（三）甲苯和二甲苯

1. 甲苯和二甲苯的性质

甲苯（toluene；methylbenzene）分子式 $C_6H_5CH_3$，相对分子质量 92.14，甲苯为无色透明液体，可燃，有类似苯的气味。微溶于水，溶于乙醇、乙醚、三氯甲烷、丙酮、苯和石油醚。相对密度 0.866，比空气重，熔点–95℃，沸点 110.6℃。

二甲苯（xylene；dimethylbenzene）分子式 $C_6H_4(CH_3)_2$，有三种异构体：邻二甲苯（*o*-xylene），相对密度 0.8802，熔点–25.2℃，沸点 144.4℃；间二甲苯（*m*-xylene），相对密度 0.864，熔点–47.9℃，沸点 139.3℃；对二甲苯（*p*-xylene），相对密度 0.861，熔点 13.3℃，沸点 138.3℃。一般是三种异构体及乙苯的混合物，称为混合二甲苯，以间二甲苯含量较多。工业用二甲苯还含有甲苯和乙苯。二甲苯为无色透明易挥发的液体，有芳香气味，有毒，不溶于水，溶于乙醇、乙醚、丙酮和苯。

2. 室内空气中甲苯、二甲苯的来源

甲苯、二甲苯因常被用作建筑材料、装饰材料及人造板家具的溶剂和黏合剂，从而造成室内环境污染，新装修的房间中能测出高含量的甲苯和二甲苯。

（四）苯并[*a*]芘

1. 苯并[*a*]芘的性质

苯并[*a*]芘（benzo[*a*]pyrene，B[*a*]P），是 1 种由 5 个苯环构成的多环芳烃，其分子式为 $C_{20}H_{12}$，相对分子质量为 252，苯并[*a*]芘常温下为黄色固体，结晶温度大于 66℃为菱形片状结晶。不溶于水，溶于苯、甲苯、丙酮、环己烷等有机溶剂中。沸点 312℃，熔点 179℃。

2. 室内空气中苯并[*a*]芘的来源

主要来自煤焦油、炭黑、石油等的燃烧产生的烟气、汽车尾气以及吸烟烟雾，经过多次使用的高温植物油、煮焦的食物、油炸过火的食品都会产生苯并[*a*]芘。另外，卫生球、各种杀虫剂、某些塑料用品等日用品也可能释放苯并[*a*]芘（周中平等，2002）。

（五）挥发性有机化合物

1. 挥发性有机化合物的性质

根据世界卫生组织（WHO）的定义，沸点在 50~260℃的有机化合物称为挥发性有机化合物。挥发性有机物的主要成分为芳香烃、卤代烃、氧烃、脂肪烃、氮烃等达 900 多种。

2. 挥发性有机化合物的来源

室内挥发性有机物的来源主要有三类。

1）建筑及装饰材料，如各种人造板材、塑料板材、黏合板、油漆、墙面涂料、壁纸、地毯、窗帘等。

2）日常生活用化学品，如各种清洁剂、芳香剂等。

3）燃料煤/气燃料、烹饪、采暖、吸烟等产生的烟雾。

二、无机含氮化合物和氧化剂

（一）氨

1. 氨的性质

氨（ammonia），分子式 NH_3，相对分子质量 17.01，氨是一种无色气体，有强烈的刺激性臭味。在适当压力下可变成液氨。易溶于水，水溶液呈碱性。溶于乙醇和乙醚。沸点−33.35℃，熔点−77.7℃。

2. 室内氨气的主要来源

1）混凝土中一般需要加入高碱混凝土膨胀剂和含尿素与氨水的混凝土防冻剂等外加剂，以加速混凝土的凝固和在冬季防冻。这些含大量氨类物质的外加剂，在一定的湿度、温度等外界环境条件下，还原成氨气从墙体中释放出来。

2）家具涂饰用的添加剂和增白剂中大多数都含有氨水，在一定的条件下释放到空气中。这种污染释放期较短，但也应引起注意。

3）加压成型的木制板材在压制过程中使用的黏合剂，在室温下释放出甲醛和氨。

（二）臭氧

1. 臭氧的性质

臭氧（ozone）分子式 O_3，氧的同素异形体。为无色气体、深蓝色液体或紫黑色晶体。有特殊臭味。溶于水、碱液、松节油和桂皮油。气体密度 2.144kg/m^3（0℃），熔点−192.7℃，沸点−111.9℃。

2. 室内臭氧的主要来源

电视机、打印机、激光印刷机、负离子发生器、电子消毒柜等在使用过程中产生臭氧。室内的臭氧可以被纺织品和橡胶制品等吸附而衰减，也可以氧化空气中的其他化合物而自身还原成氧气。

三、一氧化碳和二氧化碳

（一）一氧化碳

1. 一氧化碳的性质

一氧化碳（carbon monoxide）分子式 CO，相对分子质量 28.0，是一种无色无臭气体。不易液化和固化。微溶于水，溶于乙醇、苯、乙酸和氯化亚铜。熔点–199℃，沸点–191.5℃。一氧化碳比较稳定，能在空气中长期蓄积，不易引起人们注意，故其危害性很大。

2. 室内一氧化碳主要来源

主要来源于家庭烹饪、取暖等燃料的燃烧，香烟的燃烧等。CO 含量随采暖季节、做饭取暖时间等而变动。位于交通道路两侧的房屋，室外汽车尾气中的 CO 也会进入室内。

（二）二氧化碳

1. 二氧化碳的性质

二氧化碳（carbon dioxide）分子式 CO_2，无色无臭气体，相对于空气的密度为 1.53，溶于水，部分生成碳酸，化学性质很稳定。可被液化成液体二氧化碳，相对于水的密度为 1.101（–37℃），沸点-78.5℃（升华），液体二氧化碳蒸发时可吸收大量热量。

2. 室内二氧化碳的主要来源

1）人体呼出

人自身呼吸排出的二氧化碳是室内二氧化碳的来源之一。一个人每晚按 10h 计算，会排出 200~300L 二氧化碳，一夜之后，室内的二氧化碳浓度可达室外的 3~7 倍（周中平、赵寿堂等，2002）。

2）各种燃料燃烧的终产物

燃料在充分燃烧后通常都会产生大量的二氧化碳。厨房是室内二氧化碳重污染可能性最大的地方，若通风不良，容易造成室内一氧化碳和二氧化碳大量累积。

四、颗粒物

1.颗粒物的概述

通常把空气动力学当量直径在 10μm 以下的颗粒物称为 PM_{10}，又称为可吸入颗粒物；把直径在 2.5μm 以下的颗粒物称为 $PM_{2.5}$，又称细颗粒物。颗粒物表面有吸附性很强的凝聚核，能吸附有害气体、重金属、苯并[*a*]芘、细菌、病毒等多种有害物质，通过呼吸系统进入人体肺部，导致与心肺功能障碍有关的疾病等。

2. 室内颗粒物的主要来源

1）各种燃料如煤、气等的燃烧产物。

2）室内吸烟。吴伟伟等（2009）研究发现，吸烟室 $PM_{0.03\sim10.00}$ 的日平均质量浓度是无烟室的 1.13 倍，烟草烟雾对室内颗粒物粒子数影响主要集中在 0.03~1.00μm 粒径段。

3）室内人体自身产生的颗粒物。

人体代谢产生的皮屑、碎毛发、口鼻排泄物等；人体活动摩擦产生的衣、被等纺织品绒毛等悬浮颗粒物；人体在室内活动、行走时将沉积在地面上的颗粒物再次扬起到空气中。

五、微生物

1. 微生物概述

大气中存在大量种类繁多的微生物，包括细菌、病毒、真菌以及一些小型的原生动物等生物群体。可划分为以下八类：细菌、真菌、病毒、放线菌、立克次体、支原体、衣原体、螺旋体。

2. 室内微生物的来源

室内微生物的污染源主要来自于室内人员生活起居、现代室内空调的使用和室外空气微生物随气流的渗入等四方面。

（1）室内人员生活起居的排放

人自身带有很多微生物，在打喷嚏、咳嗽、说话时通过口鼻排出多种致病微生物，如白喉杆菌、结核杆菌、流感病毒、麻疹病毒等。带菌者经过皮肤、皮肤脱屑、衣物、铺床叠被、清扫房间等将微生物带入室内空气中。

室内的装饰装修材料也是空气微生物的来源地：细菌、真菌、螨虫等可在地毯、家具、窗帘、卧具、角落、儿童玩具等地方躲藏和快速繁殖。

（2）空调、加湿器等电器的使用

空调、加湿器等内部及周围湿度高的空气环境，为微生物的滋长提供了有利条件，微生物在此栖息并大量繁殖，并飞散到室内空气中。

（3）室外空气微生物随气流的渗入

居室若靠近垃圾堆放点、工厂堆放的废弃物等能产生出大量的微生物的地点时，微生物将伴随通风气流，或是人员流动而被带入室内（史德和苏广和，2005）。

六、放射性污染——氡及其子体

1. 氡及其子体的性质

氡（Radon/Rn）是由铀、镭、钍等放射性元素衰变的一种产物，是自然界唯一的天然放射性惰性气体，它没有颜色，也没有任何气味。在空气中的氡原子衰变产物被称为氡子体，为金属粒子。常温下氡及子体在空气中能形成放射性气溶胶而污染空气。

2. 室内氡的来源

氡的分布很广，人们每天都可能接触到。调查结果表明，室内氡的主要来源于以下几个途径。

（1）从房基土壤中析出的氡

地层深处含有铀、镭、钍的土壤和岩石中，含有高浓度的氡。氡可以通过地层断裂带进入土壤和大气层，并沿着裂缝扩散到室内。

（2）从建筑材料中析出的氡

建筑材料是室内氡的主要来源之一。特别是含有放射性元素的天然石材或再生建筑材料，如花岗岩、石灰岩、磷石膏、煤渣砖等，易释放出氡。

思 考 题

1. 污染物在空气中有哪些存在状态？分别有什么特征？
2. 室内空气污染物可分为哪几类？
3. 室内空气污染物的主要污染物有哪些？它们的来源是什么？
4. 什么是氡的子体？它对人体有哪些危害？

参 考 文 献

石青，刘天化，周景文，等. 1992. 化学品毒性法规环境数据手册. 北京：中国环境科学出版社
史德，苏广和. 2005. 室内空气质量对人体健康的影响. 北京：中国环境科学出版社
吴伟伟，许忠杨，赵桂芝，等. 2009. 烟草烟雾对室内空气颗粒物浓度的影响. 环境污染与防治，31(1): 10~13
周中平，赵寿堂，朱力，等. 2002. 室内污染检测与控制. 北京：化学工业出版社
朱天乐. 2003. 室内空气污染控制. 北京：化学工业出版社

第四章　室内空气污染与人体健康

室内空气污染物多种多样，每一种污染物本身对人体有一定的作用方式及危害途径，当多种污染物混合在一起时，又可能会对人体产生联合毒性作用。室内空气污染物对人体的健康存在普遍的影响。

第一节　室内空气主要污染物单项对人体健康的影响

室内空气污染的人体健康效应包括从感觉器官刺激到致癌等一系列影响。就目前情况来看，危害人体健康的主要污染物是甲醛、苯及其同系物、其他挥发性有机化合物、氨、氡及其衰变产物、生物性污染物、可吸入颗粒物、细颗粒物和臭氧等。

一、甲醛对人体健康的危害

甲醛对人的皮肤、眼睛及呼吸道黏膜有很强的刺激性，长期接触低浓度甲醛可引起流泪、咳嗽、眼结膜炎、鼻炎、支气管炎、皮炎、皮肤发红、皮肤剧痛等反应（陈艳辉，2006）。有研究表明，从事树脂、化学、家具和木材生产的甲醛职业接触人群中，眼和呼吸道刺激症状的发生率明显增高（于立群和何凤生，2004）。表 4-1 列出了不同浓度甲醛对人体的健康效应。

表 4-1　不同浓度（质量分数）甲醛对人体的健康效应

甲醛浓度/10^{-6}	健康效应	甲醛浓度/10^{-6}	健康效应
0~0.05	无症状	0.1~25	上呼吸道刺激
0.05~1.0	嗅觉刺激	5.0~30	下呼吸道和肺部作用
0.05~1.5	神经生理效应（脑电图改变，光反应）	50~100	肺水肿、炎症、肺炎
0.01~2.0	眼刺激	>100	致死

资料来源：王美文，2003

甲醛对人体的肝脏有潜在毒性；甲醛对人体的免疫系统有影响，在新装修环境中工作的人群会产生 IgG 抗体，T 淋巴细胞的比例减少；甲醛对人体的内分泌系统也存在影响，长期接触低浓度甲醛（0.017~0.0678 mg/m^3）可引起女性经期紊乱（陈艳辉，2006）。

甲醛有致突变与致癌作用，世界卫生组织已将其列为致癌和致畸物质。

在所有的接触人群中，儿童、孕妇和老人特别敏感，受的危害也更大。

二、苯及其同系物对人体健康的危害

世界卫生组织将苯类物质定为强致癌物质，因其对人体健康具有极大的危害。一般

来说，苯类物质对人体的危害分为慢性中毒和急性中毒两种。由于室内环境中苯类物质的浓度较低，因此其对人体的危害主要是慢性中毒。

苯、甲苯和二甲苯主要以蒸气状态存在于空气中，人体中毒一般都是由于呼吸或皮肤吸收所致。苯属于中等毒类物质，急性中毒主要是损害中枢神经系统，慢性中毒主要是损害造血组织及神经系统。甲苯属低毒类，高浓度中毒会导致肾脏、肝脏和脑细胞的坏死和退行性变，慢性中毒主要是损害中枢神经系统。二甲苯属低毒类物质，主要对中枢神经和植物神经系统具有麻醉和刺激作用。高浓度的甲苯、二甲苯在短时间内被吸入时，会对人体的中枢神经系统产生麻醉作用，轻者有头晕、恶心、胸闷、乏力、意识模糊等症状，严重时可引起昏迷以致呼吸衰竭而死亡。若长期接触一定浓度的甲苯、二甲苯可引起慢性中毒，出现头痛、失眠、精神萎靡、记忆力衰退等神经衰弱症状（周中平等，2002）。

苯及其同系物对女性的危害较男性更大，甲苯、二甲苯对生殖功能也有一定影响。育龄妇女长期吸入苯会导致月经异常，主要表现为月经紊乱或过多。孕期接触甲苯、二甲苯及苯系混合物时，妊娠高血压综合征、妊娠呕吐及妊娠贫血等妊娠并发症的发病率显著提高。苯还可导致胎儿发生先天性缺陷，甲苯可通过胎盘进入胎儿体内，致使胎儿小头畸形，中枢神经系统功能障碍及生长发育迟缓（安丽红，2007）。

三、其他挥发性有机化合物对人体健康的危害

由于室内空气中挥发性有机化合物的种类繁多，且各种成分的含量又不高，故其对人体健康影响的机理很难清楚界定。

挥发性有机化合物对人体的危害主要是刺激皮肤、眼睛和呼吸道，进入人体内会伤害人的肝脏、肾脏和神经系统。当室内的挥发性有机化合物超过一定浓度时，会使人们出现头痛、恶心、乏力等症状，严重时会昏迷、抽搐、记忆力衰退。

丹麦学者 Lars Molhave 等根据实验及各国的流行病研究资料，暂定出总挥发性有机物暴露与健康效应如表 4-2 所示（毛根年等，2004）。

表 4-2　总挥发性有机物暴露与健康效应

总挥发性有机化合物/（mg/m^3）	健康效应	分类
0.2	无刺激、无不适	舒适
0.2~0.3	与其他因素联合作用时，可能出现刺激和不适	多因素协同作用
3.0~25	刺激和不适；与其他因素联合作用时，可能出现头痛	不适
>25	除头痛外，可能出现其他的神经毒性作用	中毒

四、氨对人体健康的危害

氨的溶解度极高，对人及动物的眼睛、鼻黏膜和上呼吸道有着强烈的刺激和腐蚀作用，可麻痹呼吸道纤毛，损伤黏膜上皮组织，使病原微生物易于入侵，从而降低人体对疾病的抵抗力。人吸入气态氨后，其症状根据吸入氨的浓度、时间及个人感受等各有轻

重，轻度中毒的症状有鼻炎、咽炎、气管炎、支气管炎等。短时间内吸入大量氨气会出现流泪、咽痛、咳嗽、胸闷、呼吸困难，并伴有头晕、头痛、恶心、呕吐、乏力等；严重者可发生肺水肿、成人呼吸窘迫综合征等。进入肺泡内的氨，除少部分被二氧化碳中和外，其余都被吸收至血液。氨进入血液后，有少量的氨会随着汗液、尿或呼吸排出体外，其余的则会与血红蛋白结合，使得人体循环系统的输氧功能遭到破坏。在潮湿的条件下，氨气对人的皮肤也有刺激和腐蚀作用（周中平等，2002）。

五、氡对人体健康的危害

人体受到的放射性危害分为体外辐射和体内辐射两类。体外辐射主要是指天然材料中的辐射直接照射人体而对人体内的造血器官、神经系统、生殖系统和消化系统造成损伤。体内辐射主要来自于被吸入人体中的放射核素衰变放射出电离辐射。氡对人的危害是通过体内辐射进行的。

氡气衰变的子体极易吸附在空气中的微粒上，当被人体吸入体内后，氡子体会沉积在气管、支气管部位，部分深入到人体的肺部，随着时间的变化，氡子体在这些部分不断累积，并且快速衰变，产生很强的内照射，放射出高能量的粒子，杀伤人体细胞组织，并导致被杀伤的细胞发生变异成为癌细胞，使人患上癌症（周中平等，2002）。

六、其他室内空气污染物对人体健康的危害

除了以上介绍的几种主要室内空气污染物之外，其他室内空气污染物对人体的危害如表 4-3 所示。

表 4-3　常见室内空气污染物对人体健康的危害

污染物	健康效应
臭氧	对呼吸道有刺激作用，引起咳嗽、呼吸困难、呼吸道抵抗力降低等。臭氧对肺泡巨噬细胞的存活率和代谢都有影响。臭氧也能影响人体的免疫功能，表现在人淋巴细胞在体外暴露于臭氧后，B 细胞和 T 细胞产生免疫球蛋白（IgG）的能力受到抑制（陈志英，1995）
颗粒物	主要刺激眼、鼻、咽喉，引起呼吸道炎症、支气管炎、头痛等。粒径小于 2.5μm 的颗粒物可被吸入到肺组织深部，对肺部组织产生影响，引起肺癌等（张宏伟和丁鹏，2002）
生物性污染物	尘螨是一种常见的变应原，可诱发多种过敏性疾病，如过敏性哮喘、鼻炎、过敏性皮炎等（李朝品、武前文，1996）。细菌、真菌和病毒在空气中传播可引起肺炎、结核、流行性感冒等呼吸道疾病（陈迪云和麦宇宁，2002）
一氧化碳	易与血液中的血红蛋白结合，妨碍氧与血红蛋白结合，从而降低血液输送氧的能力，引起机体各组织缺氧。当一氧化碳浓度达到 50.0mg/m^3 时，会出现疲倦、恶心、头痛、头晕等感觉，当达到 700 mg/m^3 时会发生心悸亢进，并有虚脱危险，当达到 125mg/m^3 时出现昏睡，并导致死亡（姚运先，2007）
二氧化硫	进入呼吸道后会损伤呼吸器官，导致支气管炎、肺炎，甚至可导致肺水肿和呼吸麻痹。当二氧化硫通过鼻腔、气管、支气管时，会被管腔内膜的水分吸收，生成亚硫酸、硫酸，刺激作用会更强。二氧化硫对大脑皮质的机能和人体内维生素的代谢均会产生影响，还能抑制某些酶的活性（史德和苏广和，2005）
氮氧化物	NO_2 对人体健康的影响主要是对眼、鼻和咽喉产生刺激。儿童吸入 NO_2 可导致肺功能下降和感染机会增加。氮氧化物还可能危害中枢神经系统和心血管系统（张宏伟和丁鹏，2002）

第二节　室内空气污染物联合作用对人体健康的影响

一、概述

1. 相加作用

相加作用是指混合化学物质产生联合作用时的毒性为各单项物质毒性的总和。能够产生相加作用的化学物质，一般是同系化合物或者物理性质比较类似，并且在人体内作用受体和作用时间基本一致（史德和苏广和，2005）。例如，丙烯醛和乙腈的联合作用就表现为相加，都能导致组织窒息。

2. 协同作用

协同作用是指当两种或多种化学物质同时进入人体产生联合作用时，它们对人体造成的毒害作用超过这些物质各自单独造成的毒害作用之和。产生协同作用的机理一般认为是某些毒性物质对其他毒性物质的解毒机理产生了抑制作用，从而产生增毒作用。例如，有机磷化合物对胆碱酯酶进行抑制而增加了其他毒物的毒性；氨类化合物通过抑制联氨氧化酶而降低人体对其他有毒物质的解毒作用（史德和苏广和，2005）。

有时候在单一污染物不超标的情况下，室内人员仍然感觉到身体不舒服，出现头昏、恶心、疲劳等不适感。这有可能是多种有害污染物联合产生相加或协同作用，从而对人体健康造成影响。

室内空气污染源包括建筑材料、装修材料、生活用品、燃料燃烧等，污染源产生的污染物种类多样。这些污染物混合在一起很可能发生相加或协同作用，带来室内空气的二次污染物。这些二次污染物的毒害作用可能比一次污染物更大，对人体健康产生的危害需要被关注。

二、室内空气污染对呼吸系统的作用

空气污染物大多数是通过呼吸作用进入人体内，因此呼吸系统首当其冲受到空气污染物的危害。以下简单介绍室内空气污染物对呼吸系统的影响。

与室内空气污染有关的呼吸道疾病主要有扁桃体发炎、咽炎、鼻炎、气管炎、肺炎、阻塞性肺部疾病等。（汪晶和祁海，1996）

在空间比较狭小封闭、空气流通不畅、人员密集的室内场所，一旦空气中存在某些病原微生物（例如，肺炎链球菌、流感病毒、鼻病毒、副流感病毒和肺炎支原体等）的传染源，呼吸道和肺部感染性疾病就容易在人员聚集的公众场所，如学校、地下商场、医院等人群中传播（史德和苏广和，2005）。

在空调环境内，多种因素也会引起呼吸道和肺部感染性疾病：当微尘进入空调系统后，各种设备相互作用改变其物理与生物学特性而带来不良后果，若微粒被研细到5μm，则易被吸入肺泡导致肺疾；空调设备里的真菌和细菌进入室内空气，作用于呼吸道而引起加湿器热、军团病等。在开暖气时，暖风机会成为适温性微生物繁殖的温床，这类微生物易导致室内人员出现肺炎（张硕，1991）。

三、室内空气污染所致过敏疾病

当外来物质进入人体被识别为有害物质时，免疫系统会立即反应，将其驱除或消灭，对人体进行保护。但当免疫系统的应答超出正常范围，对无害物质进行攻击时，称为变态反应。变态反应分为几种，速发型变态反应称为过敏。室内外空气污染物会引起敏感个体免疫性增高，如果再次接触污染物（致敏原）可引起过敏性疾病的发生。

1. 室内空气污染暴露相关的过敏疾病

过敏性哮喘：是一种由嗜酸性粒细胞、肥大细胞、T 细胞等多种炎症细胞参与的慢性气管炎症，是以气管变态性炎症和气管高反应性为特征的疾病（陈德坚，2007）。居室内的尘螨、霉菌、蟑螂、动物毛屑等都可能引起过敏性哮喘（张宏伟和丁鹏，2002）。

过敏性鼻炎：是发生在鼻黏膜上的变态反应，出现打喷嚏、流鼻涕、鼻塞等症状，可能因接触霉菌、虫螨、动物皮屑等过敏原而突发。（汪晶和祁海，1996）

过敏性支气管肺曲菌病：是一种以对曲霉菌类霉菌的特异性免疫反应为特殊的疾病，其变应原包括嗜热放线菌、曲霉菌和其他气溶胶中的蛋白类物质等（Andrew et al.，1993）。

加湿器热：一种接触被微生物污染的加湿器产生的气溶胶后，短时间内发生的类似于流感症状的疾病。患者发病后即使继续接触污染物，仍然可在几天内康复。但脱离接触一段时间后，如果再次接触会在接触的第一天复发（Andrew et al.，1993）。

过敏性肺炎：是一种急性、可反复发作的非感染性肺部疾病，接触变应原 4~8h 内可发病，24h 内可缓解（汪晶和祁海，1996）。

2. 过敏疾病的致敏原

根据多个大规模流行病学调查的结果，尘螨是最重要的室内变应原。尘螨变应原主要是螨消化道分泌的一种蛋白酶，这种酶会增加呼吸道上皮细胞的通透性，从而刺激宿主免疫系统，引起过敏反应。含有致敏原的尘螨常见于家中的床、床垫、枕头、沙发、地毯、家具填充物等（栗建林等，2005）。

室内环境中的主要过敏原还有宠物、昆虫和霉菌等。家养的猫、狗等动物也是致敏原的来源，在动物的唾液、皮肤、毛发和身上的尘垢中都存在过敏原。另外，在卫生条件较差的环境中，蟑螂也是一种重要的致敏源。（陈迪云和麦宇宁，2002）

四、室内空气污染的致癌作用

肺癌是与室内空气污染暴露相关的主要癌症之一，目前已经明确的致癌物有环境烟草烟雾、家庭燃煤和放射性氡。氡是国际癌研究所公布的确定致癌物，氡与人体肺癌发生之间存在一定的剂量反应关系（汪晶和祁海，1996）。燃料的燃烧与肺癌之间也存在密切的关系。广州 1989 年报告的 662 例肺癌死亡的病例对照研究表明，女性患肺癌与家庭燃煤烹饪有关系（OR=3.10）。哈尔滨的病例对照研究显示，高耗煤是女性肺腺癌的主要危险因子。上海调查的结果显示，肺腺癌和肺鳞状细胞癌的风险增加与长时间的油

烟暴露有关。（Chen et al.，1992）

研究发现石棉纤维可导致肺间皮瘤和肺癌；苯可导致白血病；某些杀虫剂通过作用于人的生殖系统，导致自发性流产、不孕和染色体畸变等生殖效应（史德和苏广和，2005）。

五、室内空气污染对神经系统的毒性作用

炎症是公认的中枢神经系统疾病的发病机制（Block et al.，2007）虽然有很多种环境因素都可能引起神经性炎症而诱发中枢神经系统疾病，但空气污染可能是最主要的来源（Craig et al.，2008）。空气中的污染物质进入人体内，激活外周免疫系统，引起外周组织、呼吸系统和心血管系统等发出促炎症信号，使得细胞因子水平提高，各种促炎症因子进入循环系统，通过扩散和主动运输进入大脑（Dantzer et al.，2008），激活大脑内的免疫细胞，产生神经炎症，导致大脑内细胞损伤而产生神经退行性病变（吴远双等，2011）。

臭氧具有强氧化性，进入肺中能与蛋白质、脂类相互作用，使蛋白质和脂类被氧化，产生一些毒性成分（Pryor et al.，1995），经过血液循环到大脑，最终导致脑内氧化应激。氧化应激会导致大脑脂质过氧化，黑质内多巴胺能神经元死亡及神经元形态学上的损伤，最终导致运动障碍和记忆障碍（Rivas-Arancibia et al.，2010）。

一氧化碳易与血红蛋白结合，影响神经组织的供氧，可能导致眨眼障碍，对神经系统造成严重影响，甚至可能置人于死地。有些杀虫剂对人体的神经有毒害作用，长期吸入 TVOC 也会影响中枢神经系统功能（黄维等，2007）。

六、室内空气污染对心血管系统的作用

吸烟可能导致心血管系统引发相关疾病，使得心血管疾病的发病率和死亡率增加。吸烟时会产生大量的一氧化碳，一氧化碳主要通过与血液中的血红蛋白相结合，影响氧气的运输，从而对心脏、大脑等需氧量高的器官造成危害。一般早期效应如心脏病病人胸疼的发作频率会增高。

空气中含有高浓度的微粒时会导致较高的死亡率，主要是因为对呼吸系统和心血管系统的作用（Frankish H，2001）。研究表明心率变异性的显著减少与 $PM_{2.5}$ 和臭氧相关，$PM_{2.5}$ 可以导致室性心律失常的增加（Schwartz et al.，2005）。

七、不良建筑物综合征

20 世纪 80 年代，美国及欧洲的一些国家首先报道写字楼工作人员和节能楼房居住者容易出现眼、鼻、喉的不适，咳嗽、头痛、头晕、皮肤刺激等多种症状，人们把这一系列症状称为不良建筑综合征（sick building syndrome,SBS）①。目前 WHO 与美国环境保护总署对 SBS 的定义为：SBS 是指一类非特异性症状或反应，是在某些建筑物室内的工作人员新发生的不明原因的一些疾病症状或不适感，而这类症状可以随着人们在这些

① WHO Regional Office for Europe.1982.Indoor Air Pollutants:Exposure and Health Effects,Report on a WHO Meeting.

建筑物中逗留时间的延长而加重，也会因离开这些建筑物而得到改善或消失[①]。

引起 SBS 的确切原因尚不明确，但由国内外的文献研究可知，与 SBS 相关的危险因素可分为三类：①物理因素，包括温度、相对湿度、通风、照明、噪声、振动等；②室内空气污染物，包括物理污染、化学污染和生物污染；③生理因素（许凤和李建霞，2010）。

Takigawa 等采用问卷调查的方式对日本新建建筑内的居民进行调查，同时监测室内甲醛和挥发性有机化合物浓度，研究发现，醛类、脂肪烃类化合物会增加新建建筑内病态建筑综合征的患病风险（Takigawa et al.，2012）。

Tsai 等分析了上班族出现 SBS 与室内二氧化碳浓度间的关系，若室内二氧化碳浓度超过 800×10^{-6}，上班族会比较容易出现眼部症状或是上呼吸道症状（Tsai et al.，2012）。

Zhang 等对国内某学校的 1993 名学生进行调查，研究发现，家庭过敏史自身的特异反应性以及教室内的温度、湿度、拥挤度、CO_2、NO_2、SO_2 等均与不良建筑综合征具有相关性（Zhang et al.，2011）。

许凤，李建霞采用新灰色关联分析法研究了室内污染物对 SBS 症状水平的影响程度，发现甲醛和吸入尘是影响 SBS 的主要因素，其次是 NO_2、CO、CO_2，SO_2，菌落对 SBS 的影响最弱（许凤和李建霞，2010）。

思 考 题

1. 室内空气污染物中潜在哪些化学反应？
2. 室内空气主要污染物单项对人体健康有哪些影响？
3. 室内空气污染物在协调作用下对人体健康有哪些危害？
4. 室内空气污染对呼吸系统有什么影响？
5. 室内空气污染对人体的致癌作用如何？
6. 室内空气污染对神经系统有什么影响？
7. 室内空气污染对心血管系统有什么作用？

参 考 文 献

安丽红. 2007. 室内空气污染物对人体健康的危害及防治. 环境与健康杂志, 24(4): 271~273
陈德坚. 2007. 过敏性哮喘免疫发病机制及进展. 岭南医学, 18(12): 167~169
陈迪云, 麦宇宁. 2002. 室内空气质量与健康关系分析. 广州大学学报(自然科学版), 1(4): 23~28
陈艳辉. 2006. 室内甲醛对人体健康的影响及防治对策. 钦州师范高等专科学校学报, 21(3): 94~96
陈志英. 1995. 臭氧对健康的影响及其卫生标准. 劳动医学, 12(3): 45~47
黄维, 陆萌, 常沁春, 等. 2007. 兰州市新装修室内环境空气污染特征. 环境与健康杂志, 24(2): 101~103
李朝品, 武前文. 1996. 房舍和储藏物尘螨. 合肥: 中国科学技术大学出版社
栗建林, 刑志敏, 王宗惠, 等. 2005. 常年性过敏性鼻炎患者居室内生物污染调查. 环境与健康杂志, 22(4): 269~270
毛跟年, 许牡丹, 黄建文. 2004. 环境中有毒有害物质与分析检测. 北京: 化学工业出版社
汪晶, 祁海. 1996. 室内空气质量与疾病. Chin J Epidemiol, 17(6): 370~372

① EPA.2007.EPA'S Indoor air quality. http: //www.epa.gov/iaq.2007-09-01

王美文. 2003. 高中化学课程标准中的活动与探究. 北京：高等教育出版社

吴远双，孟关雄，魏大巧，等. 2011. 空气污染与神经退行性疾病. 生命科学, 23(8): 784~789

许凤，李建霞. 2010. 病态建筑综合症影响因素的模糊灰关联分析. 兰州交通大学学报, 29(1): 133~136

姚运先. 2007. 室内环境污染控制. 北京：中国环境科学出版社

于立群，何凤生. 2004. 甲醛的健康效应. 国外医学卫生学分册, 31(2): 84~87

张宏伟，丁鹏. 2002. 室内空气污染的健康效应. 国外医学卫生学分册, 29(3): 162~165

张硕. 1991. 空调环境的室内空气质量与健康问题. 中国安全科学学院, 1(4): 22~29

周中平，赵寿堂，朱力，等. 2002. 室内污染检测与控制. 北京：化学工业出版社

Andrew M P, Roy Patterson, Harriet Burge et al. 1993. Exposure to an aeroallergen as a possible precipitating factor in respiratory arrest in young patients with asthma. New England Journal of Medicine, 324Press: 44~131

Block M L, Zecca L, Hong J S. 2007. Microglia-mediated neurotoxicity: uncovering the molecular mechanisms. Nat Rev Neurosci, 8(1): 57~69

Chen B H, Hong C J, He X Z, et al. 1992. Indoor air pollution and its health effects in China-a review. Environmental Technology, 13: 305

Craig L, Brook J R, Chiotti Q, et al. 2008. Air pollution and public health: a guidance document for risk managers. J Toxicol Environ Health A. 71(9-10): 588~698

Dantzer R, O'Connor J C, Freund G G, et al. 2008. From inflammation to sickness and depression: when the immune system subjugates the brain. Nat Rev Neurosci, 9(1): 46~56

Frankish H. 2001. Air pollution can trigger a myocardial infarction. Lancet, 357(9272): 1952

Pryor W A, Squadrito G L, Friedman M. 1995. A new mechanism for the toxicity of ozone. Toxicol Lett, 82-83: 287~293

Rivas-Arancibia S, Guevara-Guzmán R, López-Vidal Y, et al. 2010. Oxidative stress caused by ozone exposure induces loss of brain repair in the hippocampus of adult rats. Toxicol Sci, 197(3): 193~200

Schwartz J, Litonjua A, Suh H, et al. 2005. Traffic related pollution and heart rate variability in a panel of elderly subjects. Thorax, 60: 455~461

Takigawa T, Saijo Y, Morimoto K, et al. 2012. A longitudinal study of aldehydes and volatile organic compounds associated with subjective symptoms related to sick building syndrome in new dwellings in Japan. Science of the Total Environment, 417: 61~67

Tsai D H, Lin J S, Chan C C, et al. 2012. Office workers' sick building syndrome and indoor carbon dioxide concentrations. Journal of Occupational and Environmental Hygiene, 9(5): 345~351

Zhang X, Zhao Z H, Nordquist T, et al. 2011. The prevalence and incidence of sick building syndrome in Chinese pupils in relation to the school environment: a two-year follow-up study. Indoor Air, 21(6): 462~471

第五章　室内空气污染监测

室内空气污染监测主要是通过检测仪器和标准方法进行采样，经过科学的分析，找出室内空气中有害物质的根源、成分、变化规律。室内空气污染监测是为了反映室内环境质量现状，为污染物的消除及室内空气质量的改善提供科学依据（陈明佳和苏振海，2011；杨飞，2011）。室内空气污染监测工作可按监测目的进行分类，包括针对室内污染源的监测、室内空气质量监测和根据某一特定目的的实行的监测等。

第一节　室内污染源监测

一、室内污染源监测介绍

室内污染源监测是指通过对室内存在的污染源进行调查，利用科学检测手段监测各种污染源释放的污染物种类，分析污染物释放的方式、强度、规律及对室内空气的污染程度（崔九思，2003）。

大部分的研究（史德和苏广和，2005；宋广生，2006；吴忠标和赵伟荣，2006）认为，室内空气的污染物主要来自三个方面：①化学性污染物；②生物性污染物；③放射性污染物。其中主要的代表性污染有甲醛（化学性）、苯系物（化学性）、氡（放射性）、氨（化学性）及 PM_{10}、$PM_{2.5}$ 等颗粒物（生物性、化学性）。其中甲醛来源于木制家具，苯系物主要来自于涂料及皮制家具，氡主要来源于大理石等地板，氨气主要是建筑物墙体中的混凝土抗凝剂产生的，而 PM_{10}、$PM_{2.5}$ 等颗粒物则可以来源于燃烧产物及各种细菌附着物等。可以说这些来源涵盖了大部分的室内装饰材料、家具及用品。

二、室内污染源监测方法与限值

（一）室内污染源监测方法

为切实有效地防治室内空气污染，改善我国居民的室内空气卫生质量，保护人民身体健康，促进社会经济发展，2001 年 9 月我国卫生部组织制定了《室内空气质量卫生规范》、《木质板材中甲醛卫生规范》和《室内用涂料卫生规范》（卫法监发[2001]255 号）；2001 年 12 月，国家质量监督检验检疫总局制定了《室内装饰装修材料中有害物质限量》，对包括人造板及其制品、溶剂型木器涂料、内墙涂料、胶黏剂、木家具、壁纸、聚氯乙烯卷材地板、地毯、地毯衬垫及地毯胶黏剂、混凝土外加剂以及建筑材料放射性核素等十种室内污染源的限量进行了说明； 2008~2013 年，国家质量监督检验检疫总局对《室内装饰装修材料中有害物质限量》的部分标准进行了进一步修订。2010 年 8 月，我国住房和城乡建设部公布《民用建筑工程室内环境污染控制规范》（GB50325—2010），原《民用建筑工程室内环境污染控制规范》（GB50325—2001）同时废止。由于不同种类污染源释放的污染物各异，因此监测的方法也存在不同。本章列出了上述规范和标准所规定的室内空气污染源中的有害物质检验方法，详见表 5-1。

表 5-1　室内建筑和装饰装修材料中有害物质限量检验方法

材料名称	污染物	检验方法	依据和来源
（一）室内装饰装修材料			
（1）人造板及其制品	甲醛	穿孔萃取法（含量）	GB/T 17657—2013 GB 18580—2001
		干燥器法（释放量）	GB/T 17657—2013 GB 18580—2001
		气候箱法（环境实验舱法）（释放量）	GB/T 17657—2013 GB 18580—2001 卫生部《木质板材中甲醛卫生规范》附录
		气体分析法	GB/T 17657—2013
（2）溶剂型木器涂料	挥发性有机化合物	重量法	GB 18581—2009 GB/T 23985—2009（ISO 11890-1:2007）（挥发性有机化合物） GB/T 6750—2007（密度） 卫生部《室内用涂料卫生规范》
	苯、甲苯、二甲苯	气相色谱法	GB 18581—2009 卫生部《室内用涂料卫生规范》
	甲苯二异氰酸酯	气相色谱法	GB 18581—2009 GB/T 18446—2009 卫生部《室内用涂料卫生规范》
	可溶性重金属（铅、镉、铬、汞）	原子吸收分光光度法	GB 18581—2009 GB 18581—2009 卫生部《室内用涂料卫生规范》 GB/T 9758.1—1988（铅） GB/T 9758.4—1988（镉） GB/T 9758.6—1988（铬） GB/T 9758.7—1988（汞）
（3）内墙涂料	挥发性有机化合物	气相色谱法	GB 18582—2008 GB/T 23985—2009（ISO 11890-1:2007）（挥发性有机化合物） GB/T 6750—2007（密度） 卫生部《室内用涂料卫生规范》
	甲醛	乙酰丙酮比色法 亚硫酸钠滴定法	GB 18582—2008 卫生部《室内用涂料卫生规范》
	可溶性重金属（铅、镉、铬、汞）	原子吸收分光光度法	GB 18582—2008 其他同溶剂型木器涂料

续表

材料名称	污染物	检验方法	依据和来源
（一）室内装饰装修材料			
（4）胶黏剂	甲醛	乙酰丙酮比色法	GB 18583—2008
	苯、甲苯、二甲苯	气相色谱法	GB 18583—2008
	甲苯二异氰酸酯	气相色谱法	GB 18583—2008
	挥发性有机物	重量法（扣除水分）	GB 18583—2008 GB/T 2793—1995（不挥发物） GB/T 606—2003（水分） GB/T 13354—1992（密度）
（5）木家具	甲醛	干燥器法	GB 18584—2001 GB/T 17657—2013
	可溶性重金属（铅、镉、铬、汞）	原子吸收分光光度法	GB 18584—2001 GB/T 9758.1—1988（铅） GB/T 9758.4—1988（镉） GB/T 9758.6—1988（铬） GB/T 9758.7—1988（汞）
（6）壁纸	钡、镉、铬、铅、砷、汞、硒、锑	原子吸收分光光度法 电感耦合等离子体 原子发射光谱	GB 18585—2001
	氯乙烯单体	气相色谱法	GB/T 4615—2013
	甲醛	密封法/乙酰丙酮比色法	GB/T 18585—2001
（7）聚氯乙烯卷材地板	氯乙烯单体	气相色谱法	GB/T 4615—2013
	可溶性金属（铅、镉）	原子吸收分光光度法（石墨炉）	GB 18586—2001
	挥发物	重量法	GB 18586—2001 GB/T 2918—1998（环境条件）
（8）地毯、地毯衬垫、地毯胶黏剂	挥发性有机物 4-苯基环己烯,丁基羟基甲苯,2-乙基己醇	小型环境试验舱/气相色谱法	GB/T 18587—2001（小型环境试验舱法） ISO/DIS 16000—6:2004（气相色谱法） ISO16017—1:2001（气相色谱法）
	甲醛	小型环境试验舱/乙酰丙酮比色法或酚试剂分光光度法	GB/T 18587—2001（小型环境试验舱法） GB/T 15516—1995 GB/T 18204.26—2014
	苯乙烯	气相色谱法	GBZ/T 160.47-2004
（二）民用建筑工程室内建筑和装修材料			
（1）人造木板和饰面人造木板	甲醛	小型环境试验舱/乙酰丙酮比色法	GB 50325—2010

续表

材料名称	污染物	检验方法	依据和来源
（二）民用建筑工程室内建筑和装修材料			
（2）水溶性涂料、胶黏剂和处理剂	挥发性有机化合物 甲醛	重量法（扣除水分） 乙酰丙酮比色法	GB 50325—2010
（3）水溶性涂料、胶黏剂和处理剂	挥发性有机化合物 甲醛	重量法（扣除水分） 乙酰丙酮比色法	GB 50325—2010
（4）土壤	氡	电离室法 静电扩散法 闪烁瓶法	GB 50325—2010
（5）混凝土外加剂	氨	蒸馏后滴定法	GB 18588—2001
（6）无机非金属建筑和装饰材料	放射性核素	低本底多道γ能谱仪	GB 6566—2001

资料来源：崔九思. 2003

（二）部分建筑装饰材料污染物释放限量

国内市场现有的主要建筑装饰装修材料可以分为以下几类：木质装饰材料、地毯塑料、地板、金属装饰材料、石材、水泥、石膏及石膏制品、涂料与胶黏剂、装饰陶瓷等。

室内装饰装修材料种类繁多，它们含有和释放出多种有害物质，是造成室内空气污染的主要来源。国家质量监督检验检疫总局制定了《室内装饰装修材料中有害物质限量》，对包括人造板及其制品、溶剂型木器涂料、内墙涂料、胶黏剂、木家具、壁纸、聚氯乙烯卷材地板、地毯、地毯衬垫及地毯胶黏剂、混凝土外加剂以及建筑材料放射性核素等十种室内污染源的限量进行了说明。

1. 人造板材中甲醛释放限量

GB18580—2001《室内装饰装修材料人造板及其制品中甲醛释放限量》规定采用不同测定方法时人造板材的甲醛释放限量值见表5-2。

表5-2　人造板材甲醛释放量实验方法及限量值

产品名称	实验方法	限量值	使用范围	限量标准*
中密度纤维板	穿孔萃取法	≤9mg/100g	可直接用于室内	E_1
高密度纤维板		≤30mg/100g	必须饰面处理后	
刨花板			可允许用于室内	E_2
定向刨花板等				

续表

产品名称	实验方法	限量值	使用范围	限量标准*
胶合板	干燥器法	≤1.5mg/L	可直接用于室内	E_1
装饰单板贴面胶合板		≤5.0mg/L	必须饰面处理后	
细木工板			可允许用于室内	E_2
饰面人造板	气候箱法	≤0.12mg/m^3	可直接用于室内	E_1

* E_1为可直接用于室内的人造板，E_2为必须饰面处理后才允许用于室内的人造板。

2. 溶剂型的木器涂料和水性的内墙涂料限量

我国GB18581—2009《室内装饰装修材料溶剂型木器涂料中有害物质限量》规定的室内溶剂型涂料中各种有害物质的限量值，见表5-3。GB18582—2008《室内装饰装修内墙涂料中有害物质限量》规定的内墙涂料中各种有害物质的限量值，见表5-4。

表5-3 溶剂型木器涂料中有害物质限量值

有害物质	限量值			
	硝基类涂料	聚氨酯类涂料	醇酸类涂料	腻子
挥发性有机化合物（VOC）含量/（g/L）	≤720	面漆：光泽（60°）≥80580 光泽（60°）＜80670 底漆：≤670	≤500	≤550
苯/%	≤0.3			
甲苯、二甲苯、乙苯含量总和/%	≤30	≤30	≤5	≤30
游离二异氰酸酯含量总和/%	—	≤0.4	—	≤0.4（限聚氨酯类腻子）
甲醇含量/%	—	≤0.3	—	≤0.3（限聚氨酯类腻子）
卤代烃含量/%	≤0.1			
可溶性重金属含量（限色漆、腻子和醇酸清漆）/（mg/kg）	可溶性铅		≤90	
	可溶性隔		≤75	
	可溶性铬		≤60	
	可溶性汞		≤60	

3. 胶黏剂中有害物质限量

室内用胶黏剂有溶剂型、水基型、本体型三大类，广泛用于地板、瓷砖、地毯、壁纸和天花板等。我国GB 30982—2014《建筑胶粘剂有害物质限量》、GB18583—2008《室内装饰装修材料胶黏剂中有害物质限量》规定了溶剂型、水基型、本体型胶黏剂中各种有害物质的限量值，分别见表 5-5、表 5-6 和表 5-7。

表 5-4　内墙涂料中有害物质限量值

有害物质		限量值	
		水性墙面涂料[1]	水性墙面腻子[2]
挥发性有机化合物（VOC）≤		200 g/L	15g/kg
苯、甲苯、乙苯、二甲苯总和/（mg/kg）≤		300	
游离甲醛/（mg/kg）≤		100	
可溶性重金属/（mg/kg）≤	铅 Pb	90	
	隔 Cd	75	
	铬 Cr	60	
	汞 Hg	60	

[1] 涂料产品所有项目均不考虑稀释配比。

[2] 膏状腻子所有项目均不考虑稀释配比；粉状腻子除可溶性重金属项目直接测试粉体外，其余三项是指产品规定的配比将粉体与水或胶黏剂等其他液体混合后测试。如果配比为某一范围时，应按照水用量最小、胶黏剂等其他液体用量最大的配比混合后测试。

表 5-5　溶剂型胶黏剂中有害物质限量值

<table>
<tr><th rowspan="2">项目</th><th colspan="4">指标</th></tr>
<tr><th>氯丁橡胶胶黏剂</th><th>SBS 胶黏剂</th><th>聚氨酯类胶黏剂</th><th>其他胶黏剂</th></tr>
<tr><td>游离甲醛/（g/kg）</td><td colspan="2">≤0.5</td><td>—</td><td>—</td></tr>
<tr><td>苯/（g/kg）</td><td colspan="4">≤5.0</td></tr>
<tr><td>（甲苯+二甲苯）/（g/kg）</td><td>≤200</td><td>≤150</td><td>≤150</td><td>≤150</td></tr>
<tr><td>甲苯二异氰酸酯/（g/kg）</td><td colspan="2">—</td><td>≤10</td><td>—</td></tr>
<tr><td>二氯甲烷/（g/kg）</td><td rowspan="4">总量≤5.0</td><td>≤50</td><td rowspan="4">—</td><td rowspan="4">≤50</td></tr>
<tr><td>1,2-二氯乙烷/（g/kg）</td><td rowspan="3">总量≤5.0</td></tr>
<tr><td>1，1,2-三氯乙烷/（g/kg）</td></tr>
<tr><td>三氯乙烯/（g/kg）</td></tr>
<tr><td>总挥发性有机物/（g/L）</td><td>≤700</td><td>≤650</td><td>≤700</td><td>≤700</td></tr>
</table>

注：如产品规定可稀释比例或产品由双组分或多组分组成时，应分别测定稀释剂和各组分中的含量，再按产品规定的配比计算混合后的总量。如果稀释剂的使用量为某一范围时，应按照推荐的最大稀释量进行计算。

表 5-6　水基型胶黏剂中有害物质限量值

项目	指标				
	缩甲醛类胶黏剂	聚乙酸乙烯酯胶黏剂	橡胶类胶黏剂	聚氨酯类胶黏剂	其他胶黏剂
游离甲醛/（g/kg）	≤1.0	≤1.0	≤1.0	—	≤1
苯/（g/kg）	≤0.2.0				
（甲苯+二甲苯）/（g/kg）	≤10				
总挥发性有机物/（g/L）	≤350	≤110	≤250	≤100	≤350

表 5-7　本体型胶黏剂中有害物质限量值

项目	指标
总挥发性有机物/（g/L）	≤100

4. 木器家具中有害物质限量

因为材料和生产工艺的不同，家具所释放的污染物的种类和数量会有所不同。根据 GB18584—2001《室内装饰装修材料木器家具中有害物质限量》规定了木器家具中甲醛与重金属限量值，见表 5-8。

表 5-8　木器家具中有害物质限量值

<table>
<tr><th colspan="2">有 害 物 质</th><th>限 量 值</th></tr>
<tr><td colspan="2">甲醛释放量/（mg/L）</td><td>≤1.5</td></tr>
<tr><td rowspan="4">重金属含量/（mg/kg）</td><td>可溶性铅</td><td>≤90</td></tr>
<tr><td>可溶性镉</td><td>≤75</td></tr>
<tr><td>可溶性铬</td><td>≤60</td></tr>
<tr><td>可溶性汞</td><td>≤60</td></tr>
</table>

5. 地毯、地毯衬垫、地毯胶黏剂中的有害物质限量

地毯及其衬垫中的有害物质主要有甲醛、苯乙烯以及其他挥发性有机化合物，地毯胶黏剂中的有害物质也有甲醛、苯系物、2-乙基己醇等挥发性有机化合物。GB18587—2001《室内装饰装修材料地毯、地毯衬垫及地毯胶黏剂中有害物质限量》规定的限量值分别见表 5-9~表 5-11。

表 5-9　地毯有害物质释放量限值

有 害 物 质	限量值[1]/[mg/（m^2 · h）]	
	A 级	B 级
总挥发性有机物（TVOC）	≤0.500	≤0.600
甲醛	≤0.050	≤0.050
苯乙烯	≤0.400	≤0.500
4-苯基环己烯	≤0.050	≤0.050

[1] A 级为环保型产品；B 级为有害物质释放限量合格产品。

表 5-10　地毯衬垫有害物质释放限量值

有 害 物 质	限量值[1]/[mg/（m^2·h）]	
	A 级	B 级
总挥发性有机物（TVOC）	≤1.000	≤1.200
甲醛	≤0.050	≤0.050
丁基羟基甲苯	≤0.030	≤0.030
4-苯基环己烯	≤0.050	≤0.050

[1] A 级为环保型产品；B 级为有害物质释放限量合格产品。

表 5-11　地毯胶黏剂有害物质释放限量值

有 害 物 质	限量值[1]/[mg/（m^2·h）]	
	A 级	B 级
总挥发性有机物（TVOC）	≤10.000	≤12.000
甲醛	≤0.050	≤0.050
2-乙基己醇	≤3.000	≤3.500

[1] A 级为环保型产品；B 级为有害物质释放限量合格产品。

6. 建筑材料中天然放射性核素限量

建筑材料中天然放射性核素镭-226、钍-232、钾-40 等主要来源于建造各种建筑物所使用的无机非金属类建筑材料，包括掺工业废渣的建筑材料。GB6566—2010《建筑材料放射性核素限量》规定的建筑材料放射性核素限量见表 5-12。

表 5-12　建筑和装修材料放射性核素限量值

测定项目	建筑主体材料[1]	装修材料		
		A 类[2]	B 类[3]	C 类[4]
内照射指数（I_{Ra}）	≤1.0	≤1.0	≤1.3	
外照射指数（I_γ）	≤1.0	≤1.3	≤1.9	≤2.8

[1] 建筑主体材料：I_{Ra} ≤1.0 和 I_γ ≤1.0 时，其产销和适用范围不受限制；空心率大于 25%的建筑主体材料：I_{Ra} ≤1.0 和 I_γ ≤1.3 时，其产销和适用范围不受限制。

[2] A 类装修材料其产销和适用范围不受限制。

[3] B 类装修材料不可用于 I 类民用建筑的内饰面，但可用于 II 类民用建筑、工业建筑内饰面及其他一切建筑的外饰面。

[4] C 类装修材料只可用于建筑物的外饰面及室外其他用途。

三、环境测试舱法

表 5-1 列举了室内空气污染源中有害物质的多种检验方法。其中，环境测试舱被广泛用来检测室内各种装饰材料和家具等室内污染源。环境测试舱法是指将待检验物置于

实验舱中，在舱内设定的模拟环境条件下，测定释放量等参数的一种室内空气污染源检测手段。

目前，欧洲应用最广泛的环境测试舱标准是ISO16000-9。美国材料试验协会（ASTM）发布的相关对不同尺寸环境舱规定的标准则在美国被广泛采用（姚远，2011）。欧洲和美国相关环境测试舱标准见表5-13，美国ASTM标准对环境测试舱的运行参数要求见表5-14。

表 5-13　欧洲和美国环境测实舱标准

地区	标准	污染物	体积	温度/℃	湿度/%	换气次数/h^{-1}	承载率/m^{-1}
欧洲	ISO/DIS 12460[1]	甲醛	$1m^3$	23	50	1	1
	ISO 16000-9[2]	甲醛和VOC	—				
	EN717-1[3]	甲醛	$225L/1m^3/12m^3$				
美国	ASTM E1333[4]	甲醛	$\geqslant 22m^3$	25	50	0.5	—
	ASTM D6670[5]	甲醛和VOC	$\geqslant 22m^3$			—	—
	ASTM D5116[6]	甲醛和VOC	$\leqslant 5m^3$			—	—

[1] ISO 12460-1. 2007.Wood-based panels-Determination of formaldehyde release-Part 1: Formaldehyde emission by the 1-cubic-metre chamber method.International Organization for Standardization

[2] ISO 16000-9. 2006.Determination of the emission of volatile organic compounds from building products and furnishing-Emission test chamber method.International Organization for Standardization

[3] EN.717-1. 2005.Wood-based panels-Determination of formaldehyde release-Part 1: Formaldehyde emission by the chamber method

[4] ASTM.E1333-96. 2002.Standard test method for determining formaldehyde concentrations in air and emission rates from wood products using a large chamber. West Conshohocken, PA: American Society of Test and Materials

[5] ASTM.D6670-01. 2001.Standard practice for full-scale chamber determination of volatile organic emissions from indoor materials/products.West Conshohocken, PA: American Society of Test and Materials

[6] ASTM.D5116-97. 1997.Standard guide for small-scale environmental chamber determinations of organic emissions from indoor materials/product.West Conshohocken, PA: American Society of Test and Materials

资料来源：姚远，2011。

表 5-14　美国ASTM标准对环境测试舱运行参数的要求

标准	背景浓度/（μg/m³）	密闭性/h^{-1}	混合度/%	温度/℃	相对湿度/%
ASTMD66706	TVOC≤10,单种VOC≤2	＜0.03	＞80	23±0.5	50±5
ASTM D51167	TVOC≤10,单种VOC≤2	—	＞80	—	—

资料来源：姚远，2011。

《民用建筑工程室内环境污染控制规范》（GB50325—2010）中对环境测试舱测定要求进行了相关规定，以（GB50325—2010）附录B中对测定材料中游离甲醛释放量的环境测试舱要求为例进行简要介绍。

1. 环境测试舱的容积应为1~40m^3。

2. 环境测试舱的内壁材料应采用不锈钢、玻璃等惰性材料建造。

3. 环境测试舱的运行条件应符合下列规定。

（1）温度：23℃±1℃。

（2）相对湿度：45%±5%。

（3）空气交换率：（1±0.05）次/h。

（4）被测样品表面附件空气流速：0.1 ~0.3m/s。

（5）人造木板、黏合木结构材料、壁布、帷幕的表面积与环境测试舱容积之比应为1∶1；地毯、地毯衬垫的面积与环境测试舱容积之比为0.4∶1。

（6）测定材料的TVOC和游离甲醛释放量前，环境测试舱内洁净空气中TVOC含量不应大于0.01mg/m^3、游离甲醛含量不应大于0.01mg/m^3。

第二节　室内空气质量监测

一、室内空气质量监测介绍

据统计，现代人在室内生活的时间平均为80%，特别是老人、小孩及病人等需特别防护的群体（杨丽华和李勇，2010）。人们逐步意识到相比室外大气污染，室内空气污染对人体健康的危害更加严重。因此，室内空气质量的监测以及室内空气污染防治必须重视（包晓男和周永艳，2009；管萍，2015）。

区别于室内污染源监测，室内空气质量监测的监测对象是某一特定的房间或场所内的环境空气而不是污染源。进行室内空气质量监测，是为了对室内环境空气的污染现状（种类、水平、变化规律）进行调查，对室内空气质量是否超过相关标准和是否有损人体健康进行评价（崔九思等，1997）。

二、室内空气质量监测基本要求

室内空气污染监测必须符合以下基本要求（陈明佳和苏振凯，2011）。

（1）代表性：采样时间、采样地点及采样方法等必须符合室内空气质量标准和相关法规，使采集的样品能够反映整体的真实情况。

（2）完整性：主要强调检测计划的实施应当完整，即必须按计划保证采样数量和测定数据的完整性、系统性和连续性。

（3）准确性：测定值与真实值的符合程度。

（4）精密性：测定值有良好的重复性和再现性。

三、室内空气质量监测项目与方法

室内空气质量监测项目，既可依据室内空气质量标准和相关法规确定，也可根据实际调查研究的内容而定。

我国 2002 年发布的《室内空气质量标准》（GB/T 18883—2002），要求控制的室内污染物主要有物理性、化学性、生物性和放射性 4 类 19 种。除物理性因素外的其他因素又可分为有机化合物、无机含氮化合物、含硫磷的化合物、一氧化碳和二氧化碳、颗粒物质、微生物和放射性。室内空气主要污染物监测方法见表 5-15。

表 5-15　主要室内空气污染监测方法

污染物	检验方法	来源
二氧化硫（SO_2）	甲醛溶液吸收-盐酸副玫瑰苯胺分光光度法	GB/T 16128—1995 GB/T 15262—1994
二氧化氮（NO_2）	改进的 Saltzman 法	GB/T 12372—1990 GB/T 15435—1995
一氧化碳（CO）	（1）非分散红外法 （2）不分光红外线气体分析法，气相色谱法 汞置换法	GB/T 9801—1988 GB/T 18204.23—2000
二氧化碳（CO_2）	（1）不分光红外线气体分析法 （2）气相色谱法 （3）容量滴定法	GB/T 18204.24—2014
氨（NH_3）	（1）靛酚蓝分光光度法，纳氏试剂分光光度法 （2）离子选择电极法 （3）次氯酸钠-水杨酸分光光度法	（1）GB/T 18204.25—2000 GB/T 14668—1993 （2）GB/T 14669—1993 （3）GB/T 14679—1993
臭氧（O_3）	（1）紫外光度法 （2）靛蓝二磺酸钠分光光度法	（1）GB/T 15438—1995 （2）GB/T 18204.27—2000 GB/T 15437[3]—1995
甲醛（HCHO）	（1）AHMT 分光光度法 （2）酚试剂分光光度法，气相色谱法 （3）乙酰丙酮分光光度法	（1）GB/T 16129—1995 （2）GB/T 18204.26—2000（3）GB/T 15516—1995
苯（C_6H_6）	气相色谱法	（1）GB 18883 附录 B—2002 （2）GB 11737—1989
甲苯（C_7H_8）、二甲苯（C_8H_{10}）	气相色谱法	（1）GB 11737—1989 （2）GB 14677—1993
苯并[*a*]芘（B[*a*]P）	高压液相色谱法	GB/T 15439—1995
可吸入颗粒物（PM_{10}）	撞击式-称重法	GB/T 17095—1997
总挥发性有机化合物（TVOC）	气相色谱法	GB 18883—2002 附录 C
菌落总数	撞击式	GB 18883—2002 附录 D

续表

污染物	检验方法	来源
温度	（1）玻璃液体温度计法 （2）数显式温度计法	GB/T 18204.13—2000
相对湿度	（1）通风干湿表法 （2）氯化锂湿度计法 （3）电容式数字湿度计法	GB/T 18204.14—2000
空气流速	（1）热球式电风速计法 （2）数字式风速表法	GB/T 18204.15—2000
新风量	示踪气体法	GB/T 18204.18—2000
氡-222	（1）空气中氡浓度的闪烁瓶测量方法 （2）径迹蚀刻法 （3）双滤膜法 （4）活性炭盒法	（1）GB/T 16147—1995 （2）GB/T 14582—1993 （3）GB/T 14582—1993 （4）GB/T 14582—1993

注：引自《室内空气质量标准》（GB/T18883—2002）

室内常规检测项目包括甲醛、TVOC、苯系物、颗粒物、氨等项目。在进行室内空气质量监测时，还可根据实际室内装饰材料的构成，抽测如放射性、细菌总数、臭氧等监测项目（杨飞，2011）。

四、室内空气质量监测技术要求

1. 室内环境监测点位

根据《室内空气质量标准》（GB/T18883—2002），室内监测点位一般设在客厅、卧室、书房等人们经常活动的地方，并且要避开门窗等通风口。

（1）采样点的数量：采样点的数量根据监测室内面积大小和现场情况而确定，以期能正确反映室内空气污染物的水平。原则上小于 50m^2 的房间应设 1~3 个点；50~100 m^2 设 3~5 个点；100 m^2 以上至少设 5 个点。在对角线上或梅花式均匀分布。

（2）采样点应避开通风口，离墙壁距离应大于 0.5m。

（3）采样点的高度：原则上与人的呼吸带高度相一致。相对高度 0.5~1.5m。

2. 监测条件

《民用建筑工程室内环境污染控制规范》（GB50325—2010）是建设部颁布的，属于建筑工程环境污染物控制规范，仅涉及 5 项空气指标，分别是甲醛、苯、氨、氡和 TVOC。其中甲醛、苯、氨、TVOC 检测时，对于采用集中空调的民用建筑工程，应在空调正常运转的条件下进行，对于采用自然通风的民用建筑工程，检测应在对外门窗关闭 1 小时后进行；氡浓度检测时，对于采用集中空调的民用建筑工程，应在空调正常运转条件下进行，对于采用自然通风的民用建筑工程，应在房间对外门窗关闭

24 小时后进行。

《室内空气质量标准》（GB/T18883—2002）涉及 19 项空气质量指标，要求检测前关闭门窗 12 小时，比较严格。

根据本研究团队多年的研究经验发现，房屋封闭 1 小时和 12 小时的室内空气监测结果之间相比，其数值通常相差 2~5 倍，这说明，按《民用建筑工程室内环境污染控制规范》（GB50325—2010）监测达标的房间，若参考《室内空气质量标准》（GB/T18883—2002）监测很有可能不达标，即不符合健康人居环境的最低标准。

3. 监测时间的选择

一般监测工作要在房屋装修完工后至少 1 个月才能进行，如装修超过 2 个月进行监测仍有超标现象，则认为装修工程不合格（刘国庆，2014；陈俊，2015）。但对于民用建筑工程及室内装修工程的室内环境质量验收项目，根据《民用建筑工程室内环境污染控制规范》（GB50325—2010）要求，应在工程完工至少 7 天以后，工程交付使用前进行。

4. 质量保证措施

（1）气密性检查：有动力采样器在采样前应对采样系统气密性进行检查，不得漏气。

（2）流量校准：采样系统流量要能保持恒定，采样前和采样后要用一级皂膜流量计校准采样系统进气流量，误差不超过 5%。

采样器流量校准：在采样器正常使用状态下，用一级皂膜流量计校采样器流量计的刻度，校准 5 个点，绘制流量标准曲线。记录校准时的大气压力和温度。

（3）空白检验：在一批现场采样中，应留有两个采样管不采样 并按其他样品管一样对待，作为采样过程中空白检验，若空白检验超过控制范围，则这批样品作废。

（4）仪器使用前，应按仪器说明书对仪器进行检验和标定。

（5）在计算浓度时应用下式将采样体积换算成标准状态下的体积：

$$V_0 = V\frac{T_0}{T}\frac{P}{P_0}$$

式中：V_0 为换算成标准状态下的采样体积，L；V 为采样体积，L；T_0 为标准状态的热力学温度，273K；T 为采样时采样点现场的温度（t）与标准状态的热力学温度之和，（t+273）K；P_0 为标准状态下的大气压力，101.3Pa；P 为采样时采样点的大气压力，kPa。

（6）每次平行采样，测定之差与平均值比较的相对偏差不超过 20%。

五、室内空气质量监测过程

在进行室内空气质量监测时，首先要对室内外环境状况和污染源进行实地调查，根据目的确定监测方案，然后根据有关标准方法进行布点、采样和测定，填写各种调查和监测表格，并按相关标准相关法规，应用所得到的监测结果对室内空气质量进行评价，出具监测和评价报告。在进行室内空气质量监测时，须对采样点、采样时间、采样效率、气象条件、现场情况采样方法、监测方法、监测仪器等进行设计，制定出比较完善的监测方案，而且在方案实施时，要有从采样到报出结果全过程的质量保证体系。各个监测项目的具体方法和操作步骤可参照本书有关章节所介绍的方法进行，这里不再一一叙述了。

第三节　特定目的监测

根据某一特定要求实施的室内空气污染监测即为特定目的监测，特定目的监测包括对通风系统、空气净化器等改善室内空气质量措施的效果评价监测等。

通常情况下，现场室内空气监测及污染源排除是评判室内空气污染情况及来源的重要手段。通风系统作为影响室内空气质量的重要因素，通风系统效果的监测是评价室内空气流通情况的基础，对通风情况的评判将有利于进一步改善室内空气质量。

新风量是通风系统的重要影响因子，一般是指单位时间内由房间缝隙、空调系统或其他通风管道进入室内的空气体积，单位为 m^3/h。由于从室外进入室内的新风量来源较为复杂，通常会着重关注从门窗、空调系统或其他新风管道等主要进风途径的新风量。监测时可先对室内的进风口进行调查，再结合风速仪及面积测量等方式，计算出不同进风口的新风量，或可结合 CFD 等软件进行数值模拟，通过设定房间参数，包括空间布局尺寸、温度、湿度、进出风口位置、室内障碍物等，计算出室内风速、温度和湿度分布、空气龄等分布情况，并将现场监测值与模拟结果进行对比分析，观察温度场、速度场、浓度场的变化趋势。

思　考　题

1. 什么是室内空气污染监测？
2. 室内空气污染监测的目的与分类有哪些？
3. 室内污染源监测的定义和方法是什么？
4. 什么是室内空气质量监测，它的监测项目和方法有哪些？
5. 如何进行室内空气质量监测，简述其过程。
6. 特定目的监测有哪些？目的是什么？
7. 室内空气污染监测的基本要求有哪些？

参 考 文 献

包晓男, 周永艳. 2009. 室内空气污染对人体的危害及其防治对策. 污染防治技术, (4): 78~80

陈俊. 2015. 室内环境监测现状及发展对策研究. 城市建设理论研究, 5(3)

陈明佳, 苏振凯. 2011. 浅谈我国室内环境监测与治理方法. 科技创业家, (7): 293

崔九思. 2003. 室内空气污染监测. 中国环境卫生, 6(1~3): 3~11

崔九思, 王钦源, 王汉平. 1997. 大气污染监测方法. 北京. 化学工业出版社

管萍. 2015. 室内环境监测问题的几点建议. 中国新技术新产品, (11): 159

刘国庆. 2014. 室内空气监测中的存在问题及对策. 资源节约与环保, (9): 107

史德, 苏广和. 2005. 室内空气质量对人体健康的影响. 北京. 中国环境科学出版社

宋广生. 2006. 中国室内环境污染控制理论与实务. 北京. 化学工业出版社
吴忠标, 赵伟荣. 2006. 室内空气污染及净化技术. 北京. 化学工业出版社
杨飞. 2011. 如何规范室内环境监测. 中国集体经济, (34): 184~185
杨丽华, 李勇. 2010. 浅析室内甲醛的危害及防治. 企业技术开发, (1): 152~153
姚远. 2011. 家具化学污染物释放标识若干关键问题研究. 清华大学博士学位论文

第六章 室内空气品质评价

室内空气品质评价是一种认识室内环境的科学方法。对于室内空气品质的评价方法，国内均有一定研究，下面将结合室内空气品质的基础概念及相关案例进行介绍。

第一节 概 述

一、基本概念

（一）室内空气品质

室内空气品质的好坏反映了人们对空气质量的满意度。自室内空气污染受到关注以来，室内空气品质的定义经历了不断地变化和发展，但基本上都认同 ASHRAE62—1989 中提出的“可接受室内空气品质”概念[①]（ASHRAE Standard，1999），“空气中没有已知的污染物达到公认的权威机构所确定的有害浓度指标，并且处于这种空气中的大多数人（80%）对此没有表示不满意”。这一定义结合了主客观评价，体现了人们认识上的飞跃。

（二）室内空气品质评价

室内空气品质评价是人们认识室内环境的一种科学方法，同样，随着人们对室内空气品质的定义及室内环境重要性认识不断加深而提出的新概念。根据吴忠标和赵伟荣（2005）、宋广生（2006）研究，室内空气品质评价就是针对具体的对象，运用科学的评价方法分析室内空气的优劣及污染程度和主要影响因素。它能反映在某个具体的环境中，环境要素对人群的工作、生活适宜程度，而不是简单的合格不合格的判断。进行室内空气品质分析与评价研究的根本目的是要保护人们自身的健康提高人们的生活质量，使室内环境从舒适型向健康型发展。

二、室内空气品质评价的目的

1）科学、合理地认识室内空气品质的变化趋势。

2）为进一步改善室内空气品质提供支持。

3）为完善现行室内空气标准规范提供参考。

---

① ASHRAE Standard. 1999.Ventilation for Acceptable indoor Air Quality

三、室内空气品质评价的评价因子

目前我国已制定一系列关于室内环境有害物质的控制标准，对指标及其限值做了规定。其中室内空气品质评价中常见的指标如表 6-1 所示。

表 6-1　室内环境现行标准及常见指标

标准名称	标准号	包含指标
民用建筑工程室内环境污染控制规范	GB50325—2010	氡、甲醛、苯、氨、总挥发性有机物
室内空气质量标准	GB/T 18883—2002	温度、相对湿度、空气流速、新风量、二氧化硫、二氧化氮、一氧化碳、二氧化碳、氨、臭氧、甲醛、苯、甲苯、二甲苯、苯并[*a*]芘、可吸入颗粒物、总挥发性有机物、菌落总数、氡

实际操作过程中，应进行现场调查，结合不同评价对象的污染源情况与环境特征，进一步完善室内空气品质的评价指标。

四、室内空气品质评价的相关标准

（一）《民用建筑工程室内环境污染控制规范》（GB50325—2010）

在该标准中规定：民用建筑工程验收时，必须进行室内环境污染物浓度检测，检测结果应符合该标准中相关规定。该规定主要对氡、游离甲醛、苯、氨、TVOC 五项指标进行限量（表 6-2）。

表 6-2　民用建筑工程室内环境污染物浓度限量

污染物	Ⅰ类民用建筑工程	Ⅱ类民用建筑工程
氡/（Bq/m^3）	≤200	≤400
游离甲醛/（mg/m^3）	≤0.08	≤0.12
苯/（mg/m^3）	≤0.09	≤0.09
氨/（mg/m^3）	≤0.2	≤0.5
TVOC/（mg/m^3）	≤0.5	≤0.6

（二）《室内空气质量标准》（GB/T 18883—2002）

国家质检总局在汇总了卫生部、国家环保总局关于室内空气标准的报审稿后，于 2003 年 3 月 1 日正式实施《室内空气质量标准》（GB/T18883—2002）。该标准是用于住宅和办公建筑物室内空气质量评价。该标准指标分为四类。其中第一类物理性是主观评价的量化指标，其他三类包括化学性、生物性、放射性均为客观评价指标（表 6-3）。

表 6-3　室内空气质量标准（GB/T18883—2002）

序　号	参数类别	参　数	单　位	标准值[1]	备　注
1	物理性	温度	℃	22~28	夏季空调
				16~24	冬季采暖
2		相对湿度	%	40~80	夏季空调
				30~60	冬季采暖
3		空气流速	m/s	0.3	夏季空调
				0.2	冬季采暖
4		新风量	m^3/（h·人）	30	
5	化学性	二氧化硫（SO_2）	mg/m^3	0.50	1h 平均值
6		二氧化氮（NO_2）	mg/m^3	0.24	1h 平均值
7		一氧化碳（CO）	mg/m^3	10	1h 平均值
8		二氧化碳（CO_2）	%	0.10	日平均值
9		氨（NH_3）	mg/m^3	0.20	1h 平均值
10		臭氧（O_3）	mg/m^3	0.16	1h 平均值
11		甲醛（HCHO）	mg/m^3	0.10	1h 平均值
12		苯（C_6H_6）	mg/m^3	0.11	1h 平均值
13		甲苯（C_7H_8）	mg/m^3	0.20	1h 平均值
14		二甲苯（C_8H_{10}）	mg/m^3	0.20	1h 平均值
15		苯并[*a*]芘（B[*a*]P）	mg/m^3	1.0	日平均值
16		可吸入颗粒（PM_{10}）	mg/m^3	0.15	日平均值
17		总挥发性有机物（TVOC）	mg/m^3	0.60	8h 均值
18	生物性	菌落总数	Cfu/m^3	2500	依据仪器定
19	放射性	氡-222（^{222}Rn）	Bq/m^3	400	年平均值（行动水平[2]）

[1] 新风量要求≥标准值，除温度、相对湿度外的其他参数要求≤标准值。

[2] 行动水平即达到此水平建议采取干预行动以降低室内氡浓度。

（三）其他评价标准

国家对公共场所（商场、剧场等）室内空气评价也有明确的标准。例如:

GB9663—1996 旅店业卫生标准

GB9664—1996 文化娱乐场所卫生标准

GB9666—1996 理发店、美容店卫生标准

GB9667—1996 游泳场所卫生标准

GB9668—1996 体育馆卫生标准

GB9669—1996 图书馆、博物馆、美术馆、展览馆卫生标准

GB9670—1996 商场（店）、书店卫生标准

GB9671—1996 医院候诊室卫生标准

GB9672—1996 公共交通等候室卫生标准

GB9673—1996 公共交通工具卫生标准

GB16153—1996 饭馆（餐厅）业卫生标准

以上所列是国家对空气质量评价的部分标准，其中都对指定的公共场所空气中甲醛、一氧化碳、温度、新风量等指标进行限定。

五、室内空气品质评价的有关问题

对于室内空气品质指标的检测，国内外都已经具有较完善的方法和规定，如我国在2003 年 3 月 1 日开始实施的《室内空气质量标准》（GB/T18883—2002）对室内空气质量的检测方法与达标标准都作了相关规定。而要想将检测数据隐藏的室内空气品质的优劣信息挖掘、反映出来，就需要将检测与评价进行科学有效结合。目前，在实际操作过程中，室内空气品质评价仍存在以下问题。

（一）主客观评价之间的矛盾性

目前室内空气标准规范存在较多不完善地方，如未考虑主观评价。综合文献资料及大量室内空气检测资料及经验发现，主观评价与客观评价之间存在矛盾：主观评价认为某室内空气品质可接受的，客观指标未必达到规定限制值，而客观指标合格的，主观评价未必满意。仅对室内空气品质作一方面调查，得出的评价结果往往不够全面、准确。

（二）对室内特有污染物的评价

评价过程中，除了要了解室内空气中常见的评价因子，还要明确特定室内环境中的特征污染物。因为室内中一些少见的或容易被人忽略的污染因子，往往是影响人体健康的潜在因素，在评价时应给与充分考虑，不因量小而忽视。

例如，随着人口、资源、空间环境之间的矛盾发展，近年来我国很多图书馆都陆续扩建地下书库。图书馆地下书库作为图书馆的特殊组成部分，同样承担着阅读、保存文献资源的任务，其室内空气品质影响着读者与工作人员健康。图书馆地下书库由于环境特点、通风方式、污染源类别（如防蠹剂）等室内空气品质影响因素与地上书库存在较大差异，对其室内空气品质评价的侧重点应有不同。

（三）考虑污染物扩散的时空分布

室内空气污染物的扩散在不同的时间和空间上有着不同规律。例如，一氧化碳，室内来源一般有来自做饭时段的厨房或者有人抽烟时的房间，每次炉子燃烧的时间或抽烟时间长短不一样，产生的一氧化碳浓度也会有很大波动。又如颗粒物，一般室内颗粒物的浓度与室外环境有很大的关系，随着室内外温差、风压差的变化，颗粒物随着气流在室内外迁移扩散的规律也不尽相同。

第二节　评 价 方 法

室内空气品质反映了在某个具体的环境中，环境要素对人群的工作、生活适宜程度，不是简单的合格不合格的判断，因此，用一般卫生标准是无法评价的。由于各国国情、室内污染特点、文化与民族特性不尽相同，造成人们对室内环境的接受程度存在差异，因而不同地区应采取不同的评价方法，这也增加了室内空气品质评价的难度（王东梅，2007）。

目前，对国内外常用的室内空气品质评价方法归纳总结如下。

一、主观评价法

（一）问卷调查

通过利用问卷表格和背景调查两部分，利用人自身的感觉器官来感受、评判室内的环境质量。首先，从给定环境条件下室内人员自我感觉评价室内空气中污染物浓度问题，其次，要求室内人员描述所处环境的不可接受率、舒适性，以及身体健康的影响（刘玉峰等，2006）。在主观评价时应与室内人员进行面谈，协助他们正确理解调查表，作出公正的主观评价。但由于主观评价存在心理认知问题，排他性问题等，所以目前世界各国还没有一个标准是完全用人的主观感觉指标来定义的，因此主观评价不能取代客观评价。室内主观评价主要包括四方面：一是感受出不佳空气的种类；二是感受出不佳空气的程度；三是判断出室内主要污染物是否与客观评价保持同一性；四则判断室内空气品质的状况（刘玉峰和沈晋明，2003）。另外，由于人们自我感觉的表达难以统一，为了减少因评价基础和尺度而引起不必要的误差，可参考国际通用的主观调查表格。

（二）嗅觉评价方法

P.O.Fanger 教授提出用感官法定量描述污染程度，即采用人的嗅觉器官来评价室内空气品质。1olf 是污染源强度的单位，表示一个“标准人”的污染物散发量，其他污染源也可用它来定量。decipol 是空气污染程度的单位。

该方法规定：标准人指处于热舒适状态静坐的成年人，平均每天洗澡 0.7 次，每天更换内衣，年龄为 18~30 岁，体表面积 1.7m^2，职业为白领阶层或大学生，在 10L/s 未污染空气通风的前提下，一个标准人引起的空气污染定义 1 decipol，即 1 decipol=0.1 olf(L/s)。

运用室内空气品质指标 PDA（predicted dissatisfaction of air-quality），即关于室内空气品质的预期不满意百分比来评价室内空气品质。其计算公式如下：

$$\mathrm{PDA} = \exp(5.98 - \sqrt[4]{112 / C}) \tag{6-1}$$

其中 $C=C_0+10G/Q$

式中，C 为室内空气品质的感知值，decipol；C_0 为室外空气品质的感知值，deeipol；G 为室内空气及通风系统的污染物源强，olf；Q 为新风量，L/s。

此评价方法简单，历时较短。但是，完全依照人体的主观感受进行评价，评价标准不清晰。且该评价方法对于无刺激性但危害较大的室内空气污染物不能表征，或有时对刺激性较大但危害较小的室内污染物会给出较大的 olf 值，所以不能真实地反映污染源及人体健康的效应，具有很大的局限性。

（三）应用分贝概念的评价方法

捷克的 Jokl 教授提出采用 decibel（分贝）概念来评价室内空气品质。分贝是声音强度单位，将人对声音的感觉与刺激强度之间的定量关系用对数函数来表达，用于对室内空气质量中异味强度和感觉的评价方法。Jokl 教授又用 dB（odor）单位衡量对室内总挥发性有机物（TVOC）的浓度改变引起的人体感觉的变化（周中平等，2002；宋广生，2006；金银龙，2006）。

Jokl 根据 Yaglou 理论和 Weber/Fechner 定律，分别定义 CO_2 和 TVOC 的评价指标为 dCd 和 dTv。通过嗅觉评价室内空气品质优劣及通风性能，可确定适应人群和不适应人群的最合适值与允许值，具有较好的优越性。

（四）线性可视模拟比例尺方法

线性可视模拟比例尺方法是较为灵敏的人体健康指标。近年来被国际学者用来评价因室内装饰材料产生的甲醛及挥发性有机物污染，定量测量人体感觉器官对外界环境因素反应强度（周中平等，2002；宋广生，2006；金银龙，2006）。

（五）简单识别方法

室内空气品质的好坏直接关系到人的舒适和健康状况，所以人体的某些健康状况可作为室内空气品质问题的指示器。特别当某些身体症状出现在迁入新居或重新装修过的房子之后，或者家里使用过某些喷雾剂（如杀虫剂）时，可以通过咨询健康部门，查看这些症状是否可能与室内环境有关。假如这些不适的身体症状在随人离开房间之后会减弱，而返回房间会重新出现，那么通过这些简单识别，可以判断这些不适的身体症状与室内环境有较大的关联。

总之，主观评价法作为室内空气品质评价的方法之一，主要以人的感觉器官作为评价的工具或手段。因为人长期处于室内，与室内环境直接接触并产生反应，最能反映出室内空气品质的优劣。主观评价法简单方便，但由于评价标准较模糊，往往不够全面，仍具有一定的局限性。

二、客观评价法

（一）达标评价方法

达标评价方法是一种对室内空气品质的客观评价，采用单因素评价法，是国家环保系统推广的一种评价方法。它以《室内空气质量标准》（GB/T18883—2002）为评价依据，通过对照达标物理、化学、生物指标值，评价单指标是否符合标准。例如标准规定室内甲醛 1h 平均标准值为 0.10mg/m³，若按标准规定方法检测到某房间内甲醛含量小于

0.10mg/m³，则评价该房间内甲醛含量达标，若大于则超标（陈秋玉，2004）。

（二）模糊评价方法

模糊数学是由1965年美国控制论专家查德（Zadeh）开创的数学分支，克服了经典数学“非此即彼”的局限性，开创地描述了客观事物“亦此亦彼”的特征。模糊综合评价正是利用此种数学方法，综合考虑影响对象总体性能的各个指标的重要程度，经过模糊变换得到的被评值之大小，从而得出室内空气品质之优劣顺序。能够恰当地反映室内空气品质分级固有的模型性以及空气品质变化的连续性陈锋华（2004）。评价结果可显示出对不同等级的隶属程度，故这样更符合人们的思维习惯（张淑琴等，2006）。

一般通过综合考虑评价对象的各项指标，建立因子集、评价集、权重集和隶属集，通过隶属函数判定室内空气品质的优劣。但由于模糊评价计算过程较复杂，同时强调权值作用，导致评价结果容易强调污染严重的指标而忽视各项目评价指标的综合效应。模糊综合评价目前的研究很多，方法较为成熟。

（三）灰色综合评判法

20世纪80年代初，由中国学者邓聚龙教授创立了一门新的系统学科——灰色系统理论。通过利用“部分信息已知，部分信息未知”的“小样本”来对部分已知信息进行生产开发，提取有价值的信息，对系统规律作相对正确的描述。国内有研究将灰色关联分析运用于室内空气品质评价的主客观结合，以主客观数据曲线的相似程度来确定其关联性，曲线相似程度越大，关联性越大，反之则越小。序列的相似程度用灰色关联度来衡量（沈晋明，1998；朱爽，2008；许凤，2009；黄超等，2010）。

（四）综合指数评价

综合指数评价是对一个复杂系统的多指标进行总平均。通常采用综合指数评价法。由分指数有机组合而成的评价指数综合反映室内空气品质优劣，再用算数平均指数及综合指数作为主要评价指数（尹强等，2007）。各平均指数及计算步骤介绍如下（邓高峰，2012）。

（1）计算分指数：

$$分指数=\frac{C_i(污染物浓度)}{S_i(评价标准值)} \tag{6-2}$$

（2）计算算术平均指数Q：

$$Q=\frac{1}{n}\sum\frac{C_i}{S_i} \tag{6-3}$$

（3）计算综合指数I：

$$I=\sqrt{\left(\max\left|\frac{C_1}{S_1},\frac{C_2}{S_2},\ldots\frac{C_n}{S_n}\right|\right)\times\left(\frac{1}{n}\sum_{i=1}^{n}\frac{C_i}{S_i}\right)} \tag{6-4}$$

（4）评判室内空气品质等级。室内空气品质等级按综合指数可分为 5 级，如表 6-4 所示。

表 6-4　室内空气品质等级

综合指数	室内空气品质等级	等级评语
≤0.49	Ⅰ	清洁
0.50~0.99	Ⅱ	未污染
1.00~1.49	Ⅲ	轻污染
1.50~1.99	Ⅳ	中污染
≥2.00	Ⅴ	重污染

三、主客观相结合的评价方法

在实际操作过程中，经常会碰到室内空气各项常见指标均检测合格，但人体主观上的感受仍不满意的情况，即前文所提到的主客观评价之间存在矛盾性。为了尽量避免这个问题，早在 20 世纪 90 年代，上海同济大学沈先生便建立了一套既符合国际通用模式，又符合我国国情的室内空气品质综合评价方法。即通过结合主客观评价，得出综合结论。该评价方法中的客观评价因子，通常选择对人体危害性较大、相对稳定并容易监测的室内代表性污染因子，结合室内温湿度、风速、新风量、噪声、照度等物理指标。具体评价时，视情况重点选择针对性评价因子。客观评价方法选择综合指数评价方法，通过计算得出室内空气品质的等级。同时，其主观评价通过背景调研，结合定群调研、对比调研和排他性调研方式，得出人对室内空气的不满意率及不佳的感受程度。依据评价标准，最后综合主客观评价结论，提出最终评价结果。

在前人研究的基础上，目前国内也不断有研究人员(江燕涛，2006；陈锋华，2011)针对不同评价方法的优劣性，通过结合具体评价对象，对主客观综合评价方法进行改善。但在实际运用中，能够综合考虑到主客观调查研究的案例还相对较少（刘玉峰等，2006）。

楼林和李力涛（2011）对民用飞机客舱空气品质评价体系进行研究，给出的只是达标评价的建议限值。李光耀、资雪琴等（资雪琴和刘刚，2005；李光耀和刘晓红，2006）尝试将模糊综合评价应用到室内空气品质评价中，实现对室内空气品质等级综合评判和排序。此方法考虑了室内空气品质评价的模糊性和空气品质评价的不确定性和连续性，但是未能结合主观影响因素进行综合评价。王东梅（2007）、朱赤晖（2002）、王恒（2011）、尝试建立一套对室内空气品质评价程序，程序包括客观评价、主观评价，并对上海办公楼进行示范应用，但其评价指标的筛选不完整，室内空气品质的评价等级依旧是按客观评价，且客观评价采用的是综合指数评价方法进行简单分析，评价标准的数量界限是一个单一的数值。当室内环境监测数据出现很小的一点变化时，综合指数评价的级别改变很大，而这种变化并不反映事物的客观实际。黄超（2010）、朱赤晖和王恒等基于灰色系统理论对室内空气品质评价进行研究，对室内污染水平与人群主观评价进行了灰色关联分析。

第三节　广州市室内空气质量现状分析与评价

本节旨在通过案例介绍——本课题组在广州市的室内空气质量现状调查分析及评价，运用前面所介绍的常见评价方法，探讨广州市室内空气污染的总体特征，并对调查建筑的室内空气质量进行综合评价，分析广州市室内空气污染的大体情况（苏志峰，2007；张淑娟等，2011）。本次测量的对象分为两大类：住宅类和办公类。

一、采样点总体分布

为保证检测对象具有一定的普遍性与代表性，研究中所选取的室内空气采样点分别在广州市各城区，检测点分布广泛，覆盖范围较广，符合相关技术规范的要求。

检测调查中的室内单元中有140户住宅和20个办公室单元，其中住宅的装修与使用时间概况为：新装修未入住的占65%；装修已入住半年内的为25%；装修并已入住半年以上的为10%。

二、室内空气采样点布设

为保证样品代表性，根据“室内空气质量标准”GB/T 18883—2002所要求的对角线上或梅花式布点均匀分布，采样点的数量根据室内面积大小和现场情况而确定。

采样点的数量：$50m^2$以下　　1~3个点

$50\sim100m^2$　　3~5个点

$100m^2$以上　　至少5个点

两点之间相距至少5m，采样时应避开通风道和通风口，离墙壁距离应大于0.5m。采样点高度在人的一般呼吸道范围内（离地面0.5~1.5m）。

三、污染物的确定

广东省是全国的经济强省，得改革开放之先风，由于经济水平和人民生活水平的提高，作为室内空气污染的三大主要来源，其建筑、装修、家具污染也是全国较严重的省份之一。而广州作为广东省的省会城市，其室内空气污染也具有这方面的特点，因此，本研究选择目前室内空气中较为常见的几种污染物作为研究对象，即甲醛、苯及苯系物（甲苯、二甲苯、乙苯）、TVOC和氡。每次检测时也测量了相应的物理参数（温度、湿度）。

四、室内空气质量单项评价

本次检测共检测160个室内单元，其中居室140个，办公室20个。总共采集甲醛样本655件，苯、甲苯、二甲苯、乙苯、TVOC及氡各为176件（表6-5）。

表 6-5　广州市室内空气质量分析

污染物	样品数/件	超标数/件	超标率/%	均值	最高值	最小值	标准值
甲醛/(mg/m^3)	655	365	56	0.16	0.88	0.01	≤0.10
苯/(mg /m^3)	176	1	1	0.015	0.13	0.0016	≤0.11
甲苯/(mg /m^3)	176	28	16	0.13	0.99	0.0070	≤0.20
乙苯/(mg /m^3)	176	*	*	0.046	0.62	0.0022	*
二甲苯/(mg /m^3)	176	9	5	0.070	0.86	0.0039	≤0.20
TVOC/(mg /m^3)	176	59	34	0.63	4.40	0.055	≤0.60
氡/(Bq/m^3)	176	0	0.00	52.80	345.0	11.30	≤400

*表示《室内空气质量标准》中未限定乙苯的浓度。

所检测的室内单元中，各污染物的超标情况如图 6-1 所示。

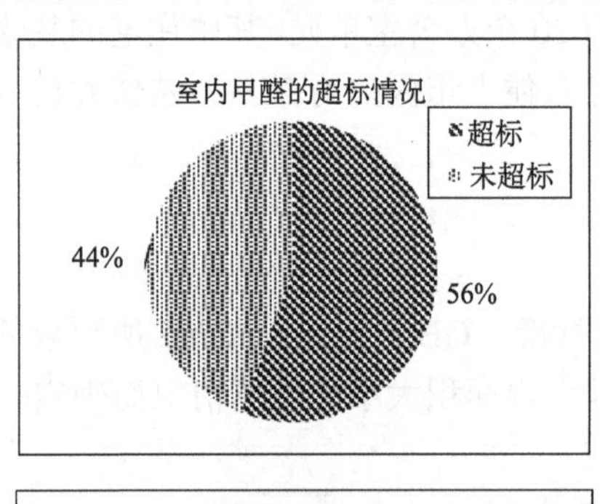

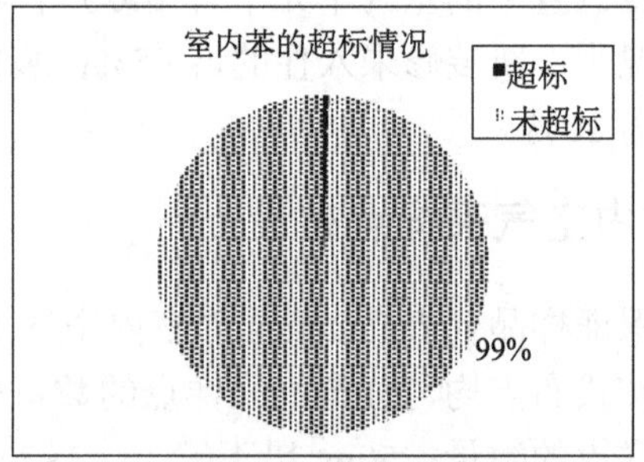

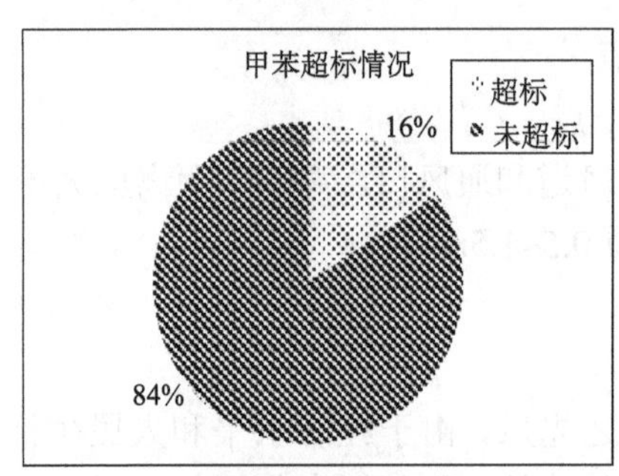

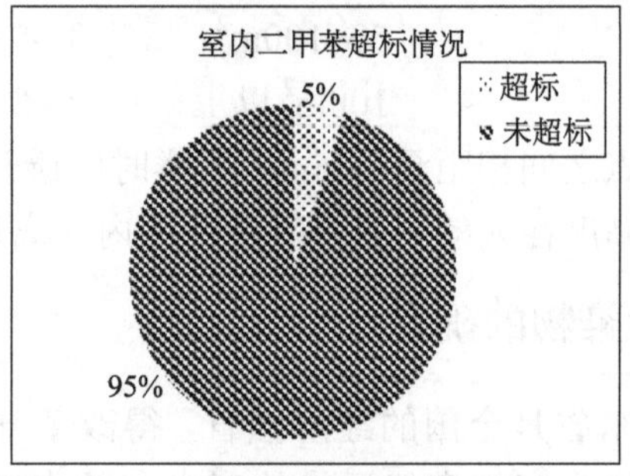

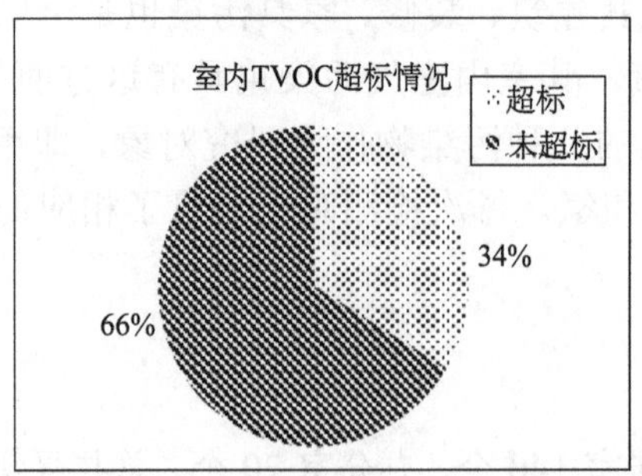

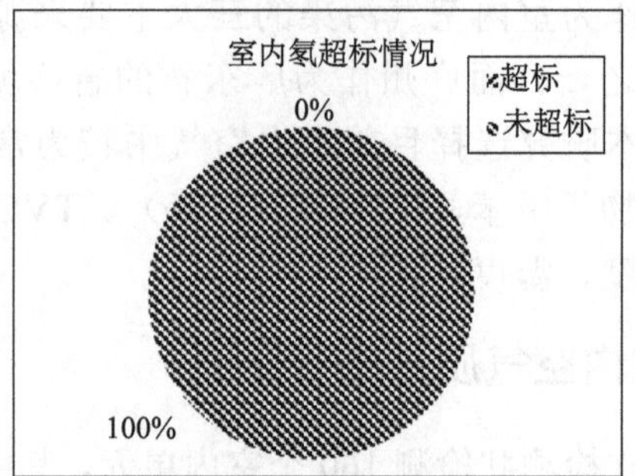

图 6-1　广州市部分室内单元空气各污染物超标状况

从表 6-5 和图 6-1 中可以看出，甲醛与 TVOC 的超标情况比较严重，超标率分别达到了 56%和 34%；苯系物中甲苯的超标率最高，达到 16%，其次为二甲苯，达到 5%，而苯只有 1 个样本超标；而本次检测的氡样本并没有出现超标情况。

甲醛样本的浓度均值为 0.16mg/m^3，超过了标准限值 0.10 mg/m^3；TVOC 的浓度限值为 0.63 m g/m^3，也超过了标准限值 0.60m g/m^3；苯系物中甲苯的浓度均值最高，达到 0.13m g/m^3，苯和二甲苯则分别为 0.015m g/m^3 和 0.070m g/m^3；氡的浓度均值为 52.80Bq/m^3。

甲醛最高浓度值 0.88 mg/m^3，超标 7.8 倍；TVOC 最高浓度值为 4.40mg/m^3，最大超标倍数为 6.33；苯、甲苯、二甲苯最高检测浓度分别为 0.13mg/m^3、0.99mg/m^3、0.86mg/m^3，最大超标倍数分别 0.23、0.65、0.44；而氡的最高浓度值为 345.0Bq/ m^3，并未超标。

广州市室内空气质量的单项评价结果表明甲醛与 TVOC 是室内空气中最主要的污染物。

五、室内空气质量综合评价

室内空气质量目前是一个模糊概念，而模糊数学方法考虑到了室内空气质量等级的分级界限的内在模糊性；在室内空气质量评价中，既需要有一个明确的数学概念来反映该环境污染的严重程度，又要求这个数量指标能恰当地反映室内空气品质分级的固有模糊性和空气质量变化的连续性，这正是一个应当采用模糊数学来处理的典型例子。

因此，本研究中室内空气质量的综合评价方法选择模糊综合评价法，在对模型进行探讨后，对检测结果进行分析，统计出目前广州市室内空气质量的优劣情况。

（一）室内空气模糊评价模型

1. 室内空气质量模糊评价方法总述

模糊数学是一种用以描述客观事物所具有的“亦此亦彼”特性的数学方法，克服了经典数学“非此即彼”的局限性。

在本节中，室内空气质量模糊评价框架（图 6-2）的基本思路可以概括如下：为了评价室内空气品质的优劣，首先要确定评价参数，即决定空气质量的因素。通常这些因素是多层次的，不同因素所起的作用也不相同，这就要分层次确定参数以及各参数权重因子的大小。随后就要根据不同参数的特点给出拟合隶属函数，结合评价标准，经模糊变换给出隶属度值，完成模糊综合评价。所建的数学模型如下：

设影响室内空气质量的因子有 m 个，这个可以根据需要选取，于是这个因子构成评价因素集为 $X=(x_1,x_2,x_3,\cdots,x_n)$ 。其中 $x_i(i=1\sim n)$ 表示有 n 个不同的影响因子。

如果将室内空气质量分为 m 个等级，则由此可以建立起相应的评价集为 $Y=\{y_1,y_2,\cdots,y_m\}$ 。

则可以由此通过实测数据和隶属度函数建立起 $X\rightarrow Y$ 的模糊影射，由此得到单因素评价矩阵 $\boldsymbol{R}$ ，即各污染因子相应的隶属度集

$$
\boldsymbol{R}=\begin{pmatrix} u_{11} & u_{12} & \cdots & u_{1m} \\ u_{21} & u_{22} & \cdots & u_{2m} \\ \vdots & \vdots & & \vdots \\ u_{n1} & u_{n2} & \cdots & u_{nm} \end{pmatrix} \tag{6-5}
$$

通过一定的方法求得各污染因子的权重系数构成权重集 $\boldsymbol{A}=\{a_1,a_2,\cdots,a_n\}$。

由 $\boldsymbol{R}$ 可诱导出 $X \to Y$ 的模糊变换：

$$
\boldsymbol{B}=\boldsymbol{A}\times\boldsymbol{R}=(a_1,a_2\cdots a_n)\times\begin{pmatrix} u_{11} & u_{12} & \cdots & u_{1m} \\ u_{21} & u_{22} & \cdots & u_{2m} \\ \vdots & \vdots & & \vdots \\ u_{n1} & u_{n2} & \cdots & u_{nm} \end{pmatrix} \tag{6-6}
$$

B 为综合评价结果，它反映了所测的检测点室内空气质量对各质量级别的隶属程度。模糊评价方法即由此做出最后评判。

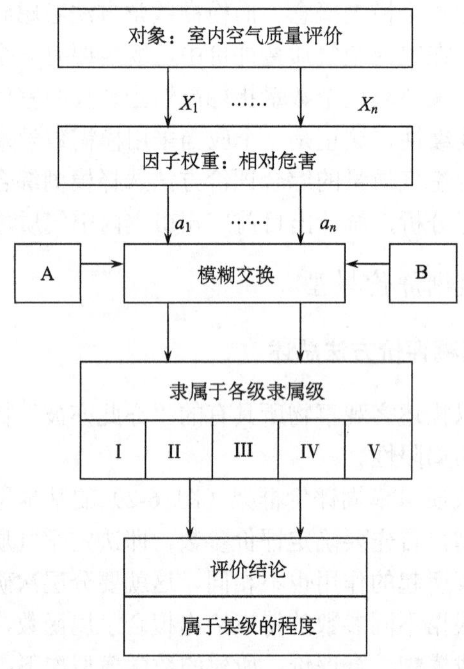

图 6-2　室内空气质量模糊综合评价框架结构示意图（戴萍，2003）

2. 室内空气质量分级及其标准

室内空气质量分级是室内空气质量评价的依据。室内空气质量分级是建立在一定的基础上，具体如表 6-6 所示。

表 6-6　室内空气环境质量分级基准

分级	特点
清洁	适宜于人类生活
未污染	各环境要素的污染物均不超标，人类生活正常
轻污染	至少有一个环境要素的污染物超标，除了敏感者外，一般不会发生急慢性中毒
中污染	一般有 2~3 个环境要素的污染物超标，人群健康明显受害，敏感者受害严重
重污染	一般有 3~4 个环境要素的污染物超标，人群健康受害严重，敏感者可能死亡

资料来源：戴萍，2003。

另外，目前对室内空气质量分级还没有统一的的标准，本节中将参照相关文献（刘世诊，2004，戴萍，2003）（闵利，2005；王雨和牛红亚，2006；刘世珍，2004；戴萍，2003）所提出的室内空气质量分级标准及等级，构成室内空气质量评价集如下：

$$Y = \{清洁,未污染,轻污染,中污染,重污染\}$$

具体如表 6-7 所示。

表 6-7　室内空气质量分级

污染因子	级别				
	*Y*1	*Y*2	*Y*3	*Y*4	*Y*5
	清洁（Ⅰ）	未污染（Ⅱ）	轻污染（Ⅲ）	中污染（Ⅳ）	重污染（Ⅴ）
甲醛/（mg/m^3）	0.01	0.03	0.10	0.20	0.54
苯/（μg/m^3）	10	40	110	200	300
甲苯/（μg/m^3）	20	80	200	300	400
乙苯/（μg/m^3）	20	80	200	300	400
二甲苯/（μg/m^3）	20	80	200	300	400
TVOC/（μg/m^3）	60	300	600	900	1200
氡/（μg/m^3）	20	80	200	300	400

3. 隶属函数的构造

根据室内空气质量分级标准，建立第 j 个污染因子对第 i 个标准等级的隶属度，各指标的隶属度函数构造可用同一模式的线性函数表示，如下（闵利，2005）：

$$u(x) = \begin{cases} 1 & x \leqslant a_1 \\ A|(x-a)| & a_1 < x < a_2 \\ 0 & x > a_2 \end{cases} \tag{6-7}$$

式中，a_1、a_2 为相邻两级空气质量 I、J 的标准值；x 为样本中某评价因子的实测值；A 为系数。当 $x \leqslant a_1$ 时，$u(x)=1$；当 $x > a_2$ 时，$u(x)=0$。

式（6-6）中，系数 A 可以通过中值法求得。例如，对于甲醛，Ⅱ级与Ⅲ级标准值分别为 0.03mg/m^3、0.10 mg/m^3，中间值为 0.065 mg/m^3，对Ⅱ级与Ⅲ级的隶属度都为 0.5，因此，可通过 $0.5 = A|0.10-0.065|$ 求得 A =14.29，对于其他污染因子和不同分级，可利用相同的方法进行计算。

将各污染因子各级之间的 A 值分别代入到对应的式（6-6）中，即可以求出各污染因子对不同室内空气等级的隶属度。

4. 确定模糊矩阵

将实际检测所得的甲醛、苯、甲苯、乙苯、二甲苯、TVOC 和氡的浓度统计值分别代入到相对应的隶属函数式，便可分别计算出各污染因子对五个室内空气质量分级标准的隶属度 u_{ij}，得出一组五个数，于是便组成各污染因子的隶属度集合：

$$R_i = (u_{i1}, u_{i2}, u_{i3}, u_{i4}, u_{i5}) = \begin{pmatrix} u_{11} & u_{12} & u_{13} & u_{14} & u_{15} \\ u_{21} & u_{22} & u_{23} & u_{24} & u_{25} \\ \vdots & \vdots & \vdots & \vdots & \vdots \\ u_{71} & u_{72} & u_{73} & u_{74} & u_{75} \end{pmatrix} \tag{6-8}$$

5. 权重系数

污染因子的权重值是衡量参加评价的各个污染物之间对室内环境质量影响的相对重要程度的因素，根据各因子对室内空气质量影响的大小分别给予不同的权重值。本书采用因子污染贡献率计算方法求单因子权重，其计算式如下：

$$a_i = \frac{u_i / s_i}{\sum_{i=1}^{n} u_i / s_i} \tag{6-9}$$

式中，a_i 为第 i 个污染因子的权重系数；u_i 为第 i 个污染因子的实测浓度；s_i 为第 i 个污染因子的标准的标准值；n 为评价污染因子数。

将各单因子的实测值和选定的评价标准分别代入式（6-8），便可得到各单因子的权重，并组成一个 1×4 阶模糊矩阵 $\tilde{A}$，即因子权重集。

6. 综合评价结果

根据式（6-7）计算得到各污染因子对各室内空气质量分级的隶属度矩阵 $\boldsymbol{R}$，通过式（6-8）计算得到各污染因子的权重因子集 $\tilde{A} = (a_1, a_2, \cdots, a_7)$，于是可通过下式：

$$\boldsymbol{B} = \tilde{A} \times \boldsymbol{R} = (a_1, a_2, \cdots, a_7) \times \begin{pmatrix} u_{11} & u_{12} & u_{13} & u_{14} & u_{15} \\ u_{21} & u_{22} & u_{23} & u_{24} & u_{25} \\ \vdots & \vdots & \vdots & \vdots & \vdots \\ u_{71} & u_{72} & u_{73} & u_{74} & u_{75} \end{pmatrix} = (b_1, b_2, \cdots, b_5) \tag{6-10}$$

计算出室内空气质量对五个分级的隶属度情况，通过比较 $b_1, b_2, \cdots, b_5$ 的大小即可评价室内空气质量的级别。

（二）模糊综合评价实例

以第一次检测数据（各污染物具体浓度如表所示）为例，利用模糊综合评价法对该检测室内单元空气质量进行评价（表 6-8）。

表 6-8　某房间室内空气污染物检测数据

甲醛/（mg/m^3）	苯系物/（$\mu g/m^3$）				TVOC /（$\mu g/m^3$）	氡/（Bq/m^3）
	苯	甲苯	乙苯	二甲苯		
0.23	10.72	445.63	620.57	696.61	3958.43	97.5

其隶属度矩阵：

$$
\boldsymbol{R} = \begin{pmatrix} 0 & 0 & 0 & 0.9114 & 0.0886 \\ 0.9762 & 0.0238 & 0 & 0 & 0 \\ 0 & 0 & 0 & 0 & 1 \\ 0 & 0 & 0 & 0 & 1 \\ 0 & 0 & 0 & 0 & 1 \\ 0 & 0 & 0 & 0 & 1 \\ 0 & 0.86 & 0.14 & 0 & 0 \end{pmatrix}
$$

根据因子权重的计算方法，求得该室内单元中的因子权重集为：$\tilde{A} = (0.127, 0.005, 0.123, 0.172, 0.183, 0.365, 0.014)$。其计算方法和结果如表 6-9 所示。

表 6-9　第一次实测的污染因子权重计算结果

表达式	因子						
	甲醛	苯	甲苯	乙苯	二甲苯	TVOC	氡
u_i	0.23	10.72	445.63	620.57	696.61	3958.43	97.5
s_i	0.10	110	200	200	200	600	400
u_i / s_i	2.300	0.097	2.228	3.103	3.483	6.597	0.244
$\sum u_i / s_i$	18.052						
$a_i = \dfrac{u_i / s_i}{\sum_{i=1}^{n} u_i / s_i}$	0.127	0.005	0.123	0.172	0.193	0.365	0.014

注：在《室内空气质量标准》（GB/T 18883—2002）中没有限制乙苯的含量，本研究中乙苯按照美国德州健康推荐值来进行评价。

根据各污染物对室内空气质量影响的权重集 $\tilde{A}$ 和总体隶属度模糊关系矩阵 $\boldsymbol{R}$，利用模糊综合评价理论，将 $\tilde{A}$ 和 $\boldsymbol{R}$ 进行复合运算，便得到综合评价结果。

上述例子中，该检测房间的综合评价结果为：

$$B = \tilde{A} \cdot R$$

$$= (0.127, 0.005, 0.123, 0.172, 0.183, 0.365, 0.014) \begin{pmatrix} 0 & 0 & 0 & 0.9114 & 0.0886 \\ 0.9762 & 0.0238 & 0 & 0 & 0 \\ 0 & 0 & 0 & 0 & 1 \\ 0 & 0 & 0 & 0 & 1 \\ 0 & 0 & 0 & 0 & 1 \\ 0 & 0 & 0 & 0 & 1 \\ 0 & 0.86 & 0.14 & 0 & 0 \end{pmatrix}$$

$$= (0.0049, 0.0121, 0.0020, 0.1158, 0.8652)$$

经过模糊综合评判可看到，该检测房间的室内空气质量等级为第Ⅴ级（重污染），其隶属度为86.52%。

对本次所有检测结果进行分析统计，得到广州市室内空气质量综合评价结果，如表6-10所示。

表 6-10　广州市室内空气质量模糊综合评价结果

类别	清洁	未污染	轻污染	中污染	重污染	合计
室内个数	9	38	43	40	46	176
所占比例/%	5.11	21.59	24.43	22.73	26.14	100.00

在本次所检测的176个室内环境中，属于清洁水平的有9个，占了总样本的5%；属于未污染水平的有38个样本，占了总样本的22%；属于轻污染水平的有43个样本，占了总样本的24%；有40个样本属于中污染水平，占了总样本的23%；达到重污染的有46个样本，占了总样本的26%。从室内空气质量综合评价结果也可以看到，室内受污染的情况比较严重（图6-3）。

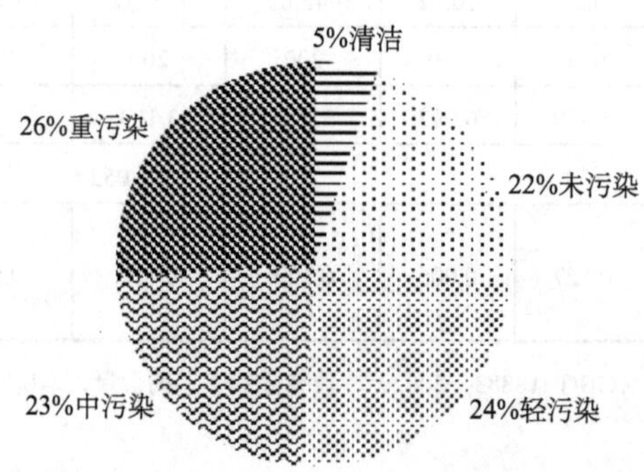

图 6-3　广州市室内空气质量综合评价结果

思 考 题

1. 室内空气评价的定义以及分类？

2. 什么污染物常常作为室内空气品质评价因子？
3. 进行室内空气质量评价的目的是什么？
4. 室内空气质量评价中要注意哪些问题？
5. 室内空气质量评价的方法有哪些？

参 考 文 献

陈锋华. 2011. 广州某图书馆内夏季空气品质实测调查与分析研究. 广东工业大学硕士学位论文
陈秋玉. 2004. 室内空气质量综合评价方法的比较研究. 复旦大学硕士学位论文
戴萍. 2003. 建筑室内空气品质分析与评价. 大庆石油学院硕士学位论文
邓高峰. 2012. 室内空气质量及空气净化装置净化效果评价. 北京化工大学硕士学位论文
黄超, 周志平, 王荣. 2010. 基于灰色聚类分析方法的某高校建筑物室内空气品质评价. 制冷与空调, (6): 104~107
江燕涛. 2006. 室内空气品质主观评价的影响因素分析研究. 湖南大学硕士学位论文
金银龙. 2006. 集中空调污染与健康危害控制. 北京: 中国标准出版社
李光耀, 刘晓红. 2006. 基于层次分析法的室内空气品质等级模糊综合评价. 苏州大学学报, 26(3): 28~32
刘世珍. 2004. 武汉城市住宅室内空气品质现状调查与评价. 武汉理工大学硕士学位论文
刘玉峰, 沈晋明. 2003. 深圳某写字楼室内空气品质主观评价与相关性分析. 洁净与空调技术, (4): 17~20
刘玉峰, 沈晋明, 王明红. 2006. 室内空气品质主客观评价指标间的相关性研究. 建筑科学, (6): 10~13
楼林, 李力涛. 2011. 民用飞机客舱空气品质评价体系研究. 科技信息, (22): 781~782
闵利. 2005. 模糊数学在室内空气质量评价上的应用探索. 黑龙江环境通报, 29(4): 71~73
沈晋明. 1998. 《ASHRAE 标准 62—1989》的修正对通风空调行业的影响. 暖通空调, (5): 30~35
宋广生. 2006. 中国室内环境污染控制理论与务实. 北京: 化学工业出版社
苏志峰. 2007. 室内空气质量及其参数相关研究——以广州市为例. 中山大学硕士学位论文
王东梅. 2007. 室内空气品质评价系统研究. 西南交通大学硕士学位论文
王恒. 2011. 基于模糊层次分析法和灰色关联分析法的高校教师评价研究. 山东大学硕士学位论文
王雨, 牛红亚. 2006. 室内空气环境适宜性评价的模糊综合评判方法. 河北建筑科技学院学报, 23(3): 95~97
吴忠标, 赵伟荣. 2005. 室内空气污染及净化技术研究. 北京: 化学工业出版社
许凤. 2009. 改进的灰色关联分析法在室内空气品质评价中的应用. 制冷与空调(四川), (2): 25~28
尹强, 崔琼, 庞勇. 2007. 基于多目标决策的室内空气质量评价模型. 四川环境, (4): 69~71
张淑琴, 白艳丽, 张洪林. 2006. 模糊数学在室内空气质量评价中的应用. 环境科学与管理, 31(9): 188~190
周中平, 赵寿堂, 朱立, 等. 2002. 室内污染检测与控制. 北京: 化学工业出版社
朱赤晖. 2002. 基于灰色系统理论的室内空气品质的评价及应用研究. 湖南大学硕士学位论文
朱爽. 2008. 室内空气品质评价的灰色关联分析. 露天采矿技术, (3): 54~57
资雪琴, 刘刚. 2005. 层次分析法在室内空气品质综合评价中的应用. 山西能源与节能, (1): 33~34
张淑娟, 苏志峰, 林译健, 等. 2011. 广东省室内空气污染现状及特征分析. 中山大学学报(自然科学版), 50(2): 139~142

第七章　室内空气污染控制思路

室内空气的污染物种类多、释放周期长，与室内人员长时间接触，其对人体健康的影响是复杂的。室内空气质量与装饰材料、建筑材料、日用化学品、燃气燃料、吸烟习惯等诸多因素有关，同时也与建筑的设计构造、通风情况及室外污染物入侵有关。清晰地理解影响室内空气质量的因素及其影响方式，是制定室内空气污染控制思路的基础。因此，本节将分类阐述各因素影响室内空气质量的方式，并提出控制室内空气污染的思路供参考。

第一节　室内空气污染的主要影响因素

一般来讲，室内空气污染主要跟以下 4 个方面有关：

一、污染源类型

根据污染物的释放特征，室内污染源可分为阵发性污染源和连续性污染源两类。燃气、吸烟之类阵发性污染源因人的活动而触发，活动持续时间越长，强度越大，一旦活动停止，污染物浓度随之下降。建筑材料、装饰材料和大件家具之类为连续性污染源，其释放污染物相对平稳。室内污染物浓度与污染物释放速率成正比，污染物释放速率与污染源本身的制作工艺、气候干湿程度、温度的高低有关。

二、污染物性质

污染物的性质是影响室内空气污染情况的重要因素。通常，污染物的化学性质比较活泼时，容易与空气中的其他成分发生化学反应，被分解后生成其他物质，有些毒性会减弱，有些毒性加强；若化学性质相对稳定时，则容易在空气中残留，随气流运动产生扩散稀释效果。下面通过举例说明。

例如，臭氧，吸附过量的臭氧对人体有一定危害，但臭氧稳定性极差，在常温常压下可自行分解形成氧气；一氧化氮，由于该物质带有自由基，化学性质非常活泼，并具有顺磁性，容易与空气中的氧反应生成二氧化氮，具有腐蚀性及刺激性；甲醛，是强还原剂，在空气中也能逐渐被氧化为甲酸。另外，如放射性氡，氡的化学性质极不活泼，但当人体吸附氡气以后，氡产生衰变的阿尔法粒子作用于人体可造成呼吸系统辐射损失等疾病。

三、室内与室外空气交换

我们常见的建筑物基本被包裹在室外空气之中，室内空气的构成受到室外空气成分的影响。室内空气质量响应室外空气质量的快慢及程度主要取决于空气交换率，而室内与室外空气的交换主要通过自然通风和机械通风来完成。空气交换率是室内与室外空气交换的速率，表示为单位小时通过特定空间的空气体积与该空间体积之比，单位为次/小时。空气交换率影响着室内污染物浓度随室外变化的速率，空气交换率越高，室内浓度跟随室外变化越快，若室外某污染物浓度维持恒定，最终该污染物的室内与室外浓度将达到平衡。

四、建筑空间体积

室内空间体积，也是影响室内空气污染物浓度的重要影响因素之一。一般，将同等量的污染源分别放置于不同室内空间体积大小的环境中时，空间体积小的污染物浓度会较高些。在实际监测过程中也发现类似的情况，对于书房、杂物房等相对狭小空间来说，空间污染物（如甲醛、甲苯、二甲苯等挥发性有机物）浓度通常会较高些，这与污染物扩散稀释的空间大小有关。实际情况下，污染物在建筑物内的分布并不是均匀的，具体分布形式还取决于污染源位置和空气循环的情况。

第二节 室内空气污染控制思路

由前文我们可以知道室内空气污染程度与污染源类型、污染物性质、建筑空间结构和空气交换率等因素有关，下面结合实际案例，从污染源头、末端治理及全过程控制三个方面出发，介绍有关室内空气污染的控制思路。

一、源头控制

室内污染源控制，是大家普遍认可的室内空气污染重要控制手段。如果能从源头上切断污染，即可以大大地免除后患之忧。

室内最主要的污染源来自于新购装修材料中的胶黏剂、油漆、涂料、水泥、板材和装饰石材等。例如，甲醛主要来自各种装饰板材、化纤地毯、墙纸、涂料等使用的脲醛树脂胶黏剂，其残留的未参与反应的甲醛会逐渐向周围环境释放；苯的来源主要是装修中使用了苯溶剂的涂料、油漆等，其释放比较快，一般在装修结束后 1 个月散发较多；TVOC 为挥发性有机化合物的总称，主要成分为烷烃、芳香烃、烯烃、卤代烃、酯、醛等，其来源较为广泛，除一般家装板材、涂料等，还有家用燃料、吸烟、化妆品、洗涤剂等；氡主要指 ^{222}Rn，大部分来自花岗岩、砖、水泥及石膏之类，特别是有放射性元素的天然石材，最易释放出氡；氨主要来自混凝土的膨胀剂和防冻剂，通常夏季温度较高的时候氨就会从墙体中释放，但其释放期较快，不会长期积存，危害较小。

我们普遍认为既然室内空气质量问题是由室内空气污染源所引起的，只要将所有的污染源控制住，室内空气的质量问题，或者说污染问题就可解决。其实这是一种理想化的控制思路，实际甲醛、苯、氨等是室内装修时许多必不可少的原料产生的附产物，而使用其环保替代物的生产成本通常较高。因此，结合经济上的考虑，对污染源起点控制的要求应主要集中于两点。

（1）尽量使用环保的装修材料，依靠环保的施工工艺和对环保材料的选择（田仁生和严刚，2003）。室内环境污染的来源是多方面的，但主要是来自我们装修时选用的装修材料和选购的家具。选择装饰材料时，最好选择通过 ISO9000 系列质量体系认证或者有绿色环保标志的产品，或选用中国消费者协会推荐的绿色产品。

例如，注意选用游离甲醛释放量小于 0.12mg/m^3 的大芯板、贴面板等，对于板材的选购可参考日本 F3 星级及欧洲 E0 级标准的产品；多选择成品门、柜、窗等以减少现场的木工作业，因为厂家做的家具板材密封性较好，而且不上油漆，减掉许多工序，并经过一段时间的挥发，其污染物含量已大大减少，这样相对来说更环保一些；对于油漆、墙面涂料、黏合剂等则尽量选用不含苯的稀料，使用以丙烯酸酯类乳液为基础的水性涂料、水性漆，其具有无污染、无毒害、抗老化、耐水性好、不褪色、不脱落、光泽理想的特点；使用新型的硅藻泥、液体壁纸、科技木皮等装饰材料，不仅视觉精美，而且价格实惠；使用微晶石材料代替花岗岩、大理石等，它的样式多样，色彩丰富，耐酸耐碱，最主要的是微晶石不含放射性元素，不产生污染的负效应；

（2）尽量简化装修，设计上须力求简洁、实用，并充分考虑室内空气的流通。装修过程中，即使使用环保的装饰材料，也并不能保证达到“环保装修”的效果。因为环保不仅与使用的材料有关，还与室内空间的污染承载量有关。环保的材料，在单一作用的情况下，其挥发的有害组分较少，但过度装修，就会超过室内的污染承载能力，有害物质未能得到及时地去除而使得各种有害气体产生叠加效应，仍然会使得室内的空气环境质量变差。根据国家规定的统一标准，一张环保 E1 级（大芯板）细木工板，每天向空气中挥发的游离甲醛释放量为每日 16.75mg，若装修使用 30 张细木工板，则 80 米^2 的居室中甲醛浓度约为 2.1mg/m^3，严重超过国家标准 0.1mg/m^3。

因此，不浪费。设计的时候就要对装修材料严格控制，确保施工时使用材料的安全性和环保性，杜绝伪劣装饰材料的使用。通过绿色环保的设计理念，使得室内污染物浓度能够控制在极低的水平并逐渐降低，这样既保证室内空气污染的危害降到最低，又不影响房子的使用功能。

二、终点控制

大量的研究表明，室内空气污染源是难以完全避免或消除的，室内污染源所释放的污染物，由于污染物同时具有作用时间长、累积性强和安全阈值不清晰等特征，即使在较低浓度时，也可能会对人体健康产生不利影响。因此，在社会发展的现阶段，尽量做好源头控制的同时，一般还需要结合终点控制，即末端治理手段，以改善室内空气质量，实现室内空气净化。

1. 新风系统的优化

新风对于室内空气净化作用是十分明显的，一般普通住宅主要依靠自然通风的方式来增加室内的新风量，加强通风换气，用室外的新鲜空气来稀释室内的污染物是普通家居中最经济、最方便有效的方式。成通宝和江忆（2002）通过模拟自然通风的实验表明，初始浓度为 0.8mg/m^3 的挥发性有机物在持续通风一个月后，可将其浓度降低为 0.2mg/m^3；

而商业办公大楼则主要依靠空调系统进行调节。如何高效地使用空调系统成为商业办公大楼控制室内空气污染的关键，一般情况下，空调系统去除室内空气污染有三种方式：一是新风稀释，邓鹏等（2015）提出，办公建筑室内人员所需新风量应不低于 $30m^3/(h\cdot人)$，同时应满足室内换气次数 $n\geq 1$（换气量为室内体积 $Q\times$ 换气次数 n），只有恒定和适量的送风气流与室内空气有效混合时才能充分稀释；二是通过合理设计确保空调系统可以调节各个房间的空气进出，控制房间的压力关系，从而防止污染物扩散；三是对污染源较集中的区域保持负压，使用局部的排风系统来隔离和消除污染物，不让其进入循环；对于空调系统，除了通过合理的设计保证其通风效率，还要通过定期的保养来确保通风的效果，经常性地清洗空调盘管和风管，能增加风量并降低室内浮游菌的浓度。

2. 污染物的降解和净化

如前文所述，室内环境的污染物大部分为挥发性有机物、颗粒物等，所以对症下药地选用合适的空气净化技术能够使室内空气得到净化。室内空气的净化最好能起到协同处理的效果，空气净化的措施有空气净化设备、吸附剂、净化剂和植物法等。

现在市场上有推出各种各样的空气净化器，它是一种能够从空气中分离和去除一种或多种污染物的设备，可用于去除室内空气中的微生物、甲醛、TVOC、颗粒物等，是较为有效的一种净化室内空气的手段。空气净化器有静电式、负离子式、物理吸附式、化学吸附式或多种形式的组合。光催化技术和低温等离子技术作为近几年兴起的治理手段之一，已有人研发出净化设备并投入生产使用。其中，光催化技术基本原理为在紫外光线照射下，光催化剂具有一定的氧化作用，把有机物适当分解为二氧化碳和水。王琨等（2004）在对哈尔滨市内多处建筑物的调研中得出结论光催化氧化对室内空气净化能够取得明显效果，但净化器开启时间应该控制在 30min 以内。而低温等离子技术则通过电场作用，依靠各种不同的介质放电产生大量高能电子，高能电子与有机气体发生复杂的等离子体物理和化学反应，从而把有机物降解为无害物质。但是空气净化器也有它的弊端，如会产生臭氧、或者其他未知的物质，假如空气净化器没有获得较好的售后维护，也容易滋生细菌，其应用仍在优化和改进之中，还没达到可以大范围推广的条件，仍需等待市场的考验。

除此之外，其他吸附/净化剂对控制室内空气污染也起到一定的作用，吸附/净化剂的种类主要有活性炭、光催化剂、生物酶等，其对于异味、甲醛、TVOC 均有吸附或氧化作用。目前使用较广的吸附剂是活性炭，活性炭对有机气体的吸附性能较好，而对无机气体较差，用适当的催化剂如 TiO_2 搭配使用，可使得它具有相当大的化学吸附和催化效应。但吸附剂属于被动吸附，适用于污染物浓度较高的地方，一般情况下应置于密闭的空间使用，如衣柜、床、桌子等。吸附剂达到饱和后就不再有吸附能力，因此需要及时更换吸附材料，防止吸附的有害物质重新释放。

部分绿色植物对室内的污染物具有很好地净化作用。张春燕等（2008）提出，室内观赏植物的应用不仅美化环境、净化空气、调节温度、减少尘埃、减轻气体污染、吸音吸热，还可以调节人的神经系统、改善人体机能，无二次污染，是比较理想的解决室内环境污染的措施。当然，也非所有花草都如此，在选购时应有所考虑，因地制宜，针对性地选择既美观又具有净化效果，又不会对人体健康产生危害的植物，才能真正起到正面的作用。相对来说，植物净化属于缓慢净化的类型，可作为室内空气净化的辅助手段之一，适合长期使用。

三、全过程控制

综合上文所述，我们对如何治理室内空气提出了两种思路，即源头控制和终点控制。但考虑到室内空气污染具有低浓度、长期性、复杂性的特点，单一地依靠住宅使用者自己去控制，不仅效率低，而且成本也高。人们已经习惯于在原设计的基础上选择合适的建筑、装修、装饰材料的起点控制和装修装饰完后的依赖通风空调或净化装量的终点控制。但从实际情况出发，室内空气污染随时随地都是存在的，因此必须提出“全过程控制”的理念。这个全过程控制应该包括整个建筑物的设计、施工（包括建筑施工和装修装饰施工）与管理，即从政府的管理、开发商的建设、居民的行为对于全过程的把控和努力（图 7-1）。

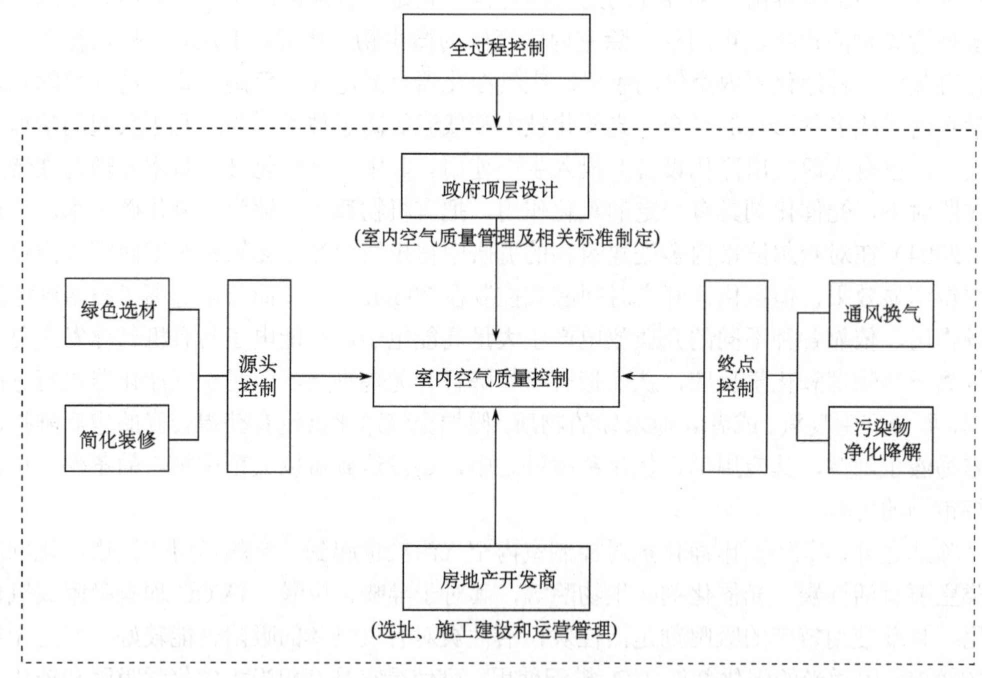

图 7-1　室内空气污染控制思路示意图

从政府的角度看，政府是社会规则的制定者，那么对于建筑构造的环保标准、绿色建材标准的制定显得至关重要。首先，政府部门需要将绿色建筑的体系完善，将生态人居、环境健康理念贯穿于办公楼宇的设计、施工建设、验收、运行管理，构建合理的绿色标准体系结构，使标准指标兼顾代表性与可操作性；其次，应组织定期的室内空气质量调查，建立各地的室内空气质量档案，一方面可以了解各地的情况和差异，为环境决策提供依据；另一方面，也可以通过政府的行为引起公众的重视。再次，应加强宣传，通过传播、网络等媒体，向群众传达有关防止室内空气污染的信息，引导群众关注绿色家居，增强人们的办公居住环境健康意识，通过多种有效途径，提高公众健康、环保意识，培育绿色健康办公的需求市场。最后，通过政府与工业企业的努力，做到减污减排，切实改善大气环境，防止外环境的空气成为室内空气的又一个污染源。

从开发商的角度看，开发商作为建筑物的建设者，则应该严格按照相关建筑标准规范建设楼宇，采用绿色建筑标准设计、施工建设和运营管理，采用绿色建材和装修材料，从源头上控制室内污染物的产生。党的十八大报告首次单篇论述生态文明，首次把“美丽中国”作为未来生态文明建设的宏伟目标，把生态文明建设摆在总体布局的高度来论述。加大环境保护力度，建设生态人居环境已逐渐成为主流观念。开发商应适用市场需求，增强社会责任感，紧跟低碳、绿色、生态、环保的时代潮流，将健康、环保理念贯穿到项目开发的全过程，在建筑设计时，要体现生态人居环境设计理念，综合考虑当地气候、建筑形态，合理布局功能分区，尽量选用绿色建材，从源头上避免或减少办公环境室内污染源。

从居民的角度看，居民作为室内空气质量的直接关系人，最需要的就是增强自身的环境健康意识，关注居室内存在的环境问题，并采取力所能及的措施改善室内空气质量。如确实使用了不合格的装修材料，则经常通风换气为事后补救的最直接有效的办法；选用比表面积大和多孔结构的吸附材料；结合自己所使用的室内环境的污染情况选用的净化设备，分清净化设备是去除灰霾、异味还是甲醛等有机气体的不同类别，关注产品的售后服务，常见的过滤式、吸附式空气净化设备都需要定期更换滤芯与吸附材料，产品的后续服务能否得到保障也是购买时需关注的重点；同时，选用合适的绿色植物、合理使用空调，科学使用电器等行为也影响着室内空气的质量。

室内空气污染，单方面的力量是薄弱的，因为室内空气污染，不仅仅是一个办公室或一个家庭的责任，而是全社会的都应该共同面对的环境问题，只有从全过程出发，兼顾制度、标准、建设、控制、维护的方方面面，才能真正地改善室内空气质量，真正地让提高室内空气质量成为全民共识。

思　考　题

1. 影响室内空气质量主要有哪些因素？
2. 各因素对室内空气质量的影响方式主要有哪些？
3. 控制室内空气污染的措施有哪些？
4. 什么是室内空气污染全过程控制？为什么要实行全过程控制？

参 考 文 献

成通宝, 江忆. 2002. 自然通风条件下室内有机物浓度的计算. 制冷与空调, 2 (3): 21~24

邓鹏, 胡杰, 李胜雄. 2015. 设计新风量对室内空气复合污染影响的研究. 建筑节能, 43(293): 28~29

田仁生, 严刚. 2003. 我国室内空气污染控制对策研究 . 中国环境管理, 22(4): 1~3

王琨, 李文朴, 欧阳红, 等. 2004. 室内空气污染及其控制措施的比较研究. 哈尔滨工业大学学报, 36(4): 493~496

张春燕, 黄艳宁, 邓旭. 2008. 观赏植物对室内环境污染的改善作用. 中国农学通报, 24(6): 301~305

第八章　室内空气污染源控制

室内空气污染源控制是提高室内空气质量最直接和有效的途径，对减轻室内空气污染具有重要意义。各类污染源由于性质不同，控制方法也不尽相同。本章将在室内空气污染源一般性控制对策基础上，进一步介绍几类主要污染源常用的控制方法。

第一节　室内空气污染源控制对策

一、提倡绿色消费

众所周知，在进行室内建设和装修时，若能采用低污染材料代替高污染材料，是比较理想的室内污染源控制方法。例如，当人们在选择建筑或装饰材料时，能选择使用原木的时候，就尽量减少使用胶合板、刨花板、中高密度纤维板等人造板材，这样能降低室内甲醛的释放量；能选择水泥或砖等建筑材料时，就避免使用石棉材料，可减少石棉纤维对人体肺部的健康影响；购买涂料时，尽可能选购水性漆而不用油性漆，降低挥发性有机气体的散发量。因此，消费习惯是影响室内空气污染的重要因素。日常生产中，我们倡导绿色消费，选购产品时尽可能以环保为前提，避免由于过度追求美观或者经济而忽视了室内空气污染（朱天乐，2003）。

二、污染源处理

当污染源已经被引入室内时，如果想摸清室内空气污染源，可凭经验或者通过委托相关有资质的检测单位对室内环境或装饰产品的检测，在弄清楚污染源种类及其特征属性的前提下，可采取隔离、封闭或撤出室内等方式进行处理。对于新家具来讲，常用的处理方式是将其放置于通风良好的地方如阳台上进行陈置与隔离一段时间后再使用，污染较严重的应考虑将其撤出室内并停止使用。

三、绿色建材

绿色建材又称环保建材或健康建材等，是指采用清洁生产技术、少用天然资源和能源、大量使用工业或城市固态废弃物生产的无毒害、无污染、无放射性的建筑材料，不仅可循环利用，而且有利于保护环境及人体健康。早在 1988 年的国际材料研究会议上就提出了“绿色建材”的概念，经过近 30 年来的研究，欧洲、美国、日本等多个发达国家和地区相继推出新产品技术并制定技术标准，还推行建材产品“绿色”标志认证制度。

为了让消费者能够选购到合适的绿色产品，减少或避免室内污染源，我国于 1999 年召开了首届全国绿色建材发展应用研讨会，之后绿色建材认证工作也逐步展开，通过不断的试验，自水性涂料成为我国建材行业第一批实行环境标志的产品起，绿色认证的品种和数据不断增加。北京、上海、西安、天津等各大城市也通过不同的形式，推动绿色建材的发展。2014 年住房城乡建设部、工业和信息化部制定了《绿色建材评价标识管理办法》（建科[2014]75 号），正式拉开了绿色建材评价标识工作的序幕。但目前我国绿色建材的发展水平与国际先进水平相比，仍差距较大。在国外，绿色建材早已在建筑、装饰施工中广泛应用，在国内它只作为一个概念刚开始为大众所认识（李慧芳，2010；肖卓等，2015；刘珊珊，2015）。

四、绿色建筑

根据《绿色建筑评价标准》（GB-T50378—2014），绿色建筑是指在建筑的全寿命周期内，最大限度地节约资源（节能、节地、节水、节材），保护环境、减少污染，为人们提供健康、适用和高效的使用空间，与自然和谐共生的建筑。绿色建筑的核心是最大限度地节约资源和保护环境，尽可能地采用有利于提高环境质量的新材料、新技术，注重室内环境、室外环境与建筑效率之间的相互协调，是一种追求节能环保、健康舒适、讲求效率的绿色建筑生产方式。自 20 世纪 70 年代能源危机爆发以来，保护能源得到了各国的重视，尤其是近年来，绿色建筑更是成为人们关注和研究的重点对象。我国经济发展迅速，城市化步伐加快，推进绿色建筑已是大势所趋。

近年来，国家与地方相继出台了相关政策，鼓励与规范绿色建筑的发展，如最新修订的《绿色建筑评价标准》（GB-T50378—2014）于 2015 年 1 月 1 日实施，青海省颁布的《青海省绿色建筑评价标准》于 2015 年 4 月正式实施，2014 年广州也发布了《广州市绿色建筑行动实施方案》，并于 2015 年推出了《广州市绿色建筑设计指南》（以下简称《指南》）相关技术指引。据统计，自《指南》发布实施以来，广州市已完成绿色建筑设计审查的项目超过 3500 万 m^2，获得国家绿色建筑评价标识超过 1000 万 m^2，获得美国 LEED 认证和预认证项目约 250 万 m^2。2013 年，广州市成功入选全国十大绿色建筑标杆城市（詹凯，2010）。

第二节　化学污染源的控制

一、甲醛污染源控制

1. 生产工艺

甲醛污染源的最佳控制时期是其制作过程，目前国内外使用降低人造板材中游离甲醛常用的方法是降低甲醛/尿素的物质比值，但比值必须保持适当，若太低可引起负效果，如储存稳定性降低、胶合强度和预压性能下降等。此外，还有真空脱水以及氨气处理等方式，但由于这两种处理方式在操作过程中容易出现废气或废水等二次污染，且费用也较高，实际生产过程中使用较少。

目前研究较多的是使用甲醛捕捉剂，捕捉剂对于降低制品中的游离甲醛含量具有较为明显的效果。尿素作为一种传统的甲醛捕捉剂，容易与甲醛反应生成一羟甲基脲和多羟基脲，且成本低廉，但如上提到的，若甲醛/尿素的物质比值过低，容易引起稳定性降低等负反应。

生物质甲醛捕捉剂是目前研究的热点，由于生物材料含有易与甲醛发生氧化的活性物质，如酚类等，酚类物质中的间苯二酚结构，其空位与甲醛的反应活性很高，捕捉效果较好，一定程度上还可提高板材的力学性能。生物质甲醛捕捉剂由于具有无毒无害、来源广、成本低、不容易形成二次污染等优点备受人们关注（郭如振等，2009）。目前研究较多的包括松树皮、茶叶、中草药等含酚类或其他活性物质较高的生物材料。下面以茶叶为例，简单介绍一下以茶叶为主要生物质甲醛捕捉剂的应用情况。

茶叶不但具有物理吸附甲醛的作用，还具有化学吸附作用。化学吸附作用主要来自于茶叶中富含的儿茶素等多酚物质。Takagaki Akiko 等（Takagaki Akiko and Fukai Katsuhiko，2000）研究表明在室温下甲醛与儿茶素在溶液条件即有很高的反应活性，因此可以利用茶叶儿茶素提取物来改性减少人造木板的甲醛挥发量， 即使在高温下，人造木板的甲醛挥发量也没有显著增加。王金权等（2005）利用茶水及其他化学物质配制而成的溶液对木板进行减少甲醛释放量的实验，实验表明茶叶能显著降低甲醛的释放量。Shi 等（2006）研究利用茶渣降低胶合板的甲醛挥发量。Uchiyama 等（2007）利用尿素、儿茶素和香兰素降低胶合板的甲醛释放速率，发现在 30~60℃的范围内，儿茶素可以使胶合板甲醛释放量降低 2/3 以上。

2. 通风处理

由于甲醛的释放是一个消长的过程，释放周期可达 3 到 15 年。对于已经装修完毕的房屋，涂料油漆、木质家具等在新装修后一段时间内仍将不断的释放甲醛气体，其释放速率与释放量与环境的温度、湿度密切相关。一般而言，温度升高和湿度增大对室内化学污染物的上升具有协同作用。在夏季，随着温度上升，甲醛的释放速率会有所增加，如果通风不良，污染物累积的浓度会出现回弹现象。因此，由于甲醛无法在短时间内得到控制，在日常生活中，建议合理的通风，在不引入外来污染物的条件下，保持通风可以有效地清除掉室内的污染物质，通风条件较差的区域或污染浓度较高的区域，可结合机械通风方式，加强通风换气，加速将污染物扩散。由于通风受到气候、室外环境质量、空间布局等因素影响，通常只能间歇式进行，但仅靠间歇式通风是不能够完全去除室内甲醛的，因为若停止通风，甲醛会重新回升（朱天乐等，2003）。因此，通风处理仅作为日常生活中减少污染浓度累积的辅助手段，若室内甲醛浓度过大，会对身体健康造成损害，一般不建议居住。

二、室内挥发性有机物的污染源控制

1. 生产工艺参数控制

现代建筑中，各类装饰产品中含有的大量化学物质已经成为室内挥发性有机物的主要来源，从生产工艺上进行处理是最有效的解决途径。例如，采用替代法或减量法等方式对工艺成分中的有毒有害物质进行控制，选择无毒/低毒性化学物质代替有较高毒性的化学物质，市面上的水基型涂料替代溶剂型涂料就是典型例子。另外，对生产过程中的部分工艺参数进行合理调整，也可以有效控制制品中的挥发性有机物，如刘玉等通过改变热压工艺参数，发现热压温度和热压时间对刨花板挥发性有机物的释放量及释放速率有显著影响。热压温度升高及热压时间延长均可导致刨花板中的挥发性有机物释放量及释放速率增加，其中芳香族化合物种类增加明显（刘石磊，2009）。

2. 避免或减少引入高挥发性有机化合物产品

根据室内空气污染源的一般性控制对策可知，尽量避免或减少使用高挥发性有机物的产品是首要选择。不同的制品其挥发性有机物的含量及释放特征具有较大的差异，通过不断的研究探索，市面上常用的部分产品已经累积有一定的基础数据，这些数据对引导消费者正确选择合适的环保产品有着重要的参考价值。根据刘石磊（2009）对市面上常用的近百种涂料和胶黏剂的研究发现，水基型胶黏剂共检出 12 种挥发性有机物，含量比较高的是芳香烃和酯类，TVOC 含量较低为 5.48 g/kg；溶剂型胶黏剂共检出 63 种挥发性有机物，含量比较高的依次为烷烃和环烷烃，其次为芳香烃，TVOC 含量很高，平均含量为 122.52 g/kg。水基型涂料中共检出 19 种挥发性有机物，含量较高的为芳香烃，TVOC 含量为 2.48 g/kg，溶剂型涂料共检出 73 种挥发性有机物，TVOC 含量为 202.79 g/kg，含量较高。

3. 陈化处理

根据相关文献及本课题组的研究结果发现，新装修建筑的挥发性有机物比较容易出现超标现象，这与 TVOC 极易挥发的性质有关，一般装修完毕初期，装饰材料中的油漆、涂料等容易释放出大量的 TVOC，造成挥发性有机物污染。一般通过陈化处理，即在保持良好通风条件的前提下，让新装修房间放置一段时间，可以明显减轻装修带来的挥发性有机物污染。图 8-1 为本课题组对广州某新装修办公室进行连续 9 个月的跟踪监测结果，分析表明：随着装修时间的推移，TVOC 的浓度整体上呈现明显下降的趋势，

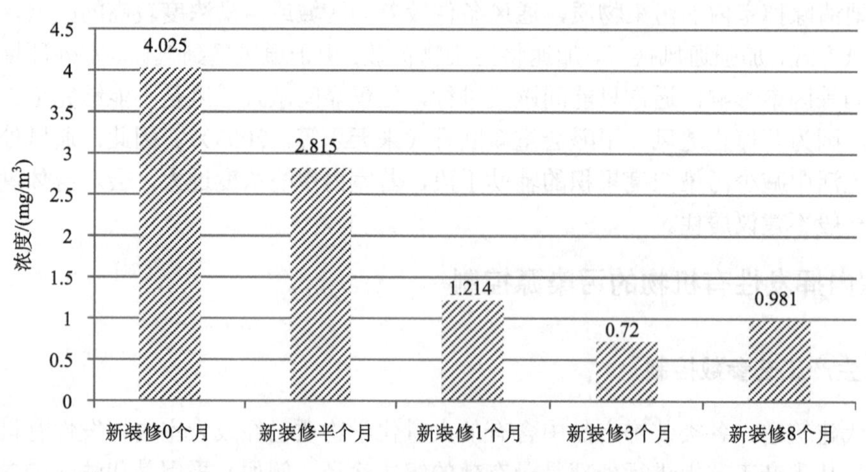

图 8-1　TVOC 浓度变化趋势图

且在初期释放得相对较快，后期相对缓慢。陈化处理作为一种较为方便、简单且有效的室内空气污染处置方式，对于新装修房屋来说，可以通过采用该种方式，达到降低空气污染浓度的目的。

三、防止并降低空气中氨污染的措施

1. 预防处理

室内空气中的氨主要来源于建筑材料，而且氨污染具有明显的地区性特征，一般北方地区室内空气中的氨污染会比南方严重。这主要与北方的气候有关，北方地区冬季气候寒冷，为了加速混凝土在负温条件下的凝结和硬化，通常都会加入一定量的含尿素、硝氨等胺基化合物的防冻剂，从而造成氨气的释放（聂鹏等，2014；景作亮等，2004）。另外，室内的氨气还具有行业性特征，根据聂鹏等（聂鹏等，2014）研究可知，一般美容美发店的氨污染会相对较重，不同地区抽样调查发现，大部分美容美发店出现氨超标现象，有的地区超标率达100%，这与其染发或烫发过程中使用各种化学物品有关。同时，香烟燃烧与空调冰箱的制冷剂等室内产品也是空气中氨的来源。若能从源头上开始预防，避免使用含氨的外加剂或化学物品，可以最大化的降低室内空气中的氨气浓度，减少氨对人体的危害。

2. 封闭处理

芬兰 Jarnstrom 等对不同建成时期的室内环境进行调查发现，在建的室内混凝土氨释放速率远远大于已建成或已居住的，毛坯房氨释放速率大于用涂料封闭的（聂鹏，2014，Hiltunen，2000）。若能在建筑材料较好的干燥之后再进行喷刷涂料和封闭剂，也可以有效地减少建筑材料中氨气的释放量（聂鹏等，2014；Hiltunen，2000）。

3. 通风处理

通风法是有效减少各类有机污染物的常用方法，对于室内空气中的氨污染同样实用。

第三节　放射性污染源的控制

一、合理选址

空气中氡的主要来源之一是土壤和岩石，约占 77.7%。因此，对于新建住房第一步就是要查清楚拟建地块的氡的潜势，尽量避开氡异常的地质环境。一般可以通过地质的性质来初步判断地基氡的含量高低，或者通过仪器进行精准的监测。空气中氡的母体是铀（^{238}U）和镭（^{226}Ra），镭是由铀衰变而成的，铀和镭主要来自自然界中的土壤和岩石。其中花岗岩中的铀最高，其次是石灰岩、页岩和砂岩。空气中氡含量的高低不仅与土壤或岩石中的铀、镭有关，还与地基的裂隙发育程度、地基的建造方式等直接关联。有研究发现，裂隙发育程度较弱的花岗岩所造成的地面空气氡污染可能会比裂隙地下建筑的设计发育程度较大的砂岩严重，因此，合理选址是防范空气氡污染最基本的要求（卢新卫，2004；朱天乐等，2006；任天山，2001；Fry R M，1976）。

二、施工防氡设计

根据《民用建筑工程室内环境污染控制规范》（GB50325—2010），当民用建筑工程场地土壤氡浓度大于 20000Bq/m³，且小于 30000 Bq/m³，或土壤表面氡析出率大于 0.05 Bq/（m²·s），且小于 0.1 Bq/m³ 时，应采取建筑物地层地面抗开裂措施。当民用建筑工程场地土壤氡浓度大于或等于 30000 Bq/m³，且小于 50000 Bq/m³，或土壤表面氡析出率大于或等于 0.1 Bq/（m²·s）且小于 0.3 Bq/（m²·s）时，除应采取建筑物地层地面抗开裂措施外，还必须按现行国家标准《地下工程防水技术规范》（GB50108—2008）中的一级防水要求，对基础进行处理。堵塞或密封氡从地基和周围土壤进入地下建筑的说有通路、孔隙，并防止富氡地下水的渗入等。

同时，对于新建地层住宅降低氡影响的方法和新建住宅增加消氡系统设计和施工方法可参考《新建低层住宅建筑设计与施工中氡控制导则》（GB/T 17785—1999），该《导则》介绍了如何限制氡进入室内的降氡隔离屏障方法和以后设置附加减压或增压系统的方法等。虽然阻隔技术可封闭土层中氡的入侵，但效果不能保证，一般建议配置主动或被动降氡技术，或者避免地下建筑与室内环境之间出现多余的开口。同时，针对建筑地下水基础上的建筑物，底板减压系统被证明是最经济有效的。

三、选用符合国标的建筑材料

室内建筑或装修时要注意选用符合《建筑材料放射卫生防护标准》(GB6566—2000)、等相关国家标准的材料。该标准规定了建筑材料中天然放射性核素镭-226、钍-232、钾-40 的比活度分类限制标准和有关检查要求，适用于各类建筑物所使用的建筑材料，特别是掺工业废渣的建筑材料中天然放射性核素的控制。表 8-1 为参考杨钦元（杨钦元，2001）对不同室内建筑材料的监测结果。

表 8-1 不同建筑材料室内的氡浓度 （单位：Bq/m³）

建材类型	室内氡含量	建材类型	室内氡含量
黏土砖	47.4±24.6	煤渣砖、砌块砖	91.8±12.4
混凝土	32.2±4.8	花岗岩	31.5
粉煤灰陶粒	23.3±5.5	磷石膏	131±7.2

四、通风排氡

自然通风是降低室内空气中氡累积最常用的办法。不仅简单有效，而且容易操作，也不需要建设成本，当然自然通风在某些条件下也会受到限制。例如，北方的冬季，长时间的自然通风会增加制暖成本或改变室内的舒适度，因此自然通风通常会受到气候条件、地区、室外空气质量、建筑结构等诸多因素影响。但如果能够合理的利用自然通风，氡的浓度可降低 90%以上（徐东群，2005）。

另外，由于带有地下设计的建筑与土壤和岩石接触更加紧密，更应该考虑地下建筑的合理设计，充分利用排风减少地下建筑氡及其子体的累积，同时风源应是地面清洁空气。为选择合理的通风换气次数，可参考排氡通风率简表（表 8-2，表 8-3）。

表 8-2　排氡通风率简表（控制标准为 200Bq/m³）

封闭氡浓度 /（kBq/m³）	冬季		春秋季		夏季	
	通风率 /（次/h）	氡平衡的通风时间/h	通风率 /（次/h）	氡平衡的通风时间/h	通风率 /（次/h）	氡平衡的通风时间/h
≤0.5	0.10	48.5	0.16	42.1	0.016	42.1
1.0	0.13	46.5	0.20	35.5	0.22	30.2
1.5	0.16	42.1	0.23	30.0	0.23	30.0
2.0	0.20	35.5	0.26	24.1	0.26	24.1
3.0	0.26	24.1	0.36	20.0	0.38	17.3
4.0	0.38	16.0	0.39	16.3	0.46	14.3
5.0	0.39	16.3	0.42	15.6	0.52	12.3
6.0	0.52	12.3	0.52	12.3	0.65	9.9
7.0	0.59	11.1	0.65	9.9	0.789	8.2
8.0	0.65	9.9	0.80	8.2	0.84	8.0
9.0	0.75	9.1	0.91	7.1	0.91	7.0
10.0	0.78	8.2	0.94	6.8	1.0	6.2

表 8-3　排氡通风率简表（控制标准为 400Bq/m³）

封闭氡浓度 /（kBq/m³）	冬季		春秋季		夏季	
	通风率 /（次/h）	氡平衡的通风时间/h	通风率 /（次/h）	氡平衡的通风时间/h	通风率 /（次/h）	氡平衡的通风时间/h
≤0.5	0.05	56.5	0.06	54.0	0.08	50.0
1.0	0.06	54.0	0.08	50.0	0.10	48.5
1.5	0.08	50.0	0.10	48.5	0.11	47.5
2.0	0.10	48.5	0.13	46.5	0.13	46.5
3.0	0.13	46.5	0.16	42.1	0.20	35.5
4.0	0.20	35.1	0.23	26.5	0.23	30.0
5.0	0.22	30.2	0.26	24.1	0.29	18.0
6.0	0.26	24.1	0.32	20.0	0.36	17.1
7.0	0.29	22.1	0.38	17.0	0.39	16.3
8.0	0.36	17.3	0.39	16.3	0.46	14.0
9.0	0.39	16.3	0.46	14.3	0.51	13.1
10.0	0.42	14.0	0.48	12.3	0.56	11.0

表 8-2、表 8-3 排氡通风简表使用说明：

① 封闭地下建筑 6 天后测量其氡浓度，即为封闭氡浓度。

② 在测量封闭氡浓度季节栏下与封闭氡浓度相应的通风率即为要查找的通风率。

③ 通风率是指新风通风率，并按连续通风考虑。如地下建筑内进风率为 $5\times10km^3$ 次 · h^{-1}，地下空间容积为 $10km^3$，则新风通风率为 $0.5 \cdot h^{-1}$。

注：表 8-2 和表 8-3 参考《地下建筑氡及其子体控制标准》（GBZ 116—2002）。

第四节　生物污染源的控制

一般情况下，室内生物污染源是指细菌、真菌、病毒和尘螨等微生物的污染源。微生物生存条件具有一定的共性，其中温度、湿度、含氧量、营养等是影响微生物生长的重要因素。为了更好的减少生物污染，首先就要了解清楚微生物的生长条件及来源，从源头上进行控制。以下简单介绍常见的几类微生物控制方法。

一、室内温度、湿度控制

有研究表明，住宅中的霉菌适宜生长温度是15~30℃，超过20℃后迅速繁殖，接近于28℃是最佳繁殖期。适宜生长湿度是75%~95%，湿度越高，繁殖率越高。而各类细菌对温度的要求不同，温度跨度极限较大，其中病原菌均为嗜温菌，最适温度为人体的体温，即37℃。另外，普遍存在于人类居所并可导致哮喘或过敏性鼻炎的尘螨，其生长的理想温度是25~35℃，湿度是70%~85%，尤其是春末夏初时，非常适合尘螨孳生。但其对湿度的要求也相对严苛，当湿度低于60%时便难于繁殖，低于50%时不易生存。有研究发现，即使保持温度在25~34℃，相对湿度连续5~11天保持在50%以下，成年螨会因脱水死亡（贺骥，2006）。因此，在西北等干燥地区，较少存在螨和螨过敏原（苏辉和耿世彬，2002；日本健康住宅促进协会，2000）。在国内的南方地区湿度相对较大，尤其是华南地区每年春天由于气温回暖时容易发生“回南天”现象，此时更应该注意室内除湿。

相关实验证明，相对湿度控制在60%以下时，能很好地抑制大部分微生物的生长。因此，在日常生活中，调节好湿度范围，一般相对湿度在45%~65%，最宜人体健康、思维处于良好状态，且不利于微生物的滋生和传播。

二、合理组织通风

有研究表明，下送上排与上送下排两种形式对降低微生物浓度能起到较好作用（苏辉、耿世彬，2002）。室内气流组织设计可采取这两种方式，在满足通风标准的同时，适当加大换气次数，经常开窗进行通风，可以破坏细菌和病毒的生存环境，提高室内空气品质。同时，进风口及排风口均应远离微生物产生源，且应保持进风系统和过滤网的清洁。

三、减少营养源

室内几乎所有物品均可以成为微生物的营养来源，包括装饰材料、尘土和日常用品等，一旦温度、湿度、氧气和营养适宜，马上就会大量繁殖。因此，应尽量保持室内卫生干净，减少如地毯等容易堆积尘土的物件使用，对于地毯、窗帘、床上用品、玩具等用品应经常清洗和晾晒，尽量不养宠物，并注意个人卫生。

第五节　颗粒物污染源的控制

室内颗粒物浓度一般与室内装修残留物、人类活动以及外环境空气质量、天气情况相关。

一般情况下，除非室内在某些时段中有进行特殊的活动，如新装修、吸烟、烹饪等，否则室内颗粒物污染主要来源于外环境。外环境空气质量和天气情况我们无法控制，所以应尽量减少室内颗粒物的产生源，一般可从以下几方面考虑。

一、注意日常生活习惯

日常生活中，往往可能因为一个不经意的人为活动便导致室内颗粒物浓度飙升，如有些家庭习惯性的使用蚊香灭蚊虫。朱春等（2014）通过采用定释放浓度法，分别对盘式固体蚊香、片型电蚊香和液体电蚊香进行测试，发现盘式固体蚊香、液体电蚊香和片型电蚊香的 $PM_{2.5}$ 排放因子分别为 12.9mg/h、1.3mg/h、2.6mg/h。同时，若房间在正常通风条件（换气次数为 2.0 次/h）下盘式固体蚊香散发的 $PM_{2.5}$ 超标近 1.5 倍。对封闭环境下，通风条件很差（换气次数为＜0.5 次/h），此时 $PM_{2.5}$ 浓度将增大 4 倍，污染更加严重。同样，焚香也具有类似的现象，张金萍（2010）的研究表明，焚香之后室内空气颗粒总数的最高值约为背景值的 21 倍。人们要注意一些室内的行为习惯，尽量少在室内点燃蚊香或者焚香等，需要的时候应主动开窗通风，烹饪时也要注意打开油烟机进行抽风处理，通过对行为习惯的更正，加强室内卫生清洁，可以大大减少室内颗粒物的污染。

二、合理使用装修材料

室内装修时应选择相对环保的材料。其中，石棉因材料结实、具有抗弯和抗热特征而被广泛应用于建筑材料，其中卷曲的温石棉被最为广泛地采用。例如，高层建筑物的结构钢架表面、建筑物内部的墙壁、天花板等采用含石棉材料隔音隔热和装潢，特别是当建筑破损或拆毁时，大量石棉纤维会释放到周围空气中，对人体健康威胁很大，可能刺激和伤害肺部组织，甚至导致患癌。一些国家，如阿根廷、智利、德国等已禁止生产和使用一切石棉制品。因此，在条件许可情况下，应尽量选用无石棉制品。

三、辅助设备需定期维护

当室内使用空调或相关净化器时，其过滤网要定期清洁和更换，避免过滤失效甚至产生二次污染。

思　考　题

1. 为什么说控制室内空气污染源是减轻室内污染的根本措施？
2. 室内空气污染源控制有哪些对策？
3. 什么是绿色建筑？怎样理解一般的建筑和绿色建筑的区别？
4. 用封闭剂对室内空气污染源的控制隐藏着什么危害？

5. 建成后的屋子怎样进行氡放射性污染源的控制？

参 考 文 献

郭如振,高振华,张荔,等. 2009. 生物质甲醛捕捉剂的应用与进展. 粘接杂志,(4): 64~69
贺骥. 2006. 粉螨生境的研究. 安徽理工大学硕士学位论文
景作亮,张培,樊志等. 2004. 室内空气中氨污染的测定及预防. 职业与健康,20(4): 13~15
李慧芳. 2010. 推进我国绿色建材发展的政策思考. 21 世纪建筑材料,2(3): 1~6
刘珊珊. 2010. 我国绿色建材发展的探索与研究. 建筑节能与绿色建筑,13(26): 76~77
刘石磊. 2009. 涂料和胶黏剂中挥发性有机物分析研究. 首都师范大学硕士学位论文
刘玉,沈隽,朱晓冬. 2008. 热压工艺参数对刨花板 VOCs 释放的影响. 北京林业大学学报,30(5): 139~142
卢新卫. 2004. 室内空气中氡的来源、危害及控制措施分析. 桂林工学院学报,24(1): 87~92
聂鹏,王宗爽,王晟,等. 2014. 民用建筑室内氨污染研究进展. 环境工程技术学报,4(3): 212~218
任天山. 2001. 室内氡的来源、水平和控制. 辐射防护,21(5): 291~298
日本健康住宅促进协会. 2000. 空气、环境与人. 彭斌译. 北京: 科学出版社
苏辉,耿世彬. 2002. 微生物与室内空气品质. 制冷空调与电力机械,23(88): 17~20
王金权,罗建中,张明,等. 2005. 茶叶在甲醛污染治理中的试验性研究. 环境工程,23(4): 47~48
肖卓,黄静晗,瓦晓燕. 2015. 绿色建材及其发展方向浅析. 建材发展导向,(16): 9~40
徐东群. 2005. 居住环境空气污染与健康. 北京: 化学工业出版社
杨钦元. 2001. 室内氡浓度及其控制措施. 辐射防护通讯,21(6): 26~29
詹凯. 2010. 关于绿色建筑发展的思考. 四川建筑科学研究,36(5): 265~267
张金萍. 2010. 室内燃香烟雾空气污染特征研究. 建筑科学, 26(6): 18~23
朱春,李景广,姚小龙等. 2014. 蚊香类散发污染物排放因子及颗粒物分布特征研究. 环境污染与防治. 36(4): 38~42
朱天乐. 2006. 微环境空气质量控制. 北京: 北京航空航天大学出版社
朱天乐,李国文,田贺忠. 2003. 室内空气污染控制. 北京: 化学工业出版社
Akiko T, Katsuhiko F. 2000. Application of green tea catechins as formaldehyde scavengers. The Japan Wood Research Society,46(3): 231~237
Fry R M. 1976. Radon and Its Hazards. Proceedings of the NEA Specialist Meeting. Canad. Oct,13: 4~8
Hiltunen K. 2000. Ammonia in indoor air in Finnish homes. Helsinki: City of Helsinki Enveronment centre
Shi J S,Li J Z, Fan Y M, et al. 2006. Preparation and properties of waste tea leaves particleboard. Forestry Studies in China,18(1): 41~45
Uchiyama S, Matsushima E, Kitao N,et al. 2007. Effect of natural compounds on reducing formaldehyde emission from plywood, Atmospheric Environment, 41(38): 8825~8830

第九章　通风与室内空气污染控制

目前国际学术领域较为普遍接受的室内空气污染定义为：由于室内环境引入能够释放对人体有害物质的污染源或室内环境通风不佳而造成室内空气中有害物质的种类或数量不断累积增长，并对人体健康产生损害的过程。（刘剑利等，2004；张亦平，1999）从定义中我们看到，通风对于室内空气质量至关重要，它既可能成为造成室内空气污染的主要原因，也可以是室内空气污染控制的重要策略与手段。

1987 年，美国国家职业安全与卫生研究所对被投诉存在室内空气质量问题的 529 个场所进行了一项调查，结果显示，通风不足是导致不良室内空气质量的主要原因，占总投诉场所数的 53%（图 9-1）。

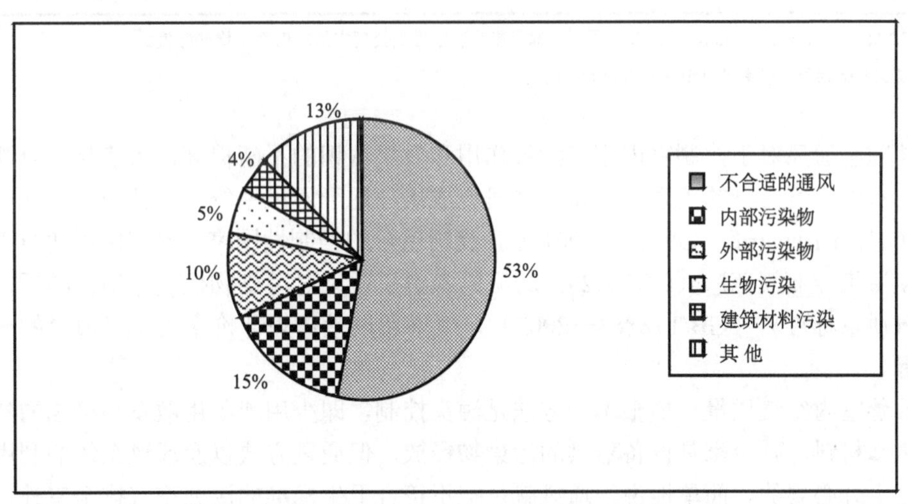

图 9-1　室内空气品质恶化原因的调查结果

通风是借助稀释与置换的原理消除室内空气污染的物理手段。清华大学、东华大学与西安建筑科技大学（赵彬和李光庭，2003；倪波，2000；马仁民，2000）等国内学者致力于通风的有效性与室内空气质量关系研究，进行了室内不同气流组织下不同污染物的分布比较研究，研究证明，良好的气流组织形式是提高室内空气质量的有效途径。

美国哈佛大学 Spengler 等曾以质量守恒模式估算在某些条件下的室内浓度：

$$\overline{c_i} \approx P\overline{c_0} + \frac{1}{q}\overline{S} \tag{9-1}$$

式中，P 为室外污染物渗入室内百分数；q 为每小时换气量，m^3/h；S 为室内污染源强度，

μg/m³；c_i 为室内污染物浓度，μg/m³。

在同一污染源强下，通风换气量大时，室内浓度就低。相关研究显示，通风换气减少，氡的浓度就会升高；反之，增加通风换气次数，氡的浓度就会降低。Cliff 根据英国的研究情况编制成表 9-1（任天山，2001；王春红等，2012；马玉圣等，2006）。

表 9-1　通风换气次数与居民对氡的平均接触量及氡所致肺癌病例关系

冬季通风换气/（次 / h）	居民平均接触量/（WLM[1]/a）	氡所致肺癌病例[2]/（人·年 / 10^6）
0.8	0.15	30
0.5	0.22	44
0.4	0.28	56
0.3	0.38	76
0.2	0.58	116
0.1	1.15	230

[1]WLM（working level month）：联合国原子辐射影响科学委员会规定的放射性平均接触值。

[2]英国的肺癌年发病率是以 100 万人口计算的。

伴随着通风对于控制室内空气污染作用和效果认识的不断提高，人们越加重视研究通风与室内空气污染的关系，并将这些研究成果应用于通风系统的设计或完善（韩占忠等，2004；Kirkpatric，1996）。2001 年，我国出台的强制性国家标准《民用建筑工程室内环境污染控制规范》（GB50325—2001）考虑了通风对污染物控制作用；随后，《室内空气质量标准》（GB/T18883—2002），新增新风量作为评价室内空气质量的一项重要指标。

改善室内空气质量，最根本的方法是源头控制，即少用或不用散发污染物的建筑材料、装修材料，减少家具设备器具的污染物释放，但通风方式以及通风系统的利用与改进也是十分必要的。简单地说，通风就是把不符合卫生标准的污浊空气排至室外，把新鲜空气或经过净化的空气送入室内。我们把前者称为排风，把后者称为送风。

按照工作动力的差异，通风方法可分为两类：自然通风和机械通风。前者是利用室外风力造成的风压或室内外温度差产生的热压进行通风换气；而后者则依靠机械动力（如风机风压）进行通风换气。按照通风换气涉及范围的不同，又可将通风方法分为局部通风和全面通风，局部通风只作用于室内局部地点，而全面通风则是对整个控制空间进行通风换气，通常情况下，前者所需通风量远小于后者。本章围绕着通风与室内空气污染的关系，介绍通风的基本原理，通风在室内空气污染控制中的应用及其局限性。考虑到空调系统与通风密不可分的关系，所以空调系统及其对室内空气质量的影响也是本章的主要内容。

第一节　自然通风控制技术

一、自然通风的特点及原理

自然通风（natural ventilation）是一种比较经济的通风方式，它不消耗动力，也可获得较大的通风换气量。许多传统建筑的空间布局设计都体现了自然通风的理念，如我国传统民居建筑平面布局坐北向南，讲求穿堂风，重视天井和四合院等设计（刘加平，2009；周浩明等，2002；汤国华，2005）。自然通风既符合了当前节能减排的发展战略，又能满足人们亲近自然的心理需求，在生态建筑的理念被普遍认可的今天，自然通风已成为人们优先选择的通风方式。

国内外对自然通风的概念或描述不尽相同（金招芬和朱颖心，2001），但总体来说，所谓自然通风是室内外空气压差（风压或热压）驱动下的空气流动过程，以期达到提供给室内新鲜空气和稀释室内气味和污染物，除去余热和余湿的目的。

自然通风按工作原理可分为：热压作用下的自然通风、风压作用下的自然通风以及热压风压共同作用下的自然通风；按通风方式可分：纯自然通风和机械辅助自然通风（吴珍珍，2008）。建筑中应用自然通风技术的工作原理，是利用建筑外表的风压和建筑内部的热压，在建筑内产生空气流动以尽量减少传统空调制冷系统的使用，从而达到减少能耗，降低污染的目的。

（一）热压作用下的自然通风

热压作用下的自然通风(烟囱效应，不考虑室外风压作用)是由于存在室内外温差和进排气口高差，利用空气密度随温度升高而降低的性质而进行的一种通风方式(图 9-2)。从图 9-2 可以看出，在 ΔP_a=0 的情况下，只要室内温度 t_n 大于室外温度 t_w，同时开启窗孔 a、b，空气将从窗孔 b 流出，同时 P_a减小，气流从窗孔 a 流入室内，直到窗孔 a 的进风量等于窗孔 b 的排风量时达到平衡。可见影响热压通风的主要因素是:窗孔位置、两窗孔的高差 h 和室内外的空气密度差（$\rho_n - \rho_w$）。热压作用下的压差为（龚波等，2004）：

$$\Delta P_r = g\Delta h(\rho_n - \rho_w) \tag{9-2}$$

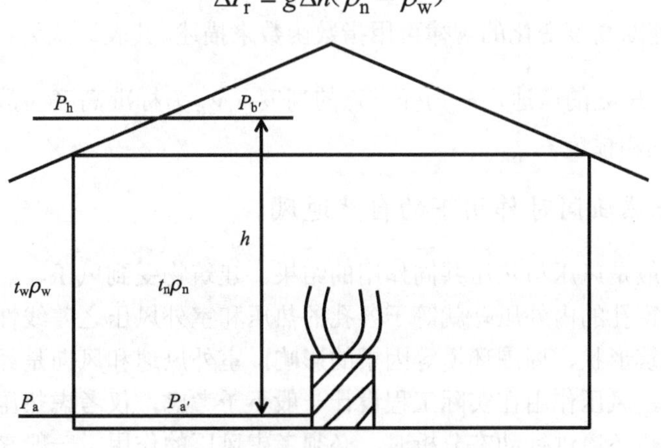

图 9-2　热压作用下的自然通风

（二）风压作用下的自然通风

风压作用下的自然通风（不考虑热压作用）原理如图 9-3 所示。当室外气流与建筑物相遇时，由于建筑物的阻挡，建筑物四周室外气流的压力分布将发生变化，迎面气流受阻，动压降低，静压增高，形成正压区，在背风面及屋顶和两侧形成负压区。如果建筑物上开有窗孔，气流就从正压区流向室内，再从室内向外流至负压区，形成风压通风。风压通风的压力大小主要取决于风速和由建筑各面尺寸及与风向间的夹角所决定的空气动力系数，空气动力系数一般由专门的模型实验确定。由风压促成的气流可以穿过整个房间，通风量会大大超过热压促成的气流，这是夏季组织通风的主要方式。

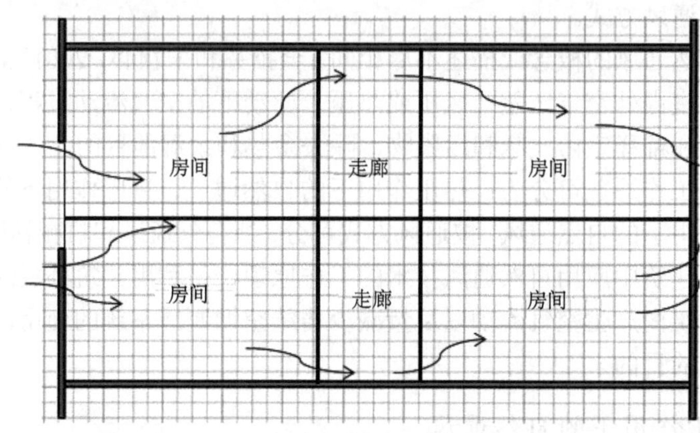

图 9-3　风压作用下的自然通风

风向一定时，建筑物外围结构上某一点的风压值 P_f 可用下式表示（龚波等，2004）：

$$P_{\mathrm{f}} = k\frac{v_{\mathrm{w}}^2}{2}\rho_{\mathrm{w}}, \quad \rho_{\mathrm{a}} \tag{9-3}$$

式中，k 为空气动力系数，与建筑形状和风向相对应，通常由风洞模型实验确定；ρ_w 为室外空气密度，kg/m^3；v_w 为未受扰动气流速度，m/s，由于风速在近地面随高度有较大的变化，平均风速随高度变化的规律可用指数函数来描述，其表达式为：$v_{\mathrm{w}} = v_{10}\left(\frac{H}{10}\right)^{\alpha}$，其中，$v_w$ 为高度 H 处的风速，H 为任一点的高度，v_{10} 为标准高度（常取 10m）处的平均风速，α 为地面粗糙度。

（三）风压热压同时作用下的自然通风

自然通风一般是风压与热压共同作用的结果。建筑物受到风压、热压同时作用时，外围护结构上各窗孔的内外压差就等于各孔的热压和室外风压之差线性叠加。由于受到天气、环流、建筑形状、周围环境等因素的影响，室外风速和风向是经常变化的，具有不稳定性，因此，风压作用在实际工程设计一般不予考虑，仅考虑热压的作用。然而，在理论上对室内热环境进行动态分析时，必须考虑风压的作用。一般来说，建筑进深较小的部位多利用风压来直接通风，进深较大的部位多利用热压或与风压结合进行通风。可采用下式来计算综合作用的通风量（龚波等，2004）：

$$Q=[Q_{\mathrm{w}}{}^{2}+Q_{\mathrm{h}}{}^{2}] \tag{9-4}$$

式中，Q_{w}为风压单独作用下的通风量，m^3/s；Q_{h}为热压单独作用下的通风量，m^3/s。

二、自然通风量及其测量方法

自然通风量取决于建筑物的密闭程度、室内外温差和风速等因素。对于密闭节能建筑物，自然通风产生的换气次数可低至0.1~0.2次/h，而缝隙开口大、数量多的建筑物可高达3次/h。一般建筑物为0.5次/h左右。尽管室内空气质量可以用平均自然通风量表征，但是，实际自然通风量取决于特定时间的环境条件，当风速和室内外温度差均较小时，密闭节能建筑物的自然通风量与老式、透风建筑物并无显著差异。

风力和热压作用下的自然通风量可用示踪气体法测定，国外学者利用示踪气体测量建筑的通风量已有近70年的历史（Dick，1950），并开发出了测量单个区域（single zone）和多区域（multizone）通风量的相应系统（Sherman，1990；Dietz et al.，1985；Ohira et al.，1993）。该法基于质量平衡假设，即受试空间示踪气体的变化量等于施放于该空间的示踪气体量减去因通风或外渗去除的量。示踪气体法测定自然通风量可通过浓度衰减（the decay method，也称为下降法）、恒速率施放（the constant injection method，也称为上升法）和恒定浓度（the constant concentration method）三种技术实现。其中，示踪剂浓度衰减技术是最简单的一种示踪气体测量方法（Lagus，1977），也是美国ASTM标准（ASTM. 2011）和ISO国际标准采用的测量通风或渗风的方法（ISO，2001），我国的新风量检测标准（GB/T18204.18—2000）也采用了这一方法（中华人民共和国卫生部，2000）。它涉及将定量示踪气体施放到特定空间或建筑物，并假设示踪气体被很好混合。然后，测定示踪气体浓度随时间的变化关系。并基于测量结果，按下列方程计算渗透产生的自然通风量。通风量稳定时，示踪剂气体浓度的变化符合式（9-5）：

$$C(t)-C_{\mathrm{s}}=(C_0-C_{\mathrm{s}})\exp\left(-\frac{Q}{V}t\right) \tag{9-5}$$

式中，$C(t)$为在时间t时示踪气体浓度，mg/m^3；C_{s}为受试空间示踪气体本底浓度，mg/m^3；C_0为在t=0时示踪气体浓度，mg/m^3；V为受试空间体积，m^3；t为时间，h或min。

此时，根据测得的示踪气体浓度即可计算得到房间的通风量，如式（9-6）所示：

$$Q=\frac{V}{t}\ln\frac{C_0-C_{\mathrm{s}}}{C(t)-C_{\mathrm{s}}} \tag{9-6}$$

用示踪气体法测定自然通风量所用示踪气体必须是惰性、无毒、低浓度下可检出的气态物质。较常采用的有六氟化硫、二氧化碳和全氟化碳。其中，六氟化硫和全氟化碳的检出下限低达10^{-9}级，作为渗透示踪气体最具吸引力。

第二节　机械通风控制技术

一、局部送风、排风控制及其应用

局部通风分为局部送风和局部排风两大类，它们都是利用局部气流，改善局部区域空气质量。

局部送风就是将室外干洁的空气直接送到室内所需区域位置（需要关注或保障的重点区域，如车间工位等，它可以小到某个人员所处的较小区域或更小，也可以是如工作区或呼吸区这样的较大区域甚至单个房间），改善该区域空气质量，使其达到标准要求，而并非位整个空间环境达到标准要求。这种方法比较适用于房间面积和高度皆很大、而且人员分布不密集的场合。图 9-4 是一种局部送风系统的示意图。

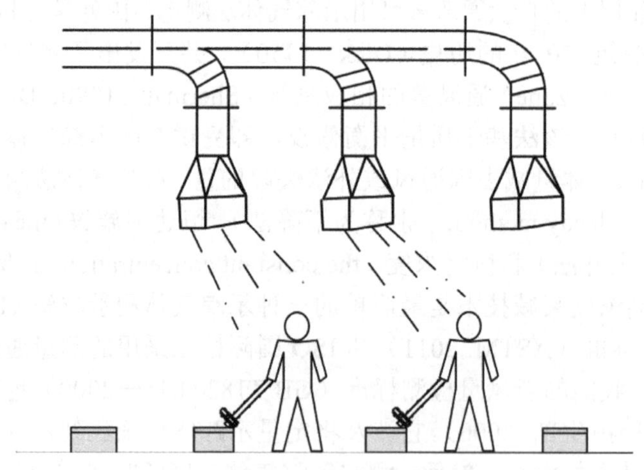

图 9-4　局部送风系统

局部送风系统分为系统式和分散式两种。系统式局部送风系统将室外空气经集中处理后送入局部区域，系统可以对送出的空气进行加热、冷却和净化处理；分散式送风系统一般借助轴流风扇或喷雾风扇，直接将室内空气吹向作业地带进行循环通风。后者不适用于污染严重的作业环境。

局部排风一般是指在工业厂房或一些车间、实验室等，其某一固定位置（或工作台、操作区、设备集中处）在生产或实验过程中产生有害物质，为了不使其扩散到其他部位而污染其他区域环境，采用局部排风系统，将产生的有害物质直接抽吸并排出。

局部排风系统由各种类型的排风罩、排风管道、空气净化设备、排风机和排风帽等部分组成，如图 9-5 所示。

相比全面通风，局部通风具有通过效果好、风量节省等优点，因而被广泛应用于工业生产过程，以控制作业场所的污染物或为作业人员提供洁净的空气，尤其适用于大型车间，在全面通风无法保证室内所有地方都达到适宜程度时所使用。局部通风系统也可用于控制非工业性室内空气污染物。例如，晒图机产生的氨，办公复印机产生的臭氧，以及照相胶片冲洗产生的乙酸、甲醛和其他蒸气。

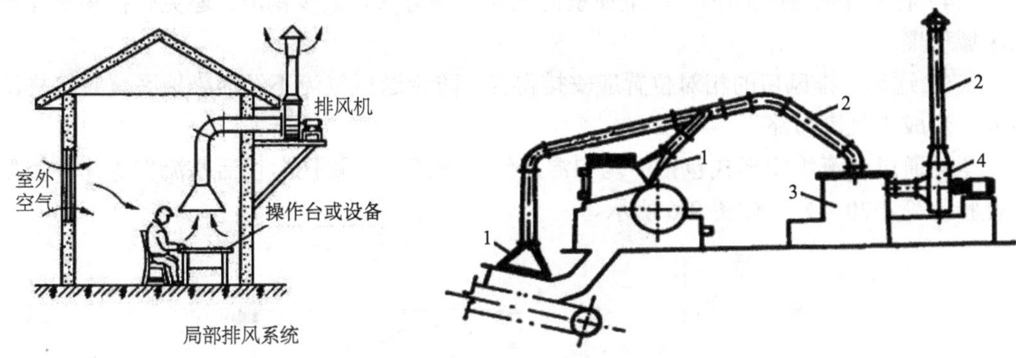

图 9-5 局部排风系统示意图

1. 局部排风罩；2. 风管；3. 净化设备；4. 风机

抽油烟机是局部排风系统在家庭中最为普遍的应用，用来排出燃烧产生的烟气和烹饪油烟、蒸气。配有伸向室外管道的脱油烟机通常安装在烹饪作业面的上方。由于烹饪过程产生的污染气流温度大多高于室温，具有一定的升力，因而当脱油烟机不工作时，实际上是一个接受式集气罩。当开启风机时，脱油烟机捕集污染物的效率与风量具有很强的相关性。

地下室和基础层通风设备是局部通风在室内空气污染控制中的一个特殊应用，目的是防止含有氡气的土壤气体在建筑物内累积，维持建筑物主体的氡浓度在很低的水平。

设计合理的局部通风系统可以在短时间内迅速降低室内空气污染物浓度，甚至有效地防治污染气体进入室内。正常情况下，由室内向室外排放的气体，会迅速被空气气流稀释到很低浓度。但是，若排气口设置不合理，有可能导致室内排出的高浓度气体回流至室内，形成二次污染（朱天乐，2003）。

二、全面通风控制

（一）全面通风及其原则

全面通风也称稀释通风，即对整个控制空间进行通风换气，将新鲜的空气送入室内以改变室内的温度、湿度，稀释有害物的浓度，使室内有害物浓度降低到最高容许值以下，同时把污浊空气不断排至室外。全面通风控制室内空气污染物的效果主要取决于通风换气量和气流组织形式两个方面。就气流组织而言，需要根据有害物质的种类、性质和浓度、人员所在位置（操作位置）、门窗以及自然通风条件等具体情况考虑，应遵循的基本原则是：将干净空气直接送至室内人员所在地，在经过污染源排出室外，尽量保持人所在位置空气的新鲜。常用的送、排风方式有上送上排、下送上排及中间送、上下排等多种形式。具体应用时，应根据下列原则选择。

（1）送风口应位于排风口上风侧。

（2）送风口应接近人员所在地点（工作地点），或者污染物浓度低的地带。

（3）排风口应设在污染物浓度高的地方。

（4）在整个控制空间内，尽量使室内气流均匀分布，减少涡流，避免有害物质在局部区域积聚。

（5）送风、排风口的相对位置应安排得当，防止送风气流不经污染地区就直接排出室外，形成“气流短路”。

全面通风气流组织形式包括“均匀混合”“短路”“置换”“活塞流”等几种类型（杜雅兰等，2014），如图 9-6 所示。

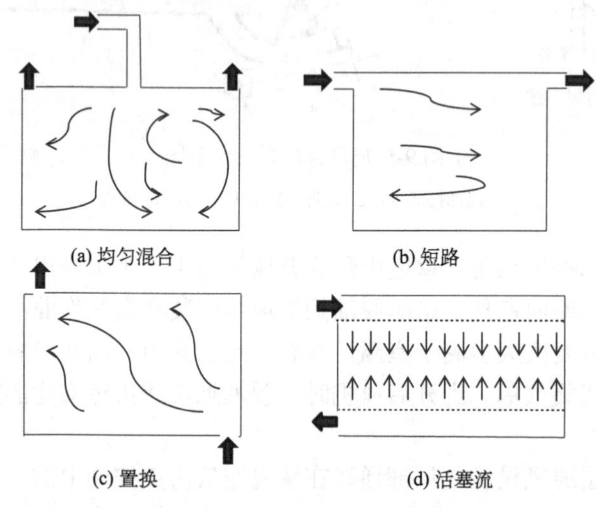

图 9-6　全面通风气流组织形式

（二）全面通风量计算

全面通风通常由两种方式实现，即直通式和部分回风两种。其中直通式通风方式完全依靠室内新风，因此，根据室内空间体积、污染物散发量和允许污染物浓度可计算出该类通风方式的通风量。

图 9-7 为一个全面通风系统的示意图。假设在体积为 V（m^3）的室内，若该空间中全面通风量为 L（m^3/s），污染物发生量为 x（g/s），通风开始时室内污染物浓度为 $y(t)$（g/m^3），送风气流（新风或经过处理后的由新风和回风组成的混合空气）中污染物浓度为 y_0（g/m^3），则通风后室内污染物浓度是时间 t 的函数。

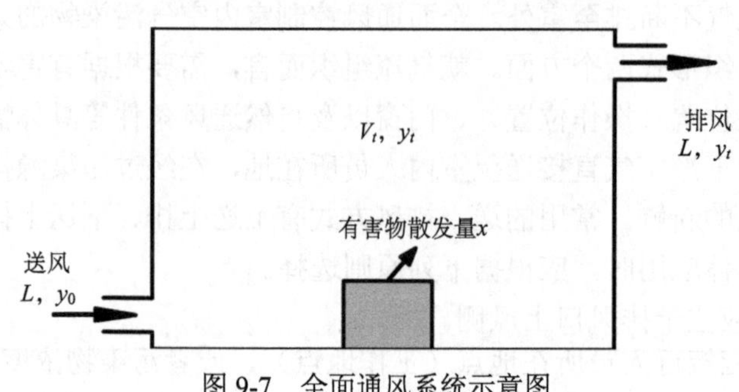

图 9-7　全面通风系统示意图

现假设：

（1）x、L、y_0、y_1均为常数。

（2）x连续均匀散发到整个空间。

（3）送入室内的空气一进入室内立即与室内空气充分混合，而且送风量等于排风量，室内外空气温度相同。

在任何一个微小的时间间隔内，室内得到的有害物量（即有害物源散发的有害物量和送风空气带入的有害物量）与从室内排出的有害物量（排出空气带走的有害物量）之差应等于整个室内空间内增加（或减少）的有害物量，即

$$Ly_0\,\mathrm{d}t + x\,\mathrm{d}t - Ly(t)\,\mathrm{d}t = V\,\mathrm{d}y \tag{9-7}$$

已求得其解为

$$-\frac{L}{V}t = \ln[x + Ly_0 - Ly(t)] + C \tag{9-8}$$

式（9-8）反映了全面通风过程中，室内污染物浓度y（t）随时间t和全面通风量L的变化关系：由于y（t）是随时间变化的，故式（9-8）也称为不稳定状态下的全面通风量公式。已知t和L可以用式（9-8）求得y（t）；已知y（t）和t，也可用式（9-8）求得L（陈益武和郭加荣，2007）。

第三节　置换通风控制技术

作为一种新型的通风形式，置换通风采用低速、低温差、房间底部送风和顶部排放的气流组织方式，相比传统的混合通风方式，具有能提供更好的室内空气品质、节约能耗等优势。20世纪80年代，由“病态”建筑、“密闭”建筑等引发的室内空气质量问题引起了人们的极大关注，合理的通风手段是解决问题的有效方法．而大量的通风换气又将引起建筑能耗的上升，作为一种高效、节能的通风方法，置换通风应运而生。20世纪80年代中期，置换通风技术开始被用于办公楼等舒适性空调系统，主要用于解决香烟、二氧化碳、热量等引起的污染（陈光等，2007）。

一、置换通风的原理与特性

（一）置换通风的原理

参考倪波等主要文献（倪波，2000；倪波，2002；岑鸣和倪波，2000；孙敏生等，2003；朱天乐，2003），以下对换通风的原理进行详细分析：

置换通风基于空气的密度差形成热气流上升、冷气流下降的原理实现通风换气。在置换通风系统中（图9-8），送风口通常靠近地面布设，送风口面积较大，因此其出风速度较低（一般为0.03~0.2m/s），在这样低的流速下，送风气流与室内空气的渗混量很小，能够保持分区的流态，置换通风用于夏季降温时，送风温度通常低于室内空气温度2~4℃。

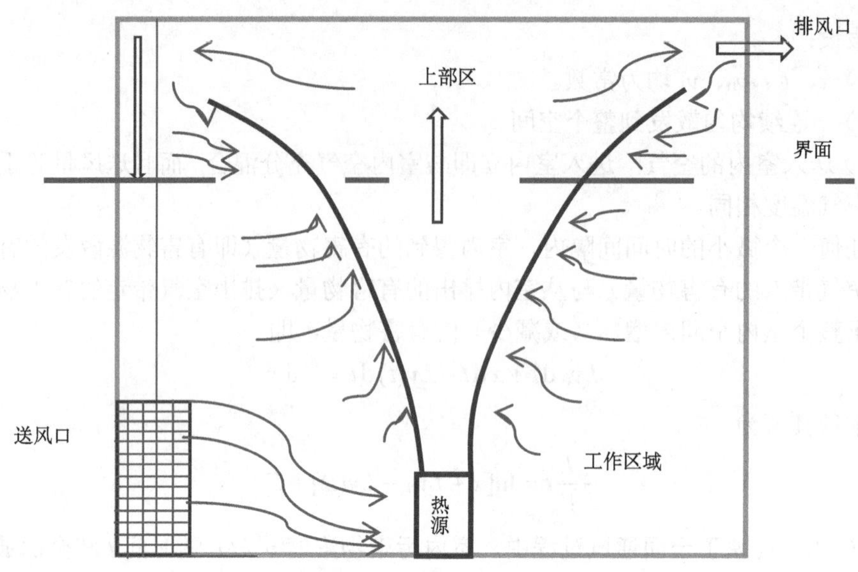

图 9-8　置换通风系统示意图

室内热污染源产生的热浊气流由于浮力作用而上升，与此同时，由于重力作用，通过置换通风方式送入室内的低温、低速的新风先下沉再缓慢扩散，并不断地卷入热污染源产生的上升气流中，最终形成一股蘑菇状上升气流，通常会从设置在屋顶附近的排风口送走。由于热浊气流上升过程的“卷吸作用”、后续新风的“推动作用”，以及排风口的“抽吸作用”，覆盖在地面上方的新鲜空气便缓缓上升，形成向上的单向流动，于是室内的污浊空气不断地被新风置换了。当达到稳定状态时，室内空气在流态上便形成两个区域：上部混合区和下部单向流动清洁区，两区域在空气温度和污染物浓度上存在一个明显的界面，这就是所谓的两区理论。上部区域为紊乱的混合区，其污染物浓度等于排风浓度；下部区域由两部分组成：向上的热气流区和周围的清洁空气区。在分界面上，热浊气流的上升对流流量，正好与送风量相等，此时可以认为处于下部区域热浊气流之外的空气清洁度和送风气流近似相等。当出现这种空气分层时，便可认为室内空气相对清洁。

全面通风是用新风来充分混合和稀释室内污染物，尽量降低室内空气中的污染气体浓度，在整个室内空间形成一个近于排风空气的条件。而置换通风用新风置换室内的污染气体，并将新风直接送到呼吸区，在室内创造一个近于新鲜的送风条件。通常，置换通风会在室内沿高度方向产生一个温度梯度。原理上，置换通风的送风既是动量源，又是浮力源，由此产生卷吸周围空气的射流。

与传统的混合通风相比，置换通风只有三十年左右的历史，但作为一种新型的通风方式，它代表了通风观念上的革新，从以建筑空间为本的传统观念转而以人为本作为设计原则，充分体现了这种通风系统的合理性，主要体现在两个方面：一是其原理的合理性，置换通风系统更好地利用了空气热轻冷重的自然特性和污染物自身的浮升特性,通过自然对流运动达到空气调节的目的；二是其结果的合理性，置换通风系统的层状特点，将余热和污染物锁定于人的头顶之上，使人的停留区保持了最好的空气品质（Sandberg，1989；Yuan，1999）。

（二）置换通风的气流组织

置换通风从房间下部低速送入低温空气，整个房间工作区内存在竖直温差。由于新风密度较大，将沿着地面平铺下来，遇到热源受热上升，随后带动新风补充。这种气流组织方式能够及时有效地清除余热、余湿，迅速排出受到污染的空气，提高室内空气品质。影响气流组织的因素很多，如送风、回风方式，室内障碍物和热源的大小及分布，围护结构的传热系数等，各种因素对室内流场影响的权重也不尽相同。要实现置换通风，设计中必须满足低速、低温差、低位送风和高位排风，还要满足对室内热源、污染源特性和分布、显热负荷以及建筑层高的要求，满足这些要求的置换通风房间，才能体现出它的节能优势。

目前的研究结果表明，置换通风气流组织形式不但能够保证良好的室内空气品质，而且还具有明显节能效果。但设计中要根据室内特点而定，只有在条件符合时选择这种气流组织形式，并非任何建筑都适合。

（三）置换通风的热舒适性

室内热舒适性的影响因素主要有室内温度、相对湿度、空气流速等，在评价室内热微气候之时室内温度所占的权重较大，空气流速次之。这些参数受到热力分层、垂直温度分层和送风量等因素的影响。置换通风系统的气流运动是以空气密度差形成的浮力为动力，气流组织类似活塞流，紊流度低，风速低。传统的混合通风是以稀释原理为基础，气流在室内充分混合，紊流度大，风速较高，这对房间的热舒适性有重要影响。

（四）热力分层高度

热力分层是置换通风的显著特征之一。所谓热力分层，是指置换通风的房间，其室内环境中的污染物浓度及温度容易呈现出层状分布的规律，一般划分为低温层、过渡层（0.25~0.5 m）和高温层，其中过渡层的污染物浓度梯度和温度梯度变化较大，空气的升温过程主要在此区间进行，因此，由于过渡层转变与分隔的作用，上下两部分的空气性质相差巨大，形成了所谓的热力分层。

过渡层主要是由对流紊流和热力扩散的相互平衡而形成，该空气层很不稳定，容易受到周围环境的变化而引起过渡层空气的扰动，甚至改变热力分层的高度，如室内热源温度的提高、热源的分散性增大，或者人员的走动以及其他设备装置的运行。实际工程中的置换通风室内热力分层较复杂，各热源形成的热烟羽既有沿高度方向运动也有沿水平方向运动，且相互之间互相影响，但热力分层高度与送风量有直接的关系，故保证一定的送风量是确保分层高度的关键。

目前，热力分层的研究主要集中在单、双热源对分层的影响，多热源复杂工况的研究相对较少，且实验操作多以静止条件为模拟基础，极少考虑运动热源的扰动影响，而在工程设计中，大多的设计者则更加注重空调系统的送风量对热力分层的影响情况，但是对于一些较为大型的场所，送风量计算还没有十分准确的标准可以依据，回风量计算也有待进一步研究。

（五）垂直温度梯度分布

置换通风（包括地面送风）的室内水平温度一般较为均匀。已有实验表明，水平测试点的温差一般不超过0.3~0.5℃，而垂直方向的温度梯度较为复杂，上高下低，与反写“S”型相似。

Atila Novoselac 等描绘的置换通风室内环境的温度曲线图，具有以下几个特点。

（1）垂直温度随不同因素影响而呈现出规律性变化。

（2）由低温层、过渡层和高温层组成的温度分布体现为曲线变化趋势。

（3）垂直温度分布曲线从标高为0.1m处计起。通常，低温空气由地面附近送入人体活动区，人体会感受到头暖脚冷的生理反应。根据ASHRAE 55—1992标准，只有保证室内0.1 m与1.1m高度之间的温差小于3℃，才能满足人的舒适性要求。

室内墙体和地表面积、高度大小、室内热辐射特征、冷负荷特征、送风类型、气流速度和换气次数等均是影响室内垂直温度梯度的重要因素。因此，若要得出垂直温度梯度的量化模型，一般要先对室内环境进行简化处理，否则，较难对非线性规律的温度梯度作出定量计算。

（六）置换通风室内污染物分布

根据置换通风的气流流动特性，室内污染物可划分为热源污染物和冷源污染物。由置换通风原理可知，受热源附近的对流空气影响，室内气流从地面底部被带至上层。若室内污染源为热源时，便意味着对流气流中的污染物可在自身的浮力作用力下而产生向上流动的趋势，此时，污染物的扩散方向与置换通风自下而上的主导气流方向一致，该种情况则较为理想。部分人认为室内污染物都受到浮力作用而随气流流动至上层区域，并形成回流，该种观念较为片面。若室内污染物为冷源时，那它必定会进入对流气流中与排出气体混合对流。早期的研究主要集中在热污染源方面，少有关于冷源的研究。

空气污染物的流动分布受到室内空间布局、污染源特征、气流组织等多种因素的影响。一般，由置换通风产生的室内气流流动分层结果是，垂直方向形成的浓度梯度可将室内分为上下两个区域：上部区和人员活动区。人员活动区的气流为单向向上流，若在办公室等室内场所采用置换通风方式，人体释放的污染物主要为热源性质，其扩散的方向与人员活动区内主导气流方向一致，可以有效地排除人员活动区的污染物。另外，对于大型影剧院、体育馆等高大场所，利用置换通风的手段则更具有优势，充分利用置换通风的气流导向尽量排除人员活动区的污染物。

二、置换通风系统送风量的确定

在置换通风系统设计中，都把工作区域作为设计的目标区域，即确保单向流动、控制污染物不进入呼吸区，目前较为流行的送风量计算方法有二区和三区模型法。其基本原理是将房间进行分区，利用质量守恒原理建立污染物浓度代数方程组，求解送风量。

根据置换通风热力分层理论，界面上的烟羽流量与送风流量相等，即

$$Q_s=Q_p,\quad m^3/h \tag{9-9}$$

当热源的数量与发热量已知，可用下式求得烟羽流量,下面是一种较为直接的经验公式：

$$Q_p=(3B\pi^2)^{1/3}(2a)^{3/4}Z_s^{5/3} \tag{9-10}$$

式中，Q 为所求送风量，m^3/s；$B=\dfrac{g\beta E}{\rho C_p}$；$g$ 为重力加速度，m/s^2；E 为热源能量，W；C_p 为空气比定压热容，J/（kg·℃）；β 为空气的温度膨胀系数，m^3/℃；ρ 为空气密度，kg/m^3；a 为热对流卷吸系数（实验确定），$1/m^3$；Z_s 为分界面高度，m。

第四节　通风控制室内污染物的效果评价方法

一、通风控制室内污染物的效果评价方法

（一）网络法

网络法是利用伯努利方程和流体网络原理，把每个房间假设为网络中的一个节点，认为节点内空气参数恒定，把通风口视为局部阻力，同时不考虑在房间内部的空气流动形态对通风效果的影响，利用专用软件（NavIAQ 软件）进行分析计算。其优点是方法简便快捷，缺点是准确性差，仅对较大的风速有效，且无法给出房间内部的气体流动分析。

（二）CFD（计算流体力学）方法

利用连续性方程、动量方程、湍流方程、能量方程、气体组分方程等对空气流动进行分析，可全面预测建筑各区域的空气流动状况、温度分布以及有害物浓度分布等物理量，得出可视化的直观效果图。目前可利用计算机计算软件（fluent、airpak 等）进行模拟，其缺点是计算复杂，计算量大，费用高。

（三）网络法与 CFD 方法相结合

网络法与 CFD 方法各有优缺点，若两者相结合，可快速准确地针对复杂建筑结构进行求解计算。利用网络法求解房间内的换气量，利用 CFD 方法计算出房间内部的温度分布。

（四）实验方法

1）利用风速仪等仪器直接测量各个方向的风速，利用所测数据进行分析。

2）依据质量守恒定律，利用色谱分析仪或红外分析仪测量投向室内的示踪气体，如 CH_4 等，通过观察示踪气体在不同时刻不同地点的浓度，从而了解室内通风效果。

二、利用 CFD 评价室内污染物的通风效果

（一）通风效果评价指标

1. 空气龄

空气的新鲜状况，一般可用房间的换气次数来描述：

$$N = \frac{G}{V} \tag{9-11}$$

式中，G 为送风量，m^3/h；V 为房间体积，m^3。

但换气次数不能表达真正意义上空气新鲜程度，而空气龄概念恰好能体现出空气的“年龄”。空气龄是指空气中某质点从进入房间至到达室内某点所经历的时间，表示旧空气被新空气所替代的速度。

空气龄可分为室内某点的空气龄和平均空气龄。室内某点的空气龄能被较为准确的测量出来。一般是通过向室内释放一定量的示踪气体，搅拌均匀之后，通过需求对不同点位进行采样检测，计算示踪气体的浓度衰减情况。以初始的浓度为 100%，随时间浓度下降。浓度与时间的关系曲线，与坐标轴所围成的面积，就是反映该点的空气新鲜程度的时间值。该方法适用于不清楚空气流通的进出口及气流分布情况时的自然通风室内空气龄测量。定义空气龄为曲线下面积与初始浓度之比，则其表达式为式（9-12）和式（9-13）（马仁民，1997）。

某一点的空气龄

$$t_i = \frac{\int_0^{\infty} C(t)\,\mathrm{d}t}{C(0)} \tag{9-12}$$

全室的平均空气龄

$$\overline{t} = \frac{\int_0^{\infty} tC_{\mathrm{p}}(t)\,\mathrm{d}t}{\int_0^{\infty} C_{\mathrm{p}}(t)\,\mathrm{d}t} \tag{9-13}$$

式中，$C(0)$ 为 i 点示踪气体初始浓度，m^3/m^3；$C(t)$ 为 i 点示踪气体瞬时浓度，m^3/m^3；C_{p} 为排风口处示踪气体的瞬时浓度，m^3/m^3。

置换室内全部现存空气的时间 t_x（即换气时间）是室内平均空气年龄的 2 倍，即 τ_x=2t 空气通过房间所需最短时间是房间容积 V 与单位时间换气 G 之比，称之为时间常数，即

$$t_n = \frac{V}{G} \tag{9-14}$$

2. 通风效率和换气效率

通风效率和换气效率可以综合表示通风系统的送风效应，其中通风效率为送风排除热和污染物能力的指标，换气效率为衡量室内的某个位置或全室内空气更换效果的指标，

下面将对通风效率和换气效率的计算公式进行简单说明（杨婉、王新耀，2007）。

（1）通风效率

在衡量室内污染物浓度变化时，常用稳态工作区的相对效率来反映最终能达到的浓度水平，其定义式为稳态相对效率 ε：

$$\varepsilon = \frac{C_{\mathrm{p}} - C_{\mathrm{s}}}{C_{\mathrm{g}} - C_{\mathrm{s}}} \tag{9-15}$$

式中，ε 为稳态相对效率；C_{g} 为稳态工作区浓度，$\mathrm{m^3/Nm^3}$；C_{p} 为稳态排风口浓度 $\mathrm{m^3/Nm^3}$；C_{s} 为进风口浓度，$\mathrm{m^3/Nm^3}$。

影响送风效率的主要原因是送风口、排风口的位置（室内气流组织形式）和污染源所处的位置与散发特性。

（2）换气效率

换气效率用 ζ 表示，其定义式为

$$\zeta = \frac{\tau_{\mathrm{n}}}{\tau_{\mathrm{r}}} = \frac{\tau_{\mathrm{n}}}{2\tau} \tag{9-16}$$

式中，ζ 为换气效率；τ_{n} 为名义时间常数，min；τ_{r} 为实际换气时间，min；τ 为室内平均空气龄，min。换气效率越高，入室空气停留时间越短，表明室内空气清洁度越高，是气流本身的特征。

3. 排热效率

排热效率是反映通风对室内余热排除能力的指标。如果把式（9-15）中的污染物浓度改成温度，则通风效率变成排热效率，评价的是通风系统的排热能力，见式（9-17）。

$$E_{\mathrm{t}} = \frac{T_{\mathrm{p}} - T_{\mathrm{o}}}{T_{\mathrm{s}} - T_{\mathrm{o}}} \tag{9-17}$$

式中，E_{t} 为排热效率；T_{p} 为排风口温度，℃；T_{s} 为室内平均温度，℃；T_{o} 为送风温度，℃。

通常情况下，室内的排风口的排风温度和污染物浓度会大于或等于室内平均温度和污染物浓度，即排热效率和通风效率总数大于或等于 1，且其值越大表示通风效果越好。

若通过置换通风的活塞式气流组织，让送风气流进入室内之后向排风口推动空气污染物，此时排风口的温度和污染物浓度将会大于其他送风方式下排风口的温度或污染物浓度，该类型的温度效率和通风效率最高。实际情况下，置换通风的排热效率或排污效率通常会在 1~2，也有达 4 左右的（刘红敏等，2003）。

（二）CFD 模拟

CFD（computational fluid dynamics）软件是计算流体力学软件的简称，是专门用来进行流场分析、流场计算、流场预测的软件。CFD 的基本原理是通过数值求解控制流体流动的微分方程，得出流体流动的流场在连续区域上的离散分布，从而近似模拟流体流动情况。可以认为 CFD 是现代模拟仿真技术的一种。其软件功能强大，应用十分的广泛。从英国人 Thom（1933）首次用手摇计算机数值求解了二维黏性流体偏微分方程从而产生 CFD；到丹麦的 Nielsen（1974）首次将 CFD 应用到室内环境的研究，对通风房间内

的空气流动进行模拟；再到如今将 CFD 技术广泛应用于航天航空、环境污染、生物医学、电子技术等各个领域，CFD 以其为实验提供指导，节省实验所需的人力、物力和时间，对实验结果的整理和规律的指导作用等优点，赢得了世界上越来越多的空调工程师和建筑师的青睐。

CFD 技术包括设计流体力学（尤其是湍流力学）、计算方法乃至计算机图形处理等技术。因问题的不同，CFD 技术也会有所差别，如可压缩气体的亚音速流动、不可压缩气体的低速流动等。对于室内气体的流动问题，多为低速流动，流速在 10m/s 以下；流体温度或密度变化不大，故可将其看作不可压缩流动，不必考虑可压缩流体高速流动下的激波等现象。但是，室内的流体流动多为湍流流动，这给解决实际问题带来很大的困难。

总体而言，CFD 通常包含以下几个主要环节：建立数学物理模型、数值算法求解、结果可视化。

1. 建立数学物理模型

建立数学物理模型是指对所研究的流动问题以及污染物的扩散进行数学描述，对于室内空气污染物扩散的流动问题而言，通常是不可压黏性流体流动的控制微分方程。另外，由于室内的流体流动基本为湍流流动，所以要结合湍流模型才能构成所需解决问题的完整描述，便于数值求解。以下为黏性流体流动的通用控制微分方程：

$$\frac{\partial}{\partial t}(\rho^{\varphi}) + \mathrm{div}(\rho_{u}{}^{\varphi}) = \mathrm{div}(\Gamma_{\varphi}\,\mathrm{grad}^{\varphi}) + S_{\varphi} \tag{9-18}$$

随着其中 φ 的不同（可代表速度、湍流参数等物理量），它分别代表流体流动的动量守恒方程、能量守恒方程以及湍流动能和湍流动能耗散率方程。基于该方程，即可求解工程中的流场速度、温度、浓度等物理量的分布（师奇威等，2005）。

2. 数值算法求解

上述各微分方程相耦合，具有很强的非线形，目前只能利用数值方法进行求解。这就需要对实际问题的求解区域进行离散。通常对于低速、不可压流体问题，采用有限容积法进行离散的情形较多。它具有物理意义清晰，总能满足物理量的守恒规律的特点。离散后的微分方程组就变成了代数方程组，如式（9-19）所示。

$$a_{\mathrm{p}}\varphi_{\mathrm{p}} = a_{\mathrm{E}}\varphi_{\mathrm{E}} + a_{\mathrm{W}}\varphi_{\mathrm{W}} + a_{\mathrm{N}}\varphi_{\mathrm{N}} + a_{\mathrm{S}}\varphi_{\mathrm{S}} + a_{\mathrm{T}}\varphi_{\mathrm{T}} + a_{\mathrm{B}}\varphi_{\mathrm{B}} + b \tag{9-19}$$

或者：

$$a_{\mathrm{p}}\varphi_{\mathrm{p}} = \sum a_{\mathrm{nb}}\varphi_{\mathrm{nb}} + b \tag{9-20}$$

式中，a 为离散方程的系数；φ 为各网格节点的变量值；b 为离散方程的源项。下标 P、E、W、N、S、T 和 B 分别表示当前、东、西、北、南、上和下各方向网格处的值，或以 nb 表示 P 的相邻 6 个节点。通过离散后使得难以求解的微分方程变成了容易求解的代数方程，采用一定的数值计算方法求解代数方程，即可获得流场的离散分布，从而模拟关心的流动情况（师奇威等，2005）。

3. 结果可视化

上述代数方程求解后的结果是离散后的各节点上的数值，这样的结果并不直观，难以为一般工程人员或其他相关人员理解。因此，需将其求解结果通过计算机图形学等技术，将所求解的速度场和温度场等形象、直观的表示出来。如彩图 1（a）和彩图（b）所示，是某室内自然通风时速度场的矢量图和云图，其中矢量箭头表示方向，颜色表示相应的速度。

可见，通过可视化后处理，可将单调的数值求解结果直观地表示出来，便于相关人员的理解和应用。

如今，CFD 的后处理不仅能显示静态的速度、温度、浓度场，而且能显示流动的流线或迹线动画。

4. CFD 模拟的优势

以预测室内空气分布为例，目前常用的方法主要有四种：射流公式、Zonal Model、模型实验和 CFD 模拟。

CFD 具有成本低、速度快、资料完备且可模拟各种不同的工况等独特的优点，故被广泛应用于这一领域。表 9-2 给出的四种室内空气分布预测方法的对比可见，就目前的几种方法而言，CFD 方法确实具有不可比拟的优点，且由于当前计算机技术的发展，CFD 方法的计算周期和成本完全可以为工程应用所接受。尽管 CFD 方法还存在可靠性和对实际问题的可算性等问题，但这些问题已经逐步得到发展和解决。因此，CFD 方法可应用于对室内空气分布情况进行模拟和预测，从而得到房间内速度、温度、湿度以及有害物浓度等物理量的详细分布情况。

表 9-2　常用室内空气分布预测方法的对比

预测方法比较项目	射流公式	Zonal Model	CFD	模型实验
房间形状复杂程度	简单	较复杂	基本不限	基本不限
对经验参数的依赖性	几乎完全	很依赖	一些	不依赖
预测成本	最低	较低	较昂贵	最贵
预测周期	最短	较短	较长	最长
结果的完备性	简略	简略	最详细	较详细
结果的可靠性	差	差	较好	最好
适用性	机械通风，且与世纪射流条件有关	机械和自然通风，一定条件	机械和自然通风	机械和自然通风

资料来源：赵彬等，2001。

5. 相关 CFD 软件

1981 年，英国 CHAM 公司率先推出了求解流体与传热问题的软件 PHOENICS，自此揭开了 CFD 软件市场的序幕，到目前为止，全世界至少已有 50 多种这样的计算流体与传热问题的 CFD 软件。互联网的兴起，推动了这些软件的传播与应用。现在商用 CFD 软件也有很多，例如，用于前处理：Gambit, Tgrid, GridPro, GridGen, ICEM, CFD；用于计算分析：Fluent, FIDAP, POLYFLOW；用于后处理：Ensight, IBM Open Visulization Explorer, Field View, AVS；以下仅简单介绍 Airpak 软件。

Airpak 是 FLUENT Inc.公司推出的专门针对 HVAC 领域开发的一款 CFD 软件，可以准确地模拟通风系统的空气流动、空气品质、传热、污染和舒适度等问题。Airpak 面向 HVAC 领域，基于有限容积法，具有自动的非结构化、结构化网格生成能力。支持四面体、六面体以及混合网格。提供的模型有强迫对流、自然对流和混合对流模型、热传导、流固耦合传热模型、热辐射模型、湍流模型。其中湍流模型采用零方程模型（也称为混合长度模型）此模型对房间内的纯自然对流、大空间流动及置换通风具有令人满意的准确度且计算速度较快。Airpak 基于“object”建模，这些“object”包括房间、人体、风扇、通风孔、墙壁、隔板、热负荷源、排烟罩等模型。具有强大的网格检查功能，可局部加密计算网格而不会影响到其他对象。Airpak 具有强大的可视化后处理能力，能够生成速度矢量、云图和粒子流线动画，描绘气流的实时运动情况。模拟结束后，还可提供强大的数值报告，从而对房间的气流组织、热舒适性和室内空气品质（IAQ）进行全面综合评价。

软件的应用领域包括建筑、汽车、楼房、化学、环境、加工、采矿、造纸、石油、制药、电站、打印、半导体、通信、运输等行业。目前 Airpak 已在住宅通风、污染控制、排烟罩设计、电讯室设计、净化间设计、工业空调、工业通风、工业卫生、职业健康和保险、建筑外部绕流、运输通风、动植物生存环境、厨房通风、餐厅和酒吧、电站通风、封闭车辆设施、体育场、竞技场、总装厂房等方面的设计中得以应用。Airpak 的使用能够提高设计手段、减少设计风险、降低成本。

（三）利用 Airpak 软件评价室内通风效果

解决室内空气污染的最佳途径是合理的通风，在不引入外来污染物的条件下，保持通风可以有效地清除掉室内的所有污染物质。人的有感风速为 0.5m/s，即人感觉到气体流动时的风速为 0.5m/s。以广州白云区某新装修办公室为例，该办公室共五个房间，其中房间 4 与房间 5 及房间 2 相连通，房间 4 为开放式办公室，东、北两面无隔墙，房间 2 与房间 3 相连通，房间 1 为独立办公室，四面无窗，其房间左上方安装新风系统进风，风量 $0.011m^3/s$。

现场实测建筑的体积、进出风口面积、门窗位置、气流入射角、室外风速等对室内新风量、换气次数、室内风速分布有影响的指标，测试时间选择在正常工作时间内进行，数值模拟采用流体动力学软件（Airpak），研究在不同的通风条件下室内空气污染物的清除效果。模拟评价指标为新风流场分布（各区域风向、风速）与空气龄（各区域新风置换效率）。

情景一：该办公区域利用走廊两个大门自然通风，风场呈东西走向，形成两条通道。当仅靠走廊自然通风（进风口：风速 0.5m/s，风量 $1.85m^3/s$）时，截取平面高度 1.2m（人坐下呼吸高度，下同）分布图发现，办公区域整体空气龄较高，局部区域存在新风死角，空气龄达到4000秒以上，新风置换效率极低（附图2）。

情景二：当自然通风风量不变，在区域通风较差位置增设 1 台坐地风机（风量 $1.41m^3/s$）时，办公区域的空气龄有下降现象。绿色建筑评价中认为空气龄 180s 界定空气质量新鲜与否的限值，在此条件下，室内污染物可通过新风及时置换，不容易累计。在本情景下部分区域的空气龄仍达不到标准值（附图3）。

情景三：当自然通风风速提高至 2m/s（进风口：风量 $7.39m^3/s$），在区域通风较差位置增设 2 台坐地风机（风量 $2.26m^3/s$）时，办公区域的空气龄明显下降，大部分区域的室内空气龄低于 180s，空气新鲜度能够得到保证，房间 1 仍不达标，这与房间 1 自身的通风设计结构有关（附图4）。

情景四：当自然通风风速提高至 2m/s（进风口 1：风量 $7.39m^3/s$），在区域通风较差位置增设 2 台坐地风机（风量 $2.26m^3/s$），且东南角办公室大门打开（进风口 2：风量 $1.85m^3/s$）时，办公区域的空气龄明显下降，大部分区域的室内空气龄低于 180s，空气新鲜度能够得到保证（附图5）。

综合上述模拟结果表明，充分利用自然通风条件，并在自然通风条件较差的环境下合理设置机械辅助通风，可以较好地加强室内通风换气的频率，从而达到减少污染物累积的效果。

第五节　空调系统对室内空气品质的影响

近年来，随着人们生活水平的提高，空调走进千家万户，成为人们实现热舒适性环境与新风输送的必备设备。概括来说，空调系统的使用，其目的是通过各种空气处理手段、如空气的加热或冷却、空气的加湿或减湿、空气的净化或纯化等，维持室内空气的温度、流动速度以及洁净度和新鲜度。当然，空调系统不合理的设计参数与运行管理，也给室内空气品质带来负面影响，如“空调病”以及空调积尘带来“二次污染”等。自从 SARS 的肆虐后，特别是近几年全国范围的灰霾成为环境焦点问题，室内环境卫生对空调设计理念提出了新的要求。尽管不能单纯依靠空调系统来解决室内空气污染的问题，但要求建立以人为本的空调设计理念，营造健康的室内环境，做到不仅注重营造一个温湿舒适的环境，更要注重室内空气品质的好坏，已成为共识。而能否达到这一目的，将很大程度上取决于空调系统设计和运行管理。

一、空调系统的设计

（一）设计参数的选择

研究发现，温度、湿度和气体流速对人体感觉有很大的影响，且它们相互作用，相互影响。在气候实验室中，温度和湿度对清洁空气的感知存在着影响（Berglund and Cain，1989）。丹麦技术大学的研究资料表明：人感知到的空气品质受到人体吸入的温度和湿度的强烈影响，人们较喜欢干燥凉爽的空气。Fang 等的研究表明：在温度 20℃，相对湿度 40%，通风率 3.5L/（S·人）时空气品质较好。保持适当低的湿度及全身热舒适所要求温度范围下限的温度对改善感知空气品质是有利的。另外，也有研究表明低空气流速增加人体不适感，这与空气不流通或流速太低时污染物积聚有关。

美国 ASHRAE62—1989 通风标准中推荐室内相对湿度宜在 30%~60%。后在 ASHRAE62—1989（修订）Revised 中修订为：在潮湿地区的民用建筑，室内有人时相对湿度不应超过 60%，无人时不应超过 70%，室内相对湿度无下限规定。60%的上限是因室内人员的热舒适要求而定的，70%的上限则是针对微生物生长的限制条件。当然，对舒适度的过度追求会对人机能造成影响，如冬夏倒置：夏季室内处于 19℃的低温，冬季室内处于 27℃的高温。在这种不良的热环境下长时间生活和工作，人的免疫力将不可避免地下降。国外研究表明，人们处于过于舒适环境容易出现嗜睡的现象。也即意味着人生产效率的降低，因此适当降低空气温度，可能对人的生产效率的提高有利。国外学者认为，在室内空气温度为 20℃时，生产效率最高，工作时的事故率最低。

总之，为了保证室内空气品质，提高室内人员的舒适与健康，需要合理设计温度、湿度、气体流速等参数。

（二）新风质量的确定

新风是室内空气品质良好的必要条件与重要保障，它包括新风的“质”和“量”两个方面。

1. 合适的新风量

以往，确定新风量的依据是满足人体卫生需要和清除人体所产生的生物污染，所以房间最小新风量往往由每个人员最小新风量指标确定。但是，大量研究发现现代建筑中来自建筑材料、装修材料、家具等新的污染源所发出的污染强度已远远超过人体自身产生的污染。因此，新风量的确定需考虑来自人员和室内气体污染源两个方面的污染物源强。ASHRAE 标准 62—1989R 认为：最小新风量 G_f（换气量）不仅和室内人数有关，而且和建筑物中所需通风的面积有关，即

$$G_{f,min} = G_p P + G_b A \tag{9-21}$$

式中，G_p 为每人所需的新风量；P 为室内人数；G_b 为单位建筑面积所需的新风量；A 为所需通风面积。

该标准要求的新风量以由建筑材料、家具或其他非人污染源产生的污染物的浓度保持在较低水平为目标，然而，按该标准确定的新风量要比按卫生标准确定的大，耗能也更多。在这方面，我国最小新风量的标准取值则相对比较适中，既考虑室内空间污染物置换稀释，同时也考虑人体舒适度所需新风，表 9-3 比较符合目前对高品质室内环境的要求。

纯粹依靠加大新风量并不能达到人们获得优良空气品质的目标。理论研究和许多实际调查证明，新风量与有害物浓度的负相关仅在一定范围内表现明显，当达到一定新风量后，再加大新风对降低室内空气中的有害物浓度作用甚微。因此在保证足够的新风量

的同时，还需要注意提高新风的品质。

表 9-3　新风量标准推荐值

建筑物类型	吸烟情况	新风量/[m^3/（h·人）]		采暖通风规范最小新风量取值/[m^3/（h·人）]
		适当	少量	
商店 / 影剧院	无	25	20	8
舞厅	少量	33	20	17
一般办公	无	25	20	17
会议	无	35	30	17
体育馆	少量	25	20	8
医院病房	无	40	35	17
旅馆客房	少量	50	30	30

2. 优良的新风品质

区域环境空气质量影响着新风的质量，当室外空气质量较差时，应减少进入未经处理的室外新风量。工程设计上可通过合理选择新风进风口的位置，加强新风过滤净化，减少或者消除新风在处理、传递和扩散过程中的污染，提高新风过滤器效率，提高新风质量，使进入室内的新风真正起到降低室内污染物浓度，提高室内空气品质的作用。一方面新风入口位置应尽量远离周边工业、企业、交通等大气污染源；设计时应尽量将新风口与排风口设于两个不同的朝向上，新风口与排风口应保持一定的距离或在不同方向设置，尽量拉大新风口与排风口水平方向的距离，且新风口最好低于排风口。另一方面要加强新风净化系统的功能，既能保证入室新风的品质，也不影响新风的新鲜度。

一般来说，新风净化首先需要的是除尘，针对需过滤的新风颗粒物情况，可设置两级，逐级提高对细颗粒物的过滤效率。对于要净化功能的空调，应采用粗、中、亚高效三级过滤，即在除粗效、中效过滤器基础上，增加亚高效过滤器。其次，影响新风品质除颗粒物污染物外，还含有其他污染物，因此还需根据需要将空气净化手段引入新风处理过程中，以实现最佳的新风净化效果，如新风入口靠近公路道路时，可考虑增加一氧化碳检测与吸附装置。近年来，空气过滤净化的技术发展很快，新技术新产品不断出现，如光催化、负离子净化和高效活性炭过滤等，这些技术已经开始应用到空调系统的新风净化中。

（三）回风的影响

1. 合适的回风量

相对于新风对室内空气污染物的稀释置换，回风量的控制也是提高室内空气品质的重要手段。一般来说，室内空气品质与回风量呈负相关，回风量越大，室内环境气流主要以内循环为主，污染物容易在建筑内累积，室内空气品质越差。当设计回风率为 90%

时，空调房间的 CO_2 最大浓度将会达到 0.991%，它约是初始浓度的 9.91 倍，也就是相当于超过了卫生标准 10 倍；同时发现当回风率下降到 80%左右时，对于节能和维护室内空气品质较为有利（邹声华和丁力行，2002）。因此，合适的回风量应既满足节能的要求，也应满足室内空气质量标准要求。

2. 回风的净化处理

新风量的设计需要满足空调系统的负荷以及能耗要求，因此，在考虑由于室内各种污染源不断地散发有害物，再加上引入的新风仍然可能残留着一些有害物质，因此在采用回风和新风混合送风的空调系统时，加强对回风的净化十分重要，经有效净化的回风一定程度上代替着新风的作用。

回风净化技术与新风净化技术大体类似，但相对于室外新风污染物以颗粒物为主，回风气体污染物则主要为室内有机污染与生物污染。目前回风的净化常采用复合式技术手段，如过滤、静电、吸附、催化、等离子体生物过滤等，根据所需去除污染物的特性，将各种技术进行优化组合。对于低分子污染物如香烟烟雾、臭氧，可采用活性炭吸附技术；对于甲醛、苯系物等有机气体，可采用光催化净化技术，其主要原理是利用紫外光源产生的光催化反应分解有害气体，使之成为无臭无害的气体如二氧化碳等，还有生物过滤技术能有效地降解常见的苯系化合物以及硫化氢、氨等。

（四）气流组织的影响

保证了入室新风的品质后，合理的气流组织方式便成为影响室内空气品质的重要因素。在新风量一定时，不同的通风方式和气流分布形式，将产生不同的通风效果，直接影响室内的空气品质。美国明尼苏达大学和加利福尼亚大学伯克利分校劳伦斯实验室的实验结果表明，室内气流组织不当所引起的空气品质恶化问题约占 45%~46%（郭玉峰，2006）气流组织设计合理，不仅可以将新鲜空气按质按量地送到人员活动区,还可及时将污染物排出。如果设计不当，容易造成送风、回风短路，房间内有空气滞留区。以混合通风和置换通风为例。混合通风是以建筑空间为本，而置换通风是以人为本，由此在通风动力源、通风技术措施、气流分布等方面产生了一系列的差别（表 9-4）。

表 9-4　不同通风方式的比较

项目	混合通风	置换通风
目标	全室温度、湿度均匀	工作区舒适
动力	流体动力控制	浮力控制
机理	气流强烈掺混	气流扩散、浮力提升
措施 1	大温差高风速	小温差低风速
措施 2	上送下回	下侧送上回
措施 3	风口紊流系数大	送风紊流小
措施 4	风口掺混性好	风口扩散性好
流态	回流区为紊流	送风区为层流

续表

项目	混合通风	置换通风
分布	上下均匀	温度、浓度分层
效果 1	消除全室负荷	消除工作区负荷
效果 2	空气品质接近于回风	空气品质接近于送风

当然，置换通风方式也存在施工不便，颗粒物二次飞扬等问题（彭一晟等，2007），然而无论是混合式还是置换式通风，其到达人体呼吸区的空气焓值都会相对较高，因此其感知空气品质也相对较差。同时由于个体的差异，它们通常都无法做到同时满足每个人的需要。合理的组织形式，应根据建筑特点，在风口布置、风量选择、风速确定、送风方式等方面改善气流分配，避免空气短路和产生滞留区，以满足室内人员对室内空气品质与舒适度的需求。

二、空调系统的运行管理

美国学者 Klaus 指出，约有 20 %的室内空气污染物来自通风系统，如果通风系统保持干净，维护良好，来自通风系统的污染物可减少一半。在大多室内公共场所，人们往往存在着重设计与建设、轻维护与管理的思想。运行维护与管理不当也正是目前空调系统影响室内空气品质的重要原因。因此，加强空调系统的日常维护与管理对提高室内空气品质十分重要。

（一）加强空调机组的维护

空调系统中换热器（盘管）是影响室内空气品质的潜在污染源，也是微生物气溶胶的发生源。许多空调系统由于空气过滤器效率较低，普遍存在盘管积灰等情况，即使使用较高效率的过滤器，但也会因安装不善引起过滤渗漏或旁通，导致颗粒物穿透；盘管上冷凝膜的存在会阻留气溶胶，导致沉积的增加，另外盘管凝水盘的滞水为细菌等微生物大量繁殖提供适宜的环境。因此对于有凝结水产生的换热器、表面式换热器包括空气加热器和表面式冷却器（简称表冷器）和通风设备等，要求在系统停止工作时必须保持通风直至凝结水干燥，以免滋生微生物。

（二）加强空调管路的维护

空调系统在运行过程时，来自室内外灰尘、生物残骸，进入送风管道内部，并积聚在其中。当空调系统启动时，残留在设备或管道内部的污染物就会被气流卷起，并夹带着分布到整个管道系统。在过滤器前的污染物可以得到大部分去除，但其后的则被送入了室内环境，导致了室内空气品质恶化。空调系统风管内积聚灰尘不但污染室内空气，而且还会增加风管系统阻力，使空调系统风量下降。此外，风管内空气的温度和湿度非常适合某些细菌的生产和繁殖，若未能得到有效消除，风管系统本身就可能成为一个污染源，因此需要加强空调管路的清洗与维护。

思 考 题

1. 通风技术的分类？各类通风方式的原理和特点？
2. 自然通风和置换通风的区别？
3. 各种通风技术的通风量的计算方法？
4. CFD 预测室内空气通风效果的优势有哪些？
5. CFD 技术怎样应用到室内空气质量评价上？
6. 空调系统的设计和管理对室内空气品质有何影响？
7. 新风量的标准和确定的方法？
8. 怎样减少室内空调通风系统的污染？

参 考 文 献

岑鸣, 倪波. 2000. 上海体育馆置换通风系统设计研究. 暖通空调, 30(5): 5~8
陈光, 王东伟, 方正平, 等. 2007. 置换通风的发展及研究现状. 建筑热能通风空调, 26(2): 23~28
陈益武, 郭加荣. 2007. 全面通风量影响因素分析. 徐州建筑职业技术学院学报, 7(3): 23~27
杜雅兰, 黄明娟, 周丽铭. 2014. 全面通风与局部通风的应用分析. 职业健康与安全, 4(3): 143~147
龚波, 余南阳, 王磊. 2004. 自然通风的策略形式及模拟分析. 节能, (7): 30~33
郭玉峰. 2006. 室内空气品质的影响与改善. 科技与经济, (17): 35~36
韩占忠, 王敬, 兰小平. 2004. FLUENT 流体工程仿真计算实例与应用. 北京: 北京理工大学出版社
金招芬, 朱颖心. 2001. 建筑环境学. 北京: 中国建筑工业出版社
刘红敏, 连之伟, 周湘江, 等. 2003. 通风系统的气流组织评价指标及分析. 流体机械, 31(1): 17~19
刘加平. 2009. 建筑物理. 北京: 中国建筑工业出版社
刘剑利, 耿世彬. 2004. 室内空气质量的主要影响因素及其改善措施. 洁净与空调技术, (3): 22~27
马仁民. 1997. 置换通风的通风效率及其微热环境评价. 暖通空调, 27(4): 1~6
马仁民. 2000. 通风的有效性与室内空气品质. 暖通空调, 30(5): 20~23
马玉圣, 李君利, 朱立. 2006. 室内氡的水平与控制措施. 中国辐射卫生, 25(2): 219~221
倪波. 2000. 置换通风的实验研究. 暖通空调, 30(5): 2~4
倪波. 2002. 双热源置换通风系统的实验研究. 暖通空调, 32(5): 17~19
彭一晟, 韩如冰. 2007. 空调系统对室内空气品质的影响分析. 水暖电器, 33(21): 188~189
任天山. 2001. 室内氡的来源、水平和控制. 辐射防护, 21(5): 291~299
师奇威, 贾代勇, 杜雁霞. 2005. CFD 技术及其应用. 制冷与空调, 5(6): 14~17
孙敏生, 王威, 万水娥. 2003. 国家大剧院观众厅空调系统和气流组织方式的设计和分析. 暖通空调, 33(3): 1~8
汤国华. 2005. 岭南湿热气候与传统让筑. 北京: 中国建筑工业出版社
王春红, 刘艳阳, 刘福东, 等. 2012. 居室换气率对室内氡及其子体浓度的影响. 辐射防护, 32(1): 60~64
吴珍珍. 2008. 深圳市办公建筑自然通风应用研究. 重庆大学硕士学位论文
杨婉, 王新耀. 2007. 通风方式对室内污染物影响的研究. 制冷与空调, 21(4): 14~21
张亦平, 王跃波, 王秉权. 1999. 生活及工作场所的局部空气净化. 环境保护科学, 25(1): 3~4
赵彬, 李先庭. 2003. 室内不同通风方式下生物颗粒的分布比较. 暖通空调, SARS 特集: 37~41
赵彬, 林波荣, 李先庭, 等. 2001. 室内空气分布的预测方法及比较. 暖通空调, 31(4): 82~86
中华人民共和国卫生部. 2000. 公共场所室内新风量测定方法(GB/T18204. 18—2000). 北京: 中国标准

出版社

周浩明, 张晓东. 2002. 生态建筑. 南京: 东南大学出版社

朱天乐. 2003. 室内空气污染控制(第一版). 北京: 化学工业出版社

邹声华, 丁力行. 2002. 空调系统新风和回风对室内空气品质的影响. 建筑热能通风空调, (4): 18~20

ASTM. 2011. ASTM E741-11. Standard test method for determining air change in a single zone by means of tracer gas dilution. ASTM, Philadelphia, PA

Berglund L, Cain W S. 1989. Perceived air quality of thermal environment. Proceeding of IAQ'89: The human Equation: health and comfort. Atlanta, GA. American Society of Heating, Ventilation and Air-Conditioning Engineers: 93~99

Dick J B. 1950. Measurement of ventilation using tracer gas. Heating Piping and Air Conditioning, 22(5): 131~137

Dietz R N, D'Ottovio T W, Goodrich R W. 1985. Multizone infiltration measurements in homes and buildings using a passive perfluorocarbon tracer method. Ashrae Transactions, 91(2): 1761~1776

ISO. BS/ISO 12569-2001. 2001. Thermal insulation in buildings-Determination of air change in buildings – Tracer gas dilution method. BSI, London

Kirkpatric A T, Elleson J S. 1996. Cold Air Distribution System Design Guide. 中国建筑工业出版社

Lagus P. 1977. Characterization of building infiltration by the tracer-dilution method. Energy, 2(4): 461~464

Nielsen P V. 1974. Flow in air conditioned rooms (English Translation) . Copenhagen: Technical University of Denmark

Ohira N, Yagawa N, Gotoh, N. 1993. Development of a measurement system for multizone infiltration. Ashrae Transactions, 100(2): 692~698

Sandberg M, Blomqvist C. 1989. Displaeement ventilation systems in office rooms. Ashare Transaetions, 5(2): 1041~1049

Sherman M H. 1990. Tracer gas techniques for measuring ventilation in a single zone. Building and Environment, 25(4): 365~373

Yuan X X, Chen Q Y, LeonR. G]ieksman. 1999. Performance Evaluation and Design Guidellines for Displaeement Ventilation. Ashare Transaetions, 105(1): 298~309

第十章　室内空气净化技术

众所周知，室内空气质量与人们健康密切相关，人们迫切需要一种安全有效、能长期去除室内空气污染物的方法。理论上讲，选取低污染甚至无污染的环保装修材料，适当地加强室内温度和湿度调节、调整装修时间及通风频率等措施，是最理想的污染控制方法。但由于经济与技术条件的制约，短期内完全依靠源头控制解决室内空气污染问题难度大。

针对室内空气污染现状，国内外专家采取了多种方法治理室内空气污染，这些方法在特定的场所各有优劣，尚没有一种特别有效的方法。目前的净化技术主要包括光催化技术、等离子体技术、负离子技术、吸附法、植物净化技术和吸附技术等。

下面我们将对各类主要的室内空气净化技术进行介绍，并结合本研究团队多年来在室内空气污染净化技术方面的研究成果，对目前已得到普遍认可的，且安全经济有效的净化方式进行详细分析。

第一节　室内空气净化的方法

一、除尘技术

近年来，全国各地频繁暴发严重灰霾天气，室外灰霾天气是造成室内颗粒物污染的重要因素。在可吸入颗粒物及可入肺颗粒物表面及内部附着有大量致病性细菌、病毒及有机污染物，对人们身体健康有很大危害。目前，针对室内颗粒物的净化技术主要有静电除尘法、过滤除尘法、水洗除尘法、负离子除尘法等。

其中，静电除尘法主要利用直流高压形成电晕放电吸附空气中的尘埃。静电除尘的基本原理是荷电粒子或颗粒物在电场中依据同性相斥、异性相吸原理吸附在集尘极上。静电除尘具有颗粒物净化效率相对较高、能耗也相对较低等优点，但由于其使用、运行过程中依赖高电压，易产生不稳定的臭氧，造成二次污染；且集尘板容易堆积灰尘，需要经常清理，因此静电除尘法在应用和推广上都受到限制（陈金花和卢军，2006）。过滤除尘法是利用除尘网表面过滤和深层过滤的组合，净化机理可分为拦截效应、扩散效、惯性效应、重力效应等。与静电除尘相比，过滤除尘法具有价格便宜、使用方便的优点，缺点是需定期更换、易失效、细菌容易滋生等。水洗除尘法的原理是，利用惯性及扩散等作用，使得颗粒物进入水膜而被捕捉，净化效率低，且容易繁殖细菌。负离子除尘法是利用负离子的相互作用，使得灰尘凝聚成大颗粒，加速沉降，由于负离子的发生量与负极电压相关，因此与电极之间的距离，影响着室内空气污染物的净化效率。

二、光催化法

光催化技术是20世纪70年代发展起来的一门新兴技术。光催化剂也称光触媒，是一类以二氧化钛（TiO_2）为代表的，在光的照射下自身不起变化，却可以促进化学反应，具有催化功能的半导体材料的总称。主要利用光源，激发半导体价带中的电子到导带上，形成高活性 e^-，同时在价带中产生空穴 h^+，在电场的作用下，部分空穴迁移到材料表面上，可以将 OH^-、H_2O 氧化成·OH 自由基，·OH 自由基的氧化能力非常强，可以氧化大部分有机污染物和部分无机污染物，并最终氧化成 CO_2 和 H_2O。因此光催化技术具有环保、广谱等优点（Liu Hongmin et al，2005）。此技术局限性主要在强光（甚至需要紫外光）条件下光催化剂才能起作用，而在室内光照较弱，晚上甚至无光照，光催化剂就无法起到净化作用。目前，有一种“空气催化剂”技术在光催化剂的基础上发展起来，这种技术利用纳米级材料的强氧化性弥补了光催化剂产品在无光、暗室里不发挥作用的缺陷，但是价格较为昂贵。

三、等离子体法

等离子的净化原理是利用极不均匀电场，形成电晕放电，产生等离子体，与空气中的甲醛等污染物发生非弹性碰撞，使其分解成 CO_2 和水。

等离子体是物质的第四态，其中用于室内空气净化的主要是非平衡低温等离子体，在这种状态下，空气的电离率比较低，离子温度也比较低，而电子处于高能状态。在低温等离子体中，存在着大量的、种类繁多的活性粒子（氧自由基，羟自由基和氮自由基，污染物激发态粒子等），这些粒子比通常的化学反应产生的粒子种类更多、活性更强，因此可以进行许多催化反应。

产生低温等离子的方法比较多，如电子束照射法、介质阻挡放电法、辉光放电法、射频放电法、微波放电法、沿面放电法和电晕放电法等。由于介质阻挡放电和电晕放电可以在常温常压下进行，所以在净化有机污染物的应用比较多。由于介质阻挡放电具有稳定、均匀、漫散、大空间反应区域等优点，更加适合净化大气气态有机污染物（张增凤和丁慧贤，2004；徐荣等，2007；杨学昌等，2007）。此技术需要几万伏高压，一般在家庭以及一般公共场所都无法实现，且在净化过程中会容易产生大量臭氧，不加控制的话将对人体健康造成很大威胁。

四、生物净化技术

生物净化技术主要是指微生物净化技术，利用固定化的微生物（多孔填料表面覆盖的生物膜）与有机废气接触而发生生化反应，分解其中的甲醛等污染物。相关实验表明，通过筛选和培育的微生物通过接种挂膜制作的生物膜填料塔对入口浓度小于 20mg/m^3 的甲醛气体具有较好的净化效果，净化效率达 90%以上（陈群玉，2008）。

五、臭氧消毒法

臭氧作为消毒剂对空气中细菌等微生物具有很强的杀灭效果。虽然臭氧消毒法具有诸多优势，但是利用臭氧氧化处理室内空气时应该首先考虑可能导致的负面影响。因为室内污染物之间的潜在化学反应会产生一些新的活泼自由基，并由此引发多种反应，这些化学反应能够产生许多附加的产物和复杂的官能团，主要包括醛、酮、羧酸、有机硝酸盐、过酰基硝酸酯和各类稳定自由基，而室内污染物间的反应都直接或间接与臭氧有关（吴忠标和赵伟荣，2006）。

六、吸附法

针对室内空气的污染现状，国内外专家采取了多种方法治理，这些方法在特定的场所各有优劣。其中吸附法具有能耗低、富集作用较强、使用方便、对低浓度气体处理效果较好等优点，成为净化室内空气的比较常用手段。

（一）吸附原理

在固相-气相（或液相、固相）、液相-气相（或液相）等体系中，某一个相的物质密度或溶质浓度（溶于该相中）在界面上发生改变（与本体相不同）的现象称为吸附。被吸附的物质称为吸附质，而具有吸附作用的物质即为吸附剂。

吸附现象实际上是吸附剂和吸附质之间的相互吸引作用，它包括 7 种相互吸引作用：四极子相互作用、色散力、偶极子相互作用、电荷转移相互作用、静电力、表面修饰及细孔吸附（近藤精一等，2006）。这七种作用基本属于物理吸附作用。

化学吸附作用与物理吸附作用存在差别。当发生化学吸附时，吸附质和吸附剂表面间会发生某种化学作用，导致电子的交换、转移或共有，从而可使原子重排、化学键形成或破坏。另外，电荷转移或表面修饰属于物理吸附与化学吸附中间的过渡，固体表面的吸附力较范德华力稍大，但比分子的离解力要弱得多，如分子键通过氢键相互吸引（沈曾民等，2006）。

衡量吸附剂吸附效果的指标一般为吸附速率和吸附量。吸附速率是指吸附剂自身吸附吸附质的快慢程度；而吸附量是一个相对平衡的概念，是指在一定温度条件下，给定的吸附体系达到吸附平衡时，单位质量吸附剂所吸附的吸附质的质量（近藤精一等，2006）。

吸附量是吸附剂的基本性质，是评价其吸附效果的重要指标，与气相压力（液相溶质浓度）、温度等影响因素有关。

在恒温条件下，多孔吸附剂包括三个基本吸附过程，即粒子表面的流体界面膜中扩散过程；粒子细孔内的扩散过程以及最终被吸附在细孔内的吸附位上的过程。吸附的速率取决于这三个过程。

第一个过程，即在粒子表面膜的吸附，主要的影响因素是分子外表面积及浓度梯度。第二个过程中，吸附质的性质（如吸附质分子质量、沸点等）、温度、细孔半径及浓度梯度影响毛细孔气相扩散。第三个过程作用，作用时间短，基本上可认为属于瞬间完成，对吸附速率影响很小。

因此，在吸附过程中影响吸附剂速率的主要因素有：吸附质的理化性质、吸附剂表面孔隙结构和化学性质、温度及浓度梯度等（近藤精一等，2006）。其中，吸附剂表面孔隙结构是指比表面积、孔容量等指标；表面化学性质主要是指吸附剂的表面官能团。

（二）解吸现象

物理吸附使吸附剂的吸附过程具有可逆性。物理吸附过程包括吸附和解吸两个过程，这两个过程是同时进行的（潘文毅，1989）。

（三）吸附等温线

在恒温时，吸附等温线表征的是吸附量与压力（气相）的关系。吸附等温线的形状在反映吸附剂和吸附质之间的相互作用方面具有较大的意义。

6种不同类型的吸附等温线见表10-1。

表10-1　吸附等温线的分类及特征

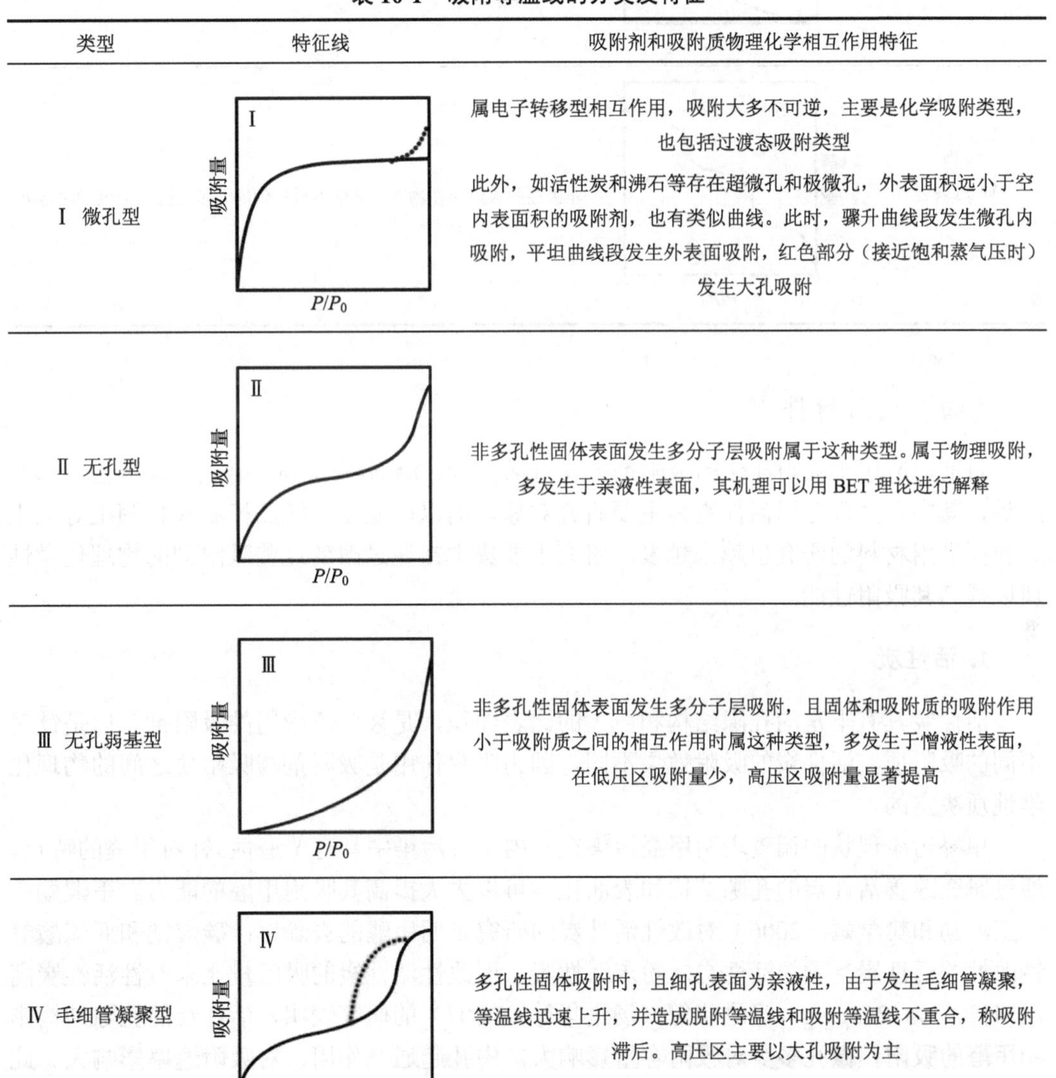

类型	特征线	吸附剂和吸附质物理化学相互作用特征
Ⅰ 微孔型	（图Ⅰ，纵轴：吸附量，横轴：P/P_0）	属电子转移型相互作用，吸附大多不可逆，主要是化学吸附类型，也包括过渡态吸附类型 此外，如活性炭和沸石等存在超微孔和极微孔，外表面积远小于空内表面积的吸附剂，也有类似曲线。此时，骤升曲线段发生微孔内吸附，平坦曲线段发生外表面吸附，红色部分（接近饱和蒸气压时）发生大孔吸附
Ⅱ 无孔型	（图Ⅱ，纵轴：吸附量，横轴：P/P_0）	非多孔性固体表面发生多分子层吸附属于这种类型。属于物理吸附，多发生于亲液性表面，其机理可以用BET理论进行解释
Ⅲ 无孔弱基型	（图Ⅲ，纵轴：吸附量，横轴：P/P_0）	非多孔性固体表面发生多分子层吸附，且固体和吸附质的吸附作用小于吸附质之间的相互作用时属这种类型，多发生于憎液性表面，在低压区吸附量少，高压区吸附量显著提高
Ⅳ 毛细管凝聚型	（图Ⅳ，纵轴：吸附量，横轴：P/P_0）	多孔性固体吸附时，且细孔表面为亲液性，由于发生毛细管凝聚，等温线迅速上升，并造成脱附等温线和吸附等温线不重合，称吸附滞后。高压区主要以大孔吸附为主

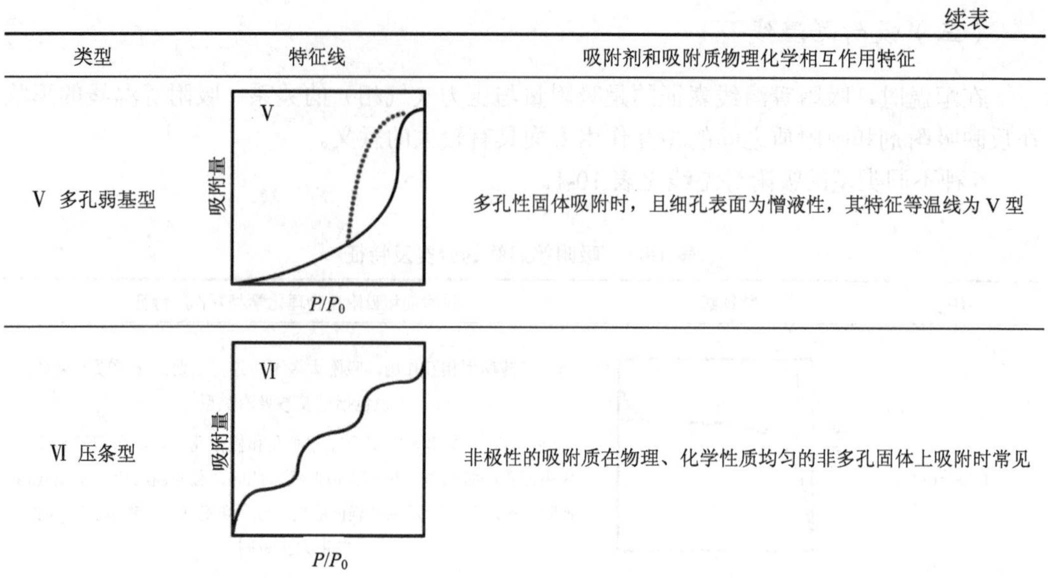

续表

类型	特征线	吸附剂和吸附质物理化学相互作用特征
Ⅴ 多孔弱基型	Ⅴ；纵轴：吸附量；横轴：P/P_0	多孔性固体吸附时，且细孔表面为憎液性，其特征等温线为Ⅴ型
Ⅵ 压条型	Ⅵ；纵轴：吸附量；横轴：P/P_0	非极性的吸附质在物理、化学性质均匀的非多孔固体上吸附时常见

（四）吸附材料

目前，应用于吸附净化的吸附剂主要有活性炭、沸石/分子筛、硅胶、硅藻土、膨润土等，其中，大部分以活性炭为主要研究对象，而以硅藻土、凹凸棒石和膨润土等黏土为新型吸附材料的研究也越来越多。研究主要集中在通过改变这些吸附剂的物理化学性质以提高其吸附性能。

1. 活性炭

活性炭具有丰富的孔隙结构和巨大的比表面积，是被广泛应用的吸附剂。但是针对不同的吸附质，活性炭的吸附效果不同，因为吸附作用是吸附剂与吸附质之间的物理化学性质决定的。

甲醛污染现状的调查表明甲醛污染在室内空气污染中具有普遍性。针对甲醛的特点，通过研究改善活性炭的孔隙结构和表面化学可以大大提高其吸附甲醛的能力。王淑勤等（王淑勤和樊学娟，2006）对改性活性炭的研究表明甲醛的去除率：碳酸钠和亚硫酸氢钠改性的活性炭＞颗粒活性炭＞粉末活性炭。而改性活性炭的吸附量比未改性活性炭高出 43%，为 215μg/g。汤进华等（汤进华等，2007）的研究表明，活性炭的孔隙结构影响甲醛的吸附，微孔多少对吸附容量影响大，中孔起通气作用，对吸附速率影响大。此外，经过硝酸、双氧水氧化改性后的活性炭由于含有更多的含氧官能团，可以增强对甲醛的吸附能力，而氨基氧化改性的活性炭由于含氧官能团减少，降低了对甲醛的吸附能力。Tanada 等（1999）研究则认为带有氨基官能团的改性活性炭随着氨基官能团的增加吸附量增加。研究同时发现相同改性活性炭的甲醛吸附量随温度增高而增强，认为原因是甲醛与氨基发生化学吸附。Li 等（2008）的研究表明相对湿度影响活性炭对甲醛的吸附，因为水分子与甲醛产生竞争作用，但是经过有机硅烷及甲醇溶液浸渍改性的活性炭可以提高对甲醛的吸附能力。胡刘开等（2007）研究静态和动态吸附下活性炭吸附甲醛的效果，并对比了各种物料制成活性炭吸附甲醛的效果。研究表明，专用活性炭在16小时内甲醛的去除率为50%左右。而且在动态吸附下专用活性炭比椰壳炭、竹炭的吸附量大1.5~4倍。

2. 活性炭纤维

活性炭纤维也是一种常见的吸附剂材料。利用植物纤维及化工纤维原料可以制作活性炭纤维，具有比活性炭更加好的吸附效果。蔡健等（2004）、余纯丽等（2008）的研究表明活性炭纤维比活性炭具有更大的比表面积和微孔，且微孔直接与外表面相连，有利于吸附和脱附，同时经过改性的活性炭纤维可以增强对甲醛或其他气体的吸附能力。薛文平等（2007）研究还认为活性炭纤维属于非极性吸附剂，但是经过改性增加其极性官能团，也有利于极性分子的吸附。Haiqin Rong 等（2002）研究认为活性炭纤维的结构有利于吸附，但是普通的活性炭纤维为憎水性表面，不利于吸附极性分子，适当温度下氧化活性炭纤维，增加极性官能团有利于提高活性炭纤维的吸附能力。

3. 沸石/分子筛

沸石/分子筛也被认为是一种有前景的吸附剂。它由矿物阳离子及带负电荷的硅铝氧骨架构成，是一种极性物质，对于典型污染因子甲醛由于带有羰基 C═O，也是极性吸附质。所以沸石分子筛适合吸附甲醛分子。而通过各种改性，可以提高沸石的吸附能力。王国庆等（2006）研究认为不同类型的沸石分子筛由于孔隙结构不同，导致吸附能力不同，其中以10X型最佳，5A、ZSM-5及13X由于空隙过小或过大而效果次之。孙剑平等（2006）对活性炭进行改性，发现利用硫酸进行改性、微波改性、Ca^{2+}离子改性均可提高沸石的吸附能力，而有机改性也可提高沸石的吸附能力，但是与有机溶液的浓度关系密切，存在最佳浓度。

4. 硅胶、膨润土

对于硅胶、膨润土等其他吸附剂，目前也有部分研究。Morrissey 和 Grismer（1999）曾利用钙化、钠化和酸化等不同手段的处理，发现各种膨润土对甲醛均有一定的净化功能，实验条件下吸附率约在56%~78%。王玉红（2009）采用热再生的方法，对恢复膨润土的吸附功能进行了研究，结果表明，原土及酸化土在烘箱150℃、5小时的再生条件下效果最好。

5. 农林废弃物

吸附法的关键是吸附剂材料的选择。常用的吸附剂制备成本相对较高，再生困难，在大规模应用时存在一定的缺陷。近年来，国内外逐步将研究目标转移到相对廉价、切实有效的新型材料中，如各类生物材料。

廖益强等（2001）将几种木竹屑等炭化，制备成脱臭剂吸附氨；曹青等（2005）以玉米心为原料，用KOH改性制备活性炭，发现玉米心活性炭以微孔为主； Kumagai等（2008）研究表明，利用稻米谷壳制备的活性炭比普通活性炭对甲醛有更好的吸附作用，尽管比表面积只有普通活性炭的50%不到，但是其含有的钾、钙等离子以及木质炭特有的孔隙结构有助于谷壳制备的活性炭能更好的吸附甲醛；Boonamnuayvitaya等（2005）利用咖啡制作过程中的剩余物质制备活性炭并进行改性处理，研究表明亲水性基团改性的咖啡活性炭有利于吸附空气中的有机污染物，而经过$ZnCl_2$-N_2活化并改性的活性炭比普通活性炭有更好的吸附能力。

现阶段的生物材料多以处理废水重金属为主，针对净化环境中的废气污染物仍较少。针对生物质特有的吸附性质，若能利用废弃的生物质去除室内空气污染物，不仅能够实现环境污染物的去除，还能实现固体废弃物的资源化，具有重要的研究意义。

为了寻找出一种相对比较安全、经济、切实有效的净化方法，本研究团队曾以天然农林废弃材料为研究对象，对比传统吸附剂，以吸附量和吸附速率为表征，探讨天然生物质吸附剂自身性状、外界条件及不同改性方式对吸附能力的影响程度以及吸附稳定性、安全性与再生利用情况。同时结合冷场发射扫描电镜、傅里叶变换红外光谱、微孔分析仪、气相色谱-质谱联用仪、热重分析仪等对吸附材料的表面形态、官能团组成结构、孔隙分布和物质成分等进行分析，探讨其对室内空气污染物的吸附性能及机理，提出一种既能有效处理室内空气污染，又能使农林废弃物资源化的治理新思路。

吸附效果测定实验结果表明，在同等条件下，与传统吸附剂——活性炭、分子筛和竹炭对比，农林废料（稻壳、荞麦壳等）与这三种吸附剂的吸附速率和吸附量相当，具有较理想的吸附特性。在使用过程中存在一定的解吸现象，但解吸率较低，仍有较好的吸附稳定性。通过再生利用实验表明，随着再生利用次数的增加，吸附速率和吸附量有轻微减小的趋势，但仍具有较理想吸附效果，因此有再生利用价值，在日常生活使用时具有重复操作的实用性。

物化性质测定实验结果表明，天然农林废料特殊的微观结构使其具有较大的比表面积，为其作为吸附剂提供了良好的物理结构基础（稻壳与荞麦壳等农林废弃料的扫描电镜微观图如彩图6和彩图7）；同时，含氧基团的存在则为其吸附室内空气污染物提供了化学基础，从而使得农林废弃料在吸附实验中表现出良好的吸附性能。另外，通过热处理，可在不同程度上改变天然生物材料的微观结构及表面官能团的种类、数量，提高了生物材料本身的吸附性能（江浩芝，2014；孙淑冰，2012）。

七、植物净化法

植物由于具有绿化美化功能而常被用作室内观赏性景观，然后，已有越来越多的研究发现，植物也能净化空气污染物。相比于其他物理吸附、光催化净化、臭氧化、等离子体等物理化学修复技术，观赏植物净化技术具有成本低、无二次污染及净化作用持久等优点，近年来逐渐成为一种备受人们关注的室内污染气体净化技术。

（一）净化机理

植物最主要通过三种方式净化室内空气，即叶片吸收与吸附、植物体内运输及代谢转化，土壤及根际微生物（即根际环境）作用。

1. 叶片吸收与吸附

植物净化空气污染物的第一步是通过植物气孔的吸收和叶表的吸附作用。植物还可以通过茎叶的气孔和保卫细胞的开启吸收气体，气体也可通过上表皮的角质层的渗透作用进入植物体内。然后气体经过栅栏组织和海绵组织的扩散，再通过植物维管系统进行运输和分布（O'Dell et al，1977）。

植物去除气体污染物的效果与其叶片的气孔数量和尺寸有关（Cornejo，1999）。一般来说单位面积气孔越多，张启的程度越大，吸收气体的能力越强。但是目前对于气孔的多少、大小是否和气体去除效率成正比关系还没有定论。也有部分有机气体被吸附在茎叶表面上，一般凹凸不平或者绒毛较多的叶片吸附能力非常强。

为了探索植物的净化机理，本研究团队通过显微镜对各类植物表皮结构进行观察和拍照，彩图 8 为几类植物的气孔形状及表皮细胞显微图。

2. 植物体内运输及代谢转化

植物净化有机气体的第二步是通过自身的代谢转化将有机气体分解。以甲醛为例，甲醛通过叶片的吸收及角质层的渗透作用进入植物体内后，经过同化、分解作用被转化为植物的组织成分或者放出 CO_2。植物体内存在甲醇（CH_3OH）、甲醛（HCHO）和甲酸（HCOOH）等 C_1 化合物的代谢循环，甲醛是这些代谢过程中的中间产物，因为甲醛具有高毒性，因此植物细胞在代谢过程中产生甲醛之后需要迅速通过其他代谢途径将其转化，以防止甲醛在植物内过量积累。

3. 植物根际微生物降解转化

空气中的有机污染物还可不断地沉降于土壤或微生物表面，一部分被土壤表面吸附，另外一部分被微生物降解。根际微生物数量常比根际以外的微生物数量高几倍甚至几十倍，因此在降解气体污染物质中起着重要作用。

（二）净化甲醛气体的植物的归纳

国外率先开展植物净化室内空气污染研究的是美国国家航空航天局（NASA）的 BC Wolverton 博士。早在 20 世纪 70 年代 BC Wolverton 博士就已经开始关注在空间站这样的密闭环境中的空气污染问题，从 1984~1989 年间进行了一系列的相关研究（BC Wolverton et al.，1984，1985，1989，1993），并著有图书 *How to Grow Fresh Air: 50 House Plants that Purify Your Home or Office*。目的是为了解植物净化室内空气污染的效果，以便能解决室内空气污染问题。对其室内植物净化室内甲醛的主要研究结论如下：对甲醛净化最好的植物分别是波士顿蕨（*Nephrolepis exaltata 'Bostoniensis'*）、菊花（*Dendranthema x grandiflorum*）、罗比亲王海枣（*Phonix roebelenii*）、竹蕉（*Dracaena deremensis'Janet Craig'*）、雪佛里椰子（*Chamaedorea seifritzii*）、常春藤（*Hedera helix*）、垂叶榕（*Ficus benjamina*）、白鹤芋（*Spathiphyllum wallisii'Clevelandii'*）、黄椰子

（*Chrysalidocarpus lutescens*）、中斑香龙血树（*Dracaena fragrans'Massangeana'*）（Wolvertion, B. C.、McDonald R. C et al.，1984）。

我国较早对植物净化室内污染物的实验是在1996年，上海医科大学和上海市植物园选用上海常见的观叶植物复叶波士顿肾蕨（*Nephrolepis exaltata* 'Marsalii'）、鹅掌柴（*Schefflera arboricola*）、心叶喜林芋（*Philodendron scandens*）、蔓生椒草（*Peperomia precomens*）、吊兰（*Chlorophytum comosum*）置于染毒室内分别用甲醛、CO_2、CO、SO_2染毒，结果表明这些植物可以有效降低室内污染物的浓度（胡海红，1996）。2005年中国室内环境监测工作委员通过联合花卉市场，进行了大规模植物净化室内空气污染物的研究，并向社会发布部分市场上常见的并具有甲醛净化效果的观赏性植物①。

甲醛作为室内最常见的污染物之一，已有许多学者纷纷利用植物对甲醛的净化效果进行研究。表10-2内容主要引用Wolverion等（1984）及相关学者的文献和书籍、我国室内装饰协会室内环境监测工作委员会发布的我国首次室内常用植物净化室内环境污染结果，以及中国台湾"行政院环境保护署"编制的《净化室内空气之植物应用及管理手册》，还有部分来自于其他学者的文献。

表10-2　净化甲醛气体的室内植物种类表

序号	中文名	学名	科名	净化甲醛的能力
1	吊兰	*Chlorophytum comosum*	百合科	10375μg/d；0.5054mg/（m^2·h）；（1.1±0.1）μg/（m^2·min）
2	中斑吊兰	*Chlorophytum comosum vittatum*	百合科	560 μg/h；0.468 2mg/（m^2·h）
3	巴西铁树	*Dracaena frafrans* cv.*Massangeana*	百合科	938μg/h
4	富贵竹	*Disporum cautoniense*	百合科	（0.43±0.15）mm/s
5	沿阶草	*Liriope spicata*	百合科	758μg/h
6	郁金香	*tulip yellow present*	百合科	717μg/h
7	竹蕉	*Dracaena deremensis*'JanetCraig'	龙舌兰科	1361 μg/h；48880μg/d
8	红边竹蕉	*Dracaena marginata*	龙舌兰科	772 μg/h；20469μg/d
9	银纹竹蕉	*Dracaena deremensis* 'Warneckii'	龙舌兰科	760μg/h
10	百合竹	*Dracaena reflex*	龙舌兰科	0.3167mg/(m^2·h)
11	虎尾兰	*Sansevieria trifasciata*	龙舌兰科	（0.77±0.11）mm/s
12	金边虎尾兰	*Sansevieria trifasciata* cv.*Laurentii*	龙舌兰科	189μg/h; 31294μg/d;0.7698mg/（m^2·h）
13	绿萝	*Scindapsus aureus*	天南星科	8986μg/d；（0.20±0.03）mm/s; 0.59mg/（m^2·d）；0.5767mg/（m^2·h）；（1.7±0.2）μg/（m^2·min）

① 中国室内装饰协会室内环境监测工作委员会监测中心. 2005年.我国首次室内常用植物净化室内环境污染结果发布

续表

序号	中文名	学名	科名	净化甲醛的能力
14	广东万年青	*Aglaonema modestum Schott*	天南星科	4382μg/d
15	翠玉黛粉叶	*Dieffenbachia "Exotica Compacta"*	天南星科	754μg/h
16	白玉黛粉叶	*Dieffenbachia amoena cv.camilla*	天南星科	469μg/h；（0.25±0.06）mm/s；0.651 7mg/（m^2·h）
17	斜纹粗肋草	*Aglaonema commutaum* cv.*'San Remo'*	天南星科	0.93mg/（m^2·d）；0.4826mg/（m^2·h）；（1.9±0.1）g/(m^2·min)
18	银后粗肋草	*Aglaonema commulatum* cv.*Silvcr Queen*	天南星科	564μg/h；（0.30±0.12）mm/s
19	春雪芋	*Homalomena Schott*	天南星科	668μg/h
20	合果芋	*Syngonium podophyllum*	天南星科	341μg/h
21	春羽	*Philodenron selloum Koch*	天南星科	8656μg/d
22	绿帝王喜林芋	*Philodendron* cv.*Wendimbe*	天南星科	（0.33±0.05）mm/s
23	绿宝石喜林芋	*Philodendron domesticum*	天南星科	9889μg/d
24	心形喜林芋	*Philodendron oxycardium*	天南星科	8 480μg/d
25	白鹤芋	*Spathiphyllum kochii*	天南星科	939μg/h；16 167μg/d；（0.27±0.07）mm/s; 1.09 mg/（m^2·d）；0.4940mg/(m^2·h)
26	红掌	*Anthurium andraeanum*	天南星科	336μg/h；0.4617mg/（m^2·h）；（1.5±0.2））μg/（m^2·min）
27	金钱树	*Zamioculcas zamiifolia*	天南星科	（0.73±0.25）mm/s
28	龟背竹	*Monstera deliciosa*	天南星科	0.535 8mg/（m^2·h）
29	皱叶肾蕨	*Nehrolepis obliterata*	肾蕨科	1328μg/h
30	波士顿蕨	*Nephrolepis exaltata* cv.*`Bostoniensis*	骨碎补科	1863μg/h；（1.8±0.2）μg/（m^2·min）
31	常春藤	*Hedera helix*	五加科	1120μg/h; 9653μg/d;（0.48±0.09）mm/s；1.48mg/（m^2·d）；0.6456mg/（m^2·h）
32	散尾葵	*Chrysalidocarpus lutescens*	棕榈科	0.38 mg/（m^2·d）
33	袖珍椰子	*chamaedorea elegans*	棕榈科	660μg/h；0.5542mg/（m^2·h）
34	竹茎椰子	*Chamaedorea seifrizii*	棕榈科	76707μg/d
35	罗比亲王海枣	*Phoenix rebelenii*	棕榈科	1385μg/h
36	棕竹	*Rhapis excels*	棕榈科	876μg/h
37	淡叶竹	*Tradesceantiaj fluminensis*	棕榈科	0.2840mg/（m^2·h）
38	假提	*Cissus rhombifolia*	葡萄科	376μg/h
39	吊竹梅	*Zebrina pendula*	鸭跖草科	0.4017mg/（m^2·h）
40	橡皮树	*Ficus elastica*	桑科	692μg/h；0.6804mg/（m^2·h）
41	垂叶榕	*FIcus benjamina*	桑科	940μg/h；（2.2±0.1）μg/（m^2·min）
42	发财树	*Pachira macrocarpa*	木棉科	（0.37±0.06）mm/s；0.48 mg/（m^2·d）

续表

序号	中文名	学名	科名	净化甲醛的能力
43	单药花	*Aphelandra squarrosa*	爵床科	（0.31±0.06）mm/s
44	铁线蕨	*Adiantum capillus-vener is* Linn.	铁线蕨科	（0.32±0.01）mm/s；0.5170mg/(m^2・h)
45	鸟巢蕨	*Neottopteris nidus*	铁角蕨科	0.4350mg/（m^2・h）
46	山苏	*Asplenium antiquum*	铁角蕨科	（0.25±0.06）mm/s
47	瑞典常春藤	*Lsodon amethystoides*	唇形科	1.0300mg/（m^2・h）
48	一串红	*Salvia splendens*	唇形科	（4.5±0.5）μg/（m^2・min）
49	孔雀竹芋	*Marantaceae makoyana*	竹芋科	0.86mg/（m^2・d）；0.2158mg/（m^2・h）；（0.2±0.01）μg/（m^2・min）
50	波浪竹芋	*Calathearufibara*	竹芋科	0.4012mg/(m^2・h)
51	圆叶竹芋	*Calathea rotundifolia'Fasciata'*	竹芋科	（2.3±0.1）μg/（m^2・min）
52	蚊净香草	*Saivia* spp.	天竺葵科	0.6817mg/（m^2・h）
53	天竺葵	*Pelargonium hortorum*	天竺葵科	0.4969mg/（m^2・h）
54	波士顿蕨	*Nephrolepis exaltata 'Bostoniensis'*	肾蕨科	0.3145mg/（m^2・h）
55	菜豆树	*Radermachera sinica（Hance）* Hemsl	紫葳科	0.3111mg/（m^2・h）
56	鸭拓草	*Rhoeo spathacea*	鸭拓草科	0.6550mg/（m^2・h）
57	鹅掌柴	*Schefflera octophylla*	五加科	0.5154mg/（m^2・h）
58	大叶君子兰	*Clivia miniata*	石蒜科	0.2313mg/（m^2・h）
59	米兰	*Aglaia odorata*	楝科	（1.5±0.1）μg/（m^2・min）
60	燕子掌	*Crassula portulacea*	景天科	（2.3±0.4）μg/（m^2・min）
61	长寿花	*Kalanchoe blossfeldiana*	景天科	0.4792mg/（m^2・h）
62	南天竹	*Nandina domestica*	小檗科	（1.3±0.2）μg/（m^2・min）
63	皋月杜鹃	*Rhododendron indicum*	杜鹃花科	617μg/h
64	比利时杜鹃	*Rhododendron hybrida*	杜鹃花科	0.6117mg/（m^2・h）
65	菊花	*Chrysanthemum morifolium*	菊科	1450μg/h；0.7505mg/（m^2・h）
66	非洲菊	*Gerbera jamesonii*	菊科	（2.8±0.2）μg/（m^2・min）
67	瓜叶菊	*Pericallis 3010ybrid* B. Nord	菊科	0.7120mg/（m^2・h）
68	筒篙菊	*Argyranthemum futescens*	菊科	0.3054mg/（m^2・h）
69	小丽花	*Dahlia pinnata*	菊科	（3.1±0.5）μg/（m^2・min）
70	蝴蝶兰	*Phalaenopsis amabilis*	兰科	240μg/h；0.5274mg/（m^2・h）
71	石斛兰	*Dendrobium*	兰科	756μg/h
72	建兰	*Cymbidium ensifolium*	兰科	0.3695mg/（m^2・h）
73	仙客来	*cyclamen persicum*	报春花科	295μg/h
74	报春花	*Primula malacoides*	报春花科	0.2740mg/（m^2・h）
75	粉菠萝	*Aechmea fasciata* cv.*Variegata*	凤梨科	234μg/h

续表

序号	中文名	学名	科名	净化甲醛的能力
76	果子蔓	*VrieseaPoelmanii*	凤梨科	0.2450mg/（m^2·h）
77	香石竹	*Dianthus caryophyllus*	石竹科	1.0542mg/（m^2·h）
78	锦团石竹	*Dianthus chinensis* var.*heddewigii*	石竹科	（2.4±0.3）μg/（m^2·min）
79	口红花	*Aeschynanthus radicans*	苦苣苔科	0.2292mg/（m^2·h）
80	冷水花	*Pilea cadierei*	荨麻科	0.4950mg/（m^2·h）；（1.4±0.1）μg/（m^2·min）
81	栀子花	*Gardenia jasminoides* var. *grandiflora*	茜草科	0.3950mg/（m^2·h）；（1.3±0.1）μg/（m^2·min）
82	仙客来	*Cyclamen persicum*	紫金牛科	0.3331mg/（m^2·h）
83	一品红	*Euphorbia pulcherrima Willd*	大戟科	0.4429mg/（m^2·h）
84	丽格海棠	*Rieger Beginia*	秋海棠科	0.6243mg/（m^2·h）
85	四季秋海棠	*Bedding begonia*	秋海棠科	0.5005mg/（m^2·h）
86	八仙花	*Largeleaf Hydrangea*	虎耳草科	0.2492mg/（m^2·h）
87	金雀花	*Caragana sinica*	豆科	0.2303mg/（m^2·h）
88	月季	*Rosa chinensis*	蔷薇科	0.4302mg/（m^2·h）
89	新几内亚凤仙	*Impatiens New Guinea Hybrides*	凤仙花科	（3.0±0.30）μg/（m^2·min）
90	柠檬	*Citrus limon*	芸香科	0.5617mg/（m^2·h）
91	九里香	*Murraya paniculata*	芸香科	（2.5±0.4）μg/（m^2·min）
92	芦荟	*Aloe vera var. chinensis*	独尾草科	1555μg/d
93	库拉索芦荟	*aloe barbandensis*	独尾草科	188μg/h；0.5028mg/（m^2·h）
94	蟹爪兰	*Zygocactus truncatus*	仙人掌科	0.5663mg/（m^2·h）

资料来源：张淑娟和黄耀棠，2010

（三）本研究团队关于植物净化室内甲醛的研究（黄耀棠，2010；冯良机，2011；王棋，2012）

1. 供试植物

本研究团队实验所用的室内植物主要购于广州、顺德花卉市场以及中山大学的园林科三个地方。所选取的植物的生长状况良好，都为典型和常见的华南室内观赏性植物。供试植物一共有 19 科 38 属 53 种，大部分属于观叶植物，其中以天南星科（Araceae）、龙舌兰科（Agavaceae）、百合科（Liliaceae）、唇形科（Lamiaceae）及仙人掌科（Cactaceae）5 大科植物为主。

购买同种植物的时候，尽量选取大小、高度、叶片数量差不多、生长良好的植株。植物购买回来之后，先轻轻地将多余的泥土去掉，再放进大小一致的花盆，而且尽量使盆土体积基本相等。整个过程一定要小心处理，不能伤害植物的根部。经过上述处理后，将植物放进温室里面培养几天方可进行实验。

2. 高效净化甲醛植物的筛选

在关于植物净化室内空气甲醛研究中，通过 53 种常见的室内植物的甲醛沉降速率的初步测试发现，常春藤、橡皮树、波士顿蕨、秋海棠、皱叶薄荷、铁线蕨等植物净化甲醛的效果较好外，大部分室内植物的甲醛沉降速率小于 0.1mm/s，净化甲醛的能力较弱。在 19 科的植物中，大部分科的沉降速率都不高，甲醛沉降速率小于 0.1mm/s，桑科和肾蕨科的平均沉降速率最高，分别是 0.573mm/s 和 0.550mm/s。对第一步筛选出来的 6 种植物进行昼夜净化甲醛能力的测试，发现波士顿蕨和皱叶薄荷及铁线蕨主要通过叶面吸附的方式去除甲醛；而秋海棠和常春藤这两种植物不仅昼夜吸收甲醛的效果较强，而且主要是通过气孔方式吸收甲醛。植物图见彩图 9。

3. 室内植物的甲醛沉降速率的昼夜变化

由于晚上无光照的情况下，植物的气孔是闭合的，这时候植物去除甲醛的方式主要通过叶面的吸附作用。白天光照情况下，植物去除甲醛是通过植物表面吸附和气孔吸收两种方式同时进行的，因此显然在白天有光照的情况下，植物去除甲醛的能力是大于晚间无光照情况的。通过晚上无灯光处理下的沉降速率和白天的沉降速率相比较，可以判别植物是通过气孔吸收还是表面吸附去除甲醛的。

通过本研究团队实验可知，波士顿蕨、橡皮树、皱叶薄荷及铁线蕨的吸附甲醛的效果很强，但通过吸附方式去除甲醛很容易达到饱和点后，沉降速率可能会急速下降，无法达到持续长久吸收甲醛的效果。而通过气孔吸收的方式却可以持续长久的去除甲醛，不需要担心植物吸收甲醛失效的情况。所以在选择吸收甲醛的室内植物时，应该优先选择主要通过气孔吸收去除甲醛方式的植物。

4. 耐受性分析

在前面筛选实验的基础上，本研究团队利用动态熏蒸法，对植物净化甲醛能力变化的规律以及持续性、耐受性做出进一步探讨，同时探索影响植物净化甲醛的因素。

在进行连续动态熏蒸甲醛实验过程中，采用沉降速率作为净化甲醛能力的评价量，研究其 3 天内净化甲醛的规律及耐受性。并测量植物的光合特性指标，探索其与植物净化甲醛的联系。实验表明，高效净化甲醛的植物在动态熏蒸下均表现出一定的耐受性，且反应各不一样。

（四）选择观赏植物的原则

能够净化室内空气的常用的观赏植物几十种。但如何才能合理选择一些观赏植物，使它们合理的搭配在一起，以起到最大的吸收作用呢？

从环境学的角度提出了以下五个原则：

1）选用观赏植物时要注意根据室内污染物的具体情况，针对多种污染物摆放多种植物，不同植物间的搭配可以在美化居室的同时有效地吸收污染物质。

2）在居室中放置观赏植物的数量要根据居室面积的大小和植物的净化能力来决定，选择植物的时候尽量选择叶片较多较大的植物。

3）在居室中摆放观赏植物时必须要注意安全问题。不要选用有毒的植物，植物由于生理作用会释放出某些有毒的挥发性有机气体和液汁，如夹竹桃的叶、茎皮和伤口流出的汁液里含有强心类物质。尽量不要摆置可能引起过敏的植物，如有人会对月季的浓郁香味不适，产生胸闷或呼吸困难等症状。

4）选用易成活、管理方便和养护容易的植物，不要选用需特别专业养护知识的或特殊养护条件的植物，如吊兰、常春藤、芦荟等。

5）如果一旦达到或超过植物的生理极限，高浓度的污染物就会对它们造成伤害，甚至导致植物死亡。所以在使用植物进行空气净化室内空气时，要注意适时更新，以保持最佳净化效果（曹受金等，2009）。

第二节　室内空气净化技术的应用

将净化技术应用于室内污染控制，空调净化器和空气净化器、新风系统等一系列产品应运而生。

使用空调净化器、空气净化器和新风系统，是改善室内空气质量、创造健康舒适的办公室和住宅环境十分有效的方法，在冬季供暖、夏季使用空调期间效果更为显著。在居室、办公室等许多场所都可以使用它们，这也是较为节约能源的空气净化方法之一。

一、空调净化器

空调净化器，是指在一般的空调器上增加一些附加部件，使之能够在一定程度上具有改善室内空气质量的功能。这些附加功能包括换新风功能、空气过滤、杀菌消毒、湿度控制等。

1. 换新风功能

窗式空调器一般都会在室内蒸发器侧与室外冷凝器侧开有一个小窗口，靠送风吸入一定量的新风，其新风的质和量都无法保证。某些分体式空调器产品是通过风管向外排气，使室内形成负压，新风由门窗缝隙渗入，若室内无排风途径，新风则难送入室内。分体空调器的吸风型进风的风质虽较有保证，但是过滤网极易脏堵，如不及时清理，容易影响进风质量。

2. 空气过滤

通过结合各类空气净化技术，如静电吸附、活性炭吸附等，加速室内空气中污染气体凝聚并附着在吸附滤网上，提高气体净化效率。

静电吸附对空气中的颗粒物净化效果较高，但由于产生静电场需要高电压，存在安全隐患，且易形成臭氧等二次污染。目前，最常见是的利用活性炭与普通空调相结合，利用其高比表面积、高空隙率等孔隙结构，增强对空气中污染气体的吸附。但同时也存在吸附网容易堵塞而失效的缺陷，且易产生脱附效果。

3. 消毒杀菌

常见的抗菌材料有金属杀菌剂，如氧化锌、银离子、新型纳米材料、生物提取液等。将抗菌材料与空调器结合使用，具有抗菌除味、抗老化等功能。但由于抗菌材料一般只能对空调产生自净作用，因此，仅依靠抗菌材料净化室内空气污染物，作用并不明显。目前，已有相关研究利用溶菌酶、紫外光等其他手段，对空调器进行改进，在医疗领域已被证明有效。

二、空气净化器

空气净化器是指能够从空气中分离或去除一种或多种污染物的设备，以提高空气清洁度的电器。随着社会的发展需求，现代人对居室空气质量的要求不断提高。空气净化器的问世，无疑给人们带来了不少便利，不仅改善了室内空气质量，也有利于创造健康舒适的办公或生活环境。近几年来，空气净化器很红很火爆，但是也很乱很迷人眼。面对目前还未成熟的空气设备市场，不少以次充好、鱼目混珠的现象多不胜数，那么该如何正确判断和选购呢？提出了几点建议如下。

1. 是否满足具体的净化需求

在买空气净化器之前，首先自己要清楚，家里的空气问题是什么，需要解决什么问题。室内污染类型与室内环境使用功能、装修情况和室外环境质量等密切相关。例如，新装修居室一般以甲醛、苯系物等有机物为主，灰霾天气或室内有烹饪、吸烟等活动，则容易有颗粒物污染。购买时要留意净化器的功能分类，根据自己的需要选择适合的净化器。

2. 是否具有科学合理的净化原理

国际通行的空气净化原理有五种，物理式、静电式、化学式、负离子式和复合式。一般来说，同时使用多种净化方式的空气净化器，其净化效果会更佳。例如，灰尘、异味、花粉等大颗粒物质，可以通过物理净化方式来过滤；而过敏物质、病毒、甲醛等有害物质，则需要化学净化方式来净化。当然，某种净化原理对某些污染有净化作用时，也要弄清楚是否存在二次污染的问题。

3. 是否有标识技术参数

国家标准化管理委员会于 2015 年 9 月批准发布新修订的《空气净化器》国家标准，明确了评价空气净化器的基本技术指标与空气净化器产品的标志和标注。新标准明确了空气净化器的基本技术指标是“洁净空气量”（简称 CADR 值）和“累计净化量”（简称 CCM 值），即空气净化器产品的“净化能力”和“净化能力的持续性”。

洁净空气量（CADR）这个参数决定了空气净化器单位时间内能提供多少净化过的

空气。另外，累积净化量（CCM）则表示空气净化器的洁净空气量衰减至初始值 50%时，累积净化处理的目标污染物总质量，以毫克（mg）为单位。一般 CADR 值越高，说明净化效率越快；CCM 值越高，意味着滤芯在寿命内净化的污染物越多。两者都是判断一台净化器好坏的关键。

此外，要留意其臭氧安全指标值，国家《室内空气质量标准》指出，室内臭氧浓度不应超过 0.16mg/m^3。而空气净化器的抗细菌材料的抗菌率应大于或等于 90%，抗霉菌材料的防霉等级，应为 1 级或 0 级。

4. 是否获得权威机构认证

购买时一定要关注产品是否有符合国家质量、环保要求等相关证书，如果检测报告上有计量认证标识 CMA、国家监督检查标识 CAI、国家实验室认可标识 CNAS，说明这份报告比较可靠。

空气净化器比较适合在室外空气污染严重或室内环境污染的情况下使用，若室外空气质量很好，便没有必要长时间开启净化器，应当以通风为最佳选择。且使用时尽量不要靠近墙壁，最好放置在离开墙壁 1m 以上的距离。同时，由于空气净化器周围是有害气体的聚集区域，一般不要离人体太近。

对于过滤型空气净化器，应注意维护保养，及时更换过滤网，否则会影响净化效果，减少使用寿命；对于静电式空气净化器，由于净化器内部带有上千伏特以上的高压，因此，购买时一定要查看产品的认证证书或国家家用电器质量监督检验中心出具的合格检验报告，以免因产品不合格而导致危险；而负离子型空气净化器，同样要注意净化器产生的臭氧浓度，产品检验报告要合格，使用过程中，若闻到较为刺鼻的味道，应当谨慎使用；同样，紫外线型空气净化器使用时要注意紫外光泄露，若灯光裸露，容易对人体皮肤、眼睛等造成伤害。

假如你目前已经拥有了一台或数台空气净化器，这不意味着就能省略开窗通风的那个环节。通风手段仍是目前空气净化中最直接有效的处理方式。对新装修房子、新木制家具等，建议首选通风换气改善空气质量。我们生活在整个大气环境中，不可能完全脱离大气来营造局部的小环境，这样既不实际，也不环保。

三、智能新风系统

智能新风系统是现今市面上较新型的产品，市场上主要包括有管道和无管道两种通风系统。智能新风系统是根据机械通风和自然通风的原理设计的，通过通风的作用，将室外清洁的空气带进室内，同时让室内空气的污染物带出房间外去。随着通风系统的发展，该类产品的设计功能越来越强大，在原有通风的基础上加入了隔音、除尘、防霾防止热量散失以及实时监控等的功能。

针对目前室内环境污染水平居高不下的实际情况，市面上已有部分产品的设计思路从建筑设计角度出发，作为一种与建筑同寿命的硬件，从建筑的生命周期内解决室内环境污染问题，同时具备智能控制的方式，如本研究团队针对灰霾发明的智能新风系统（专利号 CN20120009217. X）。该类设计思路一般由室内空气质量智能监控器、排气扇和新风口三部分组成。室内空气质量智能监控器装配有电子感应器，对室内空气中的污染物（包括甲醛、二氧化碳、一氧化碳等）实时监测；当检测出污染物浓度达到设定的行动水平时，换气设备即自动启动，注入干净空气，使污染物浓度逐渐降低，直至污染物浓度达到设定的待机水平时，停止换气，由此确保室内空气处于较好的水平，并有效地节约能源；室内空气质量智能监控器有些还配备调速和自动循环定时功能。

思 考 题

1. 谈谈室内空气污染净化的重要性？
2. 室内空气净化技术有哪些？
3. 怎样选择净化室内空气污染的吸附材料？这些材料具有哪些优点？
4. 吸附等温线有哪几种？
5. 谈谈选择观赏植物的原则？
6. 目前室内空气净化技术应用于哪些产品？它们的工作原理是什么？

参 考 文 献

蔡健, 胡将军, 张雁. 2004. 改性活性炭纤维对甲醛吸附性能的研究. 环境科学与技术, 27(3): 16~19

曹青, 吕永康, 鲍卫仁, 等. 2005. 玉米芯制备高比表面积活性炭的研究. 林产化学与工业, (1): 66~68

曹受金, 潘百红, 田英翠, 等. 2009. 6 种观赏植物吸收甲醛能力比较研究. 生态环境学报, 18(5): 1798~1801

陈金花, 卢军. 2007. 室内空气污染治理的研究进展. 重庆建筑大学学报, 29(6): 108~112

陈群玉. 2008. 室内甲醛污染的来源及控制技术. 资源与人居环境, (6): 59~61

冯良机. 2011. 动态熏蒸下室内植物净化甲醛之持续性及影响因素研究. 中山大学硕士学位论文

胡海红, 戴修道, 李莉, 等. 1996. 室内绿化净化功能的研究. 上海建设科技, (6): 37~38

胡刘开, 莫开林, 杨凌, 等. 2007. 活性炭对甲醛吸附的研究. 四川林业科技, 28(4): 52~54

黄耀棠. 2010. 高效净化甲醛的室内植物筛选及其净化动力学特性研究. 中山大学硕士学位论文

江浩芝. 2014. 林业废料松塔吸附室内甲醛效果评测. 中山大学硕士学位论文

近藤精一, 石川达雄, 安部郁夫. 2006. 吸附科学. 北京: 化学工业出版社

廖益强, 唐兴平, 林金春, 等. 2001. 木竹屑炭化制脱臭剂的试验研究. 福建林业科技, 28(4): 49~51

潘文毅. 1989. 关于茶叶吸附理论的探讨. 茶业通报, (4): 27~28

沈曾民, 张文辉, 张学军. 2008. 活性炭材料的制备和应用. 北京: 化学工业出版社

孙剑平, 王国庆, 崔淑霞. 2006. 改性沸石分子筛对甲醛气体吸附性能的初步研究. 黑龙江医药, 19(2): 101~103

孙淑冰. 2012. 壳类农业废料及其热处理产品吸附室内甲醛效果的研究. 中山大学硕士学位论文

汤进华, 龙东辉, 刘小军, 等. 2007. 活性炭孔结构和表面官能团对吸附甲醛性能影响. 炭素技术, 26(3): 21~25

王国庆, 孙剑平, 吴锋, 等. 2006. 沸石分子筛对甲醛气体吸附性能的研究. 北京理工大学学报, 26(7): 643~646

王棋. 2012. 室内景天酸代谢植物净化甲醛性能的研究. 中山大学硕士学位论文

王淑勤, 樊学娟. 2006. 改性活性炭治理室内空气中甲醛的实验研究. 环境科学与技术, 29(8): 39~40

王玉红. 2009. 甲醛吸附剂膨润土的再生技术研究. 南京林业大学硕士学位论文

吴忠标, 赵伟荣. 2006. 室内空气污染及净化技术. 北京: 化学工业出版社

徐荣, 王珊, 梅凯. 2007. 低温等离子体催化降解甲醛的实验研究. 高电压技术, 33(2): 178~181

薛文平, 孙辉, 姜莉莉, 等. 2007. VOCs 在活性炭纤维上吸附性能的研究. 大连轻工业学院学报, 26(2): 152~155

杨学昌, 周飞, 高得力. 2007. 等离子体放电催化降解甲醛的试验研究. 高电压技术, 33(6): 30~36

余纯丽, 任建敏, 傅敏, 等. 2008. 活性炭纤维的改性及其微孔结构. 环境科学学报, 28(4): 714~719

张淑娟, 黄耀棠. 2010. 利用植物净化室内甲醛污染的研究进展. 生态环境学报, 19(12): 3006~3013

张增凤, 丁慧贤. 2004. 低温等离子体-催化脱除室内 VOC 中的甲醛. 黑龙江科技学院学报, 14(1): 15~24

Boonamnuayvitaya V, Sae-ung S, Tanthapanichakoon W. 2005. Preparation of activated carbons from coffee residue for the adsorption of formaldehyde. Separation and Purification Technology, 42(2): 159~168

Cornejo J J, Munoz F G, Ma C Y et al. 1999. Studies on the Decontamination of Air by Plants. Ecotoxicology, Springer

Kumagai S, Sasaki K, Shimizu Y, et al. 2008. Formaldehyde and acetaldehyde adsorption properties of heat-treated rice husks. Separation and Purification Technology, 61(3): 398~403

Li J, Li Z, Liu B. 2008. Effect of relative humidity on adsorption of formaldehyde on modified activated carbons. Chinese Journal of Chemical Engineering, 16(6): 871~875

Liu H M, Lian Z W, Ye X J, et al. 2005. Kinetic analysis of photocatalytic oxidation of gas-phase formaldehyde over titanium dioxide. Chemoshpere, 60(5): 630~635

Morrissey F A, Grismer M E. 1999. Kinetics of volatile organic compound sorption/desorption on clay minerals. Journal of Contaminant Hydrology. 1999;36(3-4): 291~312

O'dell R A, Taheri M, Kabel R L. 1977. A model for the uptake of pollutants by vegetation. Air Pollution Control Association, 27: 1104

Rong H Q, Ryu Z Y, Zheng J T, et al. 2002. Effect of air oxidation of rayon-based activated carbon fibers on the adsorption behavior for formaldehyde. Carbon, 40(13): 2291~2300

Tanada S, Kawasaki N, Nakamura T. 1999. Removal of formaldehyde by activated carbons containing amino groups. Journal of Colloid and Interface Science, 214(1): 106~108

Wolverton B C, Johnson A, Bounds K. 1989. Interior landscape plants for indoor air pollution abatement. NASA, Stennis Space Center

Wolverton B C, McDonald R C, E A Watkins. 1984. Foliage plants for removing indoor air pollutants from energy-efficient homes. Economic Botany

Wolverton B C, McDonald R C, H H Mesick. 1985. Foliage plants for indoor removal of the primary combustion gases carbon monoxide and nitrogen dioxide. Journal of the Mississippi Academy of Sciences (USA)

Wolverton B C, Wolverton J D. 1993. Plants and Soil Microorganisms: Removal of Formaldehyde, Xylene, and Ammonia from the indoor environment Journal of the Mississippi Academy of Sciences

第十一章　室内空气污染典型案例

第一节　广东省中心城市群首次室内空气质量调查

一、调查背景

2005 年 8 月~12 月，由环境杂志社牵头，联合广东省相关权威机构及部门、专家、学者，在全省有关单位的大力配合下，在社会各界的广泛支持和参与下，本研究团队在广东全省范围内开展了一次大规模的公益调查活动，即广东省首次室内空气质量调查。

本次调查活动历时 3 个多月，采用了大规模、大范围、大样本量的方式，采取调查检测与宣传引导相结合，在全省范围内（重点珠江三角洲地区）征集抽检 427 家室内单元以及影响室内空气质量的材料及品牌进行调查检测。调查活动按程序分启动、征集检测样本、专题论坛、调查检测及治理、结果公布五个主要阶段。

活动于 8 月中旬正式启动后，活动组委会在广东省范围内（重点是珠江三角洲地区）征集检测样本。活动组委会办公室还特别开通了 6 条热线电话和专用电子邮箱，配备专门的人员接听和接收市民的来电和来函，以便市民反映和投诉自家或单位室内空气现状及相关问题，并做了详细的记录和归档管理。

据活动组委会办公室不完全统计，在整个活动中，活动组委会办公室共接到各类咨询、申请检测和投诉反映情况的电话超过 2000 个。这些电话不仅有来自珠江三角洲经济发达地区，还有来自广东北部和西部等偏远山区以及部分经济欠发达地区。按照原定计划，抽检范围是 100 家室内单元，由于社会反响热烈，报名人数不断增加，活动组委会在原定 100 个免费检测名额的基础上，适度增添了参加免费检测的样本数量。

经活动组委会初步筛选之后，共有 427 个住户或单元符合室内空气质量免费检测条件。9 月中旬，正式开始对室内空气检测样本单元进行免费检测。

本次调研活动的研究成果汇总如下（张淑娟等，2011）。

二、监测方法及设备

（一）样品采集

根据现场实际情况，选择有代表性的房间（面积＜50 m^2）布点采样，采样前关闭门窗等通风设施 12h。在房间对角线的交叉点处布 1 个采样点，采样高度为 1.5m，采样时避开通风口。一般每个采样点至少采集 2 个平行样。

采样点以居室为主，共采集居室空气样本 711 件，其中卧室 443 件，书房 72 件，客厅 126 件，厨房 70 件。

样品测定的方法、监测时长及室内环境（温度、湿度、风速）均满足《HJ /T 167—2004 室内环境空气质量监测技术规范》要求。

（二）监测方法

（1）苯、甲苯、二甲苯的测定按《室内空气质量标准》（GB /T18883—2002）附录B 进行检测；

（2）TVOC 的测定按《室内空气质量标准》（GB /T18883—2002）附录C 进行检测；

（3）甲醛的测定按《空气质量甲醛的测定》（GB /T15516—1995）进行检测；

（4）氡浓度的测定按《环境空气中氡的标准测量方法》（GB /T14582—1993）附录C 进行检测；

（5）氨的测定按《空气质量氨的测定》（GB /Tl4679—93）进行检测。

（三）采样及监测数据的质量保证

在进行现场采样时，一批应至少留有 2 个采样管不采样，并同其他样品管一样对待，作为采样过程中的现场空白，采样结束后和其他吸收管一并送交实验室。样品分析时测定现场空白值，并与标准曲线的零浓度值进行比较。若空白检验超过控制范围，则这批样品作废。

每批采样中平行样数量不得低于 10%。每次平行采样，测定值之差与平均值比较的相对偏差不得超过 20%。所有仪器在测定前均进行校准以及化学分析方法验证。

三、结果分析

（一）总体结果

此次调查总共采集室内空气中甲醛 762 件，苯 269 件，甲苯、二甲苯各 146 件，乙苯 143 件，TVOC 273 件，氡 348 件，氨 223 件，超标率分别为甲醛 43.83%，苯 3.35%，甲苯 31.51%，二甲苯 19.18%，TVOC43.59%，氡 0.57%，氨 0.00%。甲醛平均浓度 0.15mg /m^3，甲苯平均值为 0.23mg /m^3，TVOC 平均值为 0.77mg /m^3，均超过国家标准值；甲醛最高值 1.88mg /m^3，超标 17. 8 倍；甲苯最高值 2.51mg /m^3，超标约 11.5 倍；二甲苯最高值 1.08mg /m^3，超标 4.4 倍；TVOC 最高值 6.03mg /m^3，超标约 9 倍。

表 11-1　室内空气污染物测定结果分析

污染物	样品数	超标数	超标率/%	均值	最高值	国家标准值①
甲醛（mg/m^3）	762	334	43.83	0.15	1.88	≤0.10
苯（mg/m^3）	269	9	3.35	0.032	0.91	≤0.11
甲苯（mg/m^3）	146	46	31.51	0.23	2.51	≤0. 20
乙苯（mg/m^3）	143	-	-	0.07	0.75	-
二甲苯（mg/m^3）	146	28	19.18	0.13	1.08	≤0. 20
TVOC（mg/m^3）	273	119	43.59	0.77	6.03	≤0.60
氡（Bq/m^3）	348	2	0.57	74.38	430.7	≤400
氨（mg/m^3）	223	0	0	0.10	0.20	≤0.20

①统一采用室内空气质量国家标准 GB/T18883-2002。

（二）居室不同功能区空气中甲醛浓度比较

本次调查主要以居室室内空气污染为主，居室内各区空气中甲醛浓度的监测结果及分析如表 11-2 所示。

表 11-2　居室不同功能区空气中甲醛浓度的比较分析

居室功能区	样品数/件	超标数/件	超标率/%	平均值/（mg/m^3）	最大值/（mg/m^3）
卧室	443	193	43.75	0.14	1.21
书房	72	47	65.28	0.21	1.40
客厅	126	47	37.30	0.14	1.33
厨房	70	36	51.43	0.19	1.88

从表 11-2 可以看出，居室中各功能区甲醛的平均值都超过了国家标准值 0.1 mg/m^3，其中书房超标率最高，达到了 65.28%，平均值也最高，达到了 0.21 mg/m^3，这可能是因为书房空间小、使用各种板材、胶黏剂、油漆多，通风较少导致；而客厅因与厨房相连，空间比较大，通风的时间也相对较长，因此其超标率（37. 30%）为最低。

（三）结论

由本次调查可以看到，广东省（深圳、广州、佛山、东莞）室内空气污染尤以甲醛、TVOC 等有机污染为主，且 TVOC 污染组成复杂，具有如下特征：

1）以有机物污染为主。在所监测的 5 类污染物中，甲醛、苯系物、TVOC、氡均有超标现象，其中以甲醛和 TVOC 的超标最严重，超标率分别达到 43.83%、43.59%；氡超标率仅 0.57%，本次采集的样本中氨的超标率更是为 0。可见，甲醛、苯系物、TVOC 是首要的室内空气污染物。

2）TVOC 污染较为严重，组成比较复杂。此次采集的 273 件样本中，TVOC 的超标率达到了 43.59%。在 119 件 TVOC 超标的样本中，有 70 份也同时检测了苯、甲苯、乙苯、二甲苯。在这 70 件样本中，甲苯超标的有 35 份，二甲苯超标的有 22 份，甲苯与二甲苯同时超标的有 19 份。因此，可以看出，除了苯系物之外，还有其他不明成分挥发性有机物对 TVOC 的污染有贡献。这反映了室内空气中挥发性有机物成分较为复杂的特征。

第二节　广州中心城区办公环境健康调研

健康办公环境作为生态宜居环境的重要组成部分，不仅能够带给员工舒适愉悦、提高工作效率，还能促进企业的发展，最终推动社会的进步。因此，开展城市办公环境健康调研活动有着重要的环保、经济与社会意义。中山大学室内环境污染防治研究中心作为广州中心城区办公环境健康调研活动的技术指导单位，为调研活动提供全程的技术支持。

调研活动于2014年6月5日启动，主要围绕“绿色办公，悦享健康”主题，利用网络调查、街头拦访、现场调查实测与专家意见调查等方式，共完成近4000份调查问卷的统计分析、20多家企业的现场访谈与检测结果分析、40多名不同行业专家意见的调查与分析，在此基础上客观、科学的评价广州市中心城区办公环境现状，剖析目前存在的问题及其产生的原因，并从政府、开发商、企业管理者、员工等四个方面提出对策与措施，编制完成了《城市办公环境健康调研报告》。

下面将综合本次调研活动的问卷调查、深度访谈、现场检测与专家意见调查结果进行详细分析。

一、调研内容与方法

（一）问卷调查

本问卷从现状评价、主观感受、使用需求等三个层面设计问题，着重了解被调查者对办公环境健康情况的关注度以及对现处办公环境内各要素的满意度。其中，办公环境的各要素包括了办公环境的温度、通风情况、空气质量、噪声、景观绿化、采光照明、电磁辐射、候梯时间以及健康配套等。

数据采集主要通过两种方式进行，第一种是现场采集，第二种是网络采集，人们可通过扫二维码的方式或者在微信服务号上完成调查问卷，也可以通过网上链接直接进行问卷的填写。

（二）深度访谈

在大范围的问卷调查基础上，深度访谈更有针对性、深入性，从多个层面，客观、科学地评价办公环境质量与环境需求。访谈以现场互动、开放式提问的方式，获取有关办公室环境健康的有关信息。调研从了解办公环境的客观现状、办公室人员的主观感受与环境需求三个层面设计访谈内容。

（三）现场调查与检测

选择目前办公建筑中较为常见的几种污染物作为实测项目，主要包括甲醛、挥发性有机物（TVOC）、颗粒物、臭氧、二氧化碳、氡和噪声等。

调查与检测方法参照《室内空气质量标准》（GB/T 18883—2002）、《民用建筑工程室内环境污染控制规范》（GB50325—2010）、《绿色建筑评价标准（GB/T50378—2006）》、《广东省绿色建筑评价标准（DBJ/T 15-8—2011）》、《声环境质量标准》（GB3096—2008）等国家与地方标准进行。

（四）专家意见调查

在完成问卷调查与深度访谈结果初步分析的基础上，开展专家意见调查工作。采用调查问卷方式，对相关行业的43位名来自高等院校、科研机构、医院、政府部门的专家进行了意见调查，调查内容包括对健康办公环境内涵的理解、不健康办公环境的危害、目前存在的问题与改善对策。各位专家针对广州市中心区域办公环境健康现状以及改善方法提出了极具价值的看法、意见与建议。

二、问卷调查结果

（一）问卷设计及数据采集分析方法

本问卷设计遵循目的性、逻辑性、通俗性原则，参考国外类似主客观调查方法，从现状评价、主观感受、使用需求等三个层面设计了事实、看法、感受、理由等多组问题，着重了解被调查者对办公环境健康情况的关注度以及对现处办公环境内各要素的满意度。其中，办公环境的各要素包括了办公环境的温度、通风情况、空气质量、噪声、景观绿化、采光照明、电磁辐射、候梯时间以及健康配套等。

数据采集主要通过两种方式进行，第一种是现场采集，安排人员在广州市中心写字楼集中的地方进行现场随机调研，问卷填写过程基本上由被调查者独自完成。第二种是网络采集，人们可通过扫二维码的方式或者在微信服务号上完成调查问卷，也可以通过网上链接直接进行问卷的填写。问卷调查从 2014 年 6 月 5 日开始至 2014 年 7 月 5 日，调查截止后，共回收有效问卷 3623 份。

（二）调查结果分析

1. 基本信息

本次调查，受访者以对室内环境变化较为敏感的女性为主，占被调查人数的 72.1%（图 11-1），21~40 岁的人占被调查人数的 90.41%（图 11-2），其中大部分为工作在甲级写字楼里不拥有独立办公室的普通员工与基本管理人员（图 11-3）。所以，本次调查对象较能代表调查区域广大都市白领人群，所反馈的信息能够地较好的反映广州市中心商圈办公环境现状（图 11-4）。

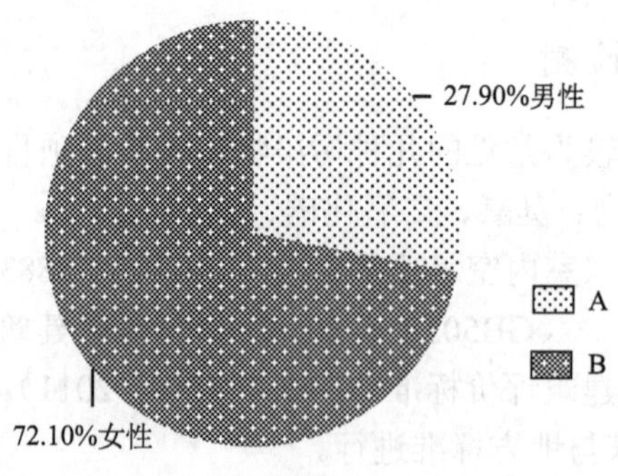

图 11-1　被调查者的男女比例

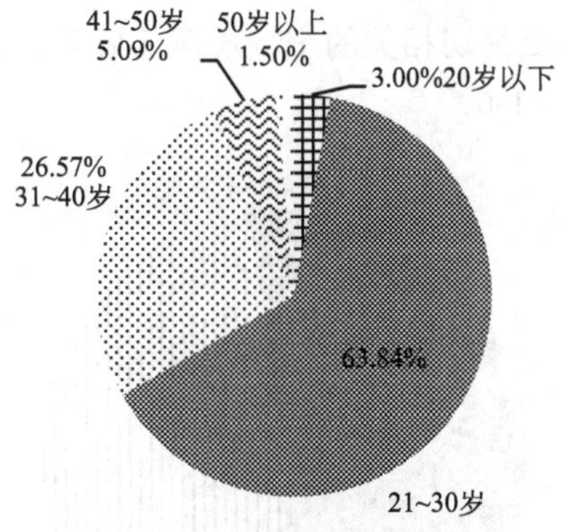

图 11-2　被调查者的年龄分布

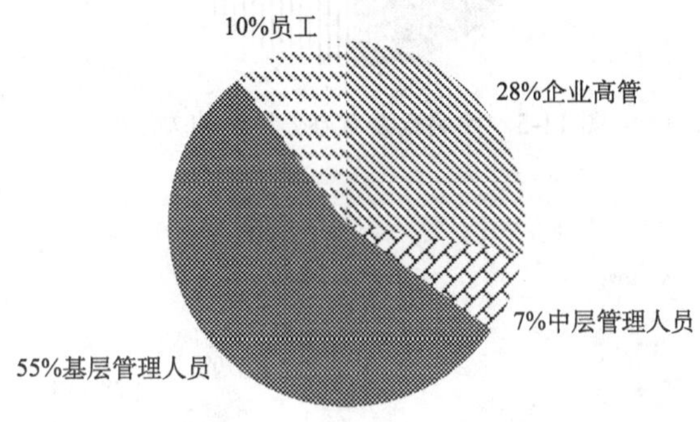

图 11-3　被调查人员职位分布

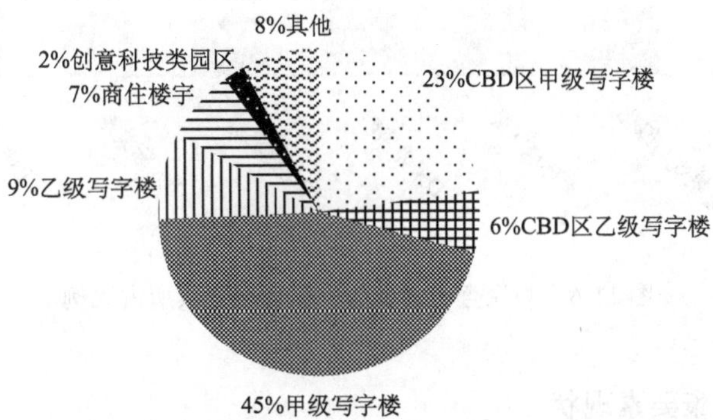

图 11-4　被调查人员所处的办公室所在楼宇类别

2. 对办公环境的关注度

有 97.7%的被调查者对自己的工作环境的健康情况表示关心，其中关注办公环境空气质量的有 77.8%、关注办公景观和绿化的有 62.4%、关注采光照明、电磁辐射分别有 46.1%与 43.7%（图 11-5）。这表明，办公环境作为仅次于居室环境的第二大生活环境，其健康情况已受到了大多都市人群的关注，健康工作环境的意识在广州中心商圈已逐渐普及与加强，被调查对象表现了对改善办公环境的需求与愿望。而在健康办公环境众多影响因素中，与人体主观感受密切相关的空气质量的好坏、景观绿化的程度，成为了被调查者关注的核心问题（图 11-6）。

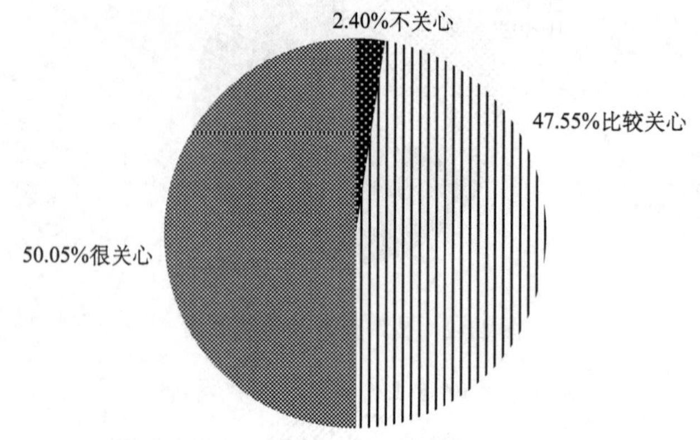

图 11-5　被调查者对办公环境的关注度

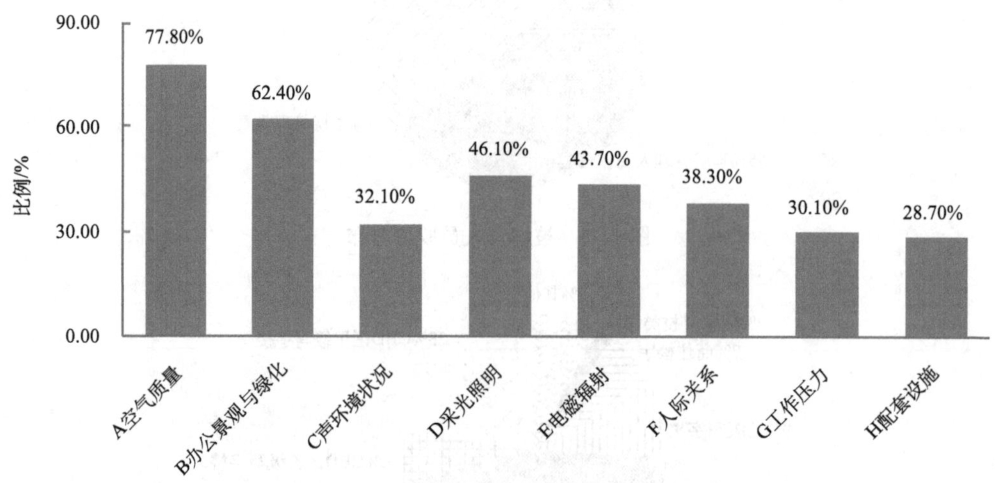

图 11-6　被调查者关心的办公环境要素所占比例

3. 办公环境健康要素现状

（1）办公时间长

58%的被调查者在该办公环境工作 1 年以上，对所处办公环境感受较为深刻。有 57.5%的被调查者每周需要进行加班（图 11-7），加班时间主要在 1~2h（图 11-8）。说明了与国内一线城市一样，广州中心商圈的白领工作压力普遍较大，员工经常需要牺牲大量的个人休息时间来加班工作。高强度的工作压力，可能会导致员工身体抵抗力下降，出现疲倦、头晕、嗜睡等症状。而也正因为在办公室时间所处时间更长，办公环境质量对员工身心健康影响也更大。

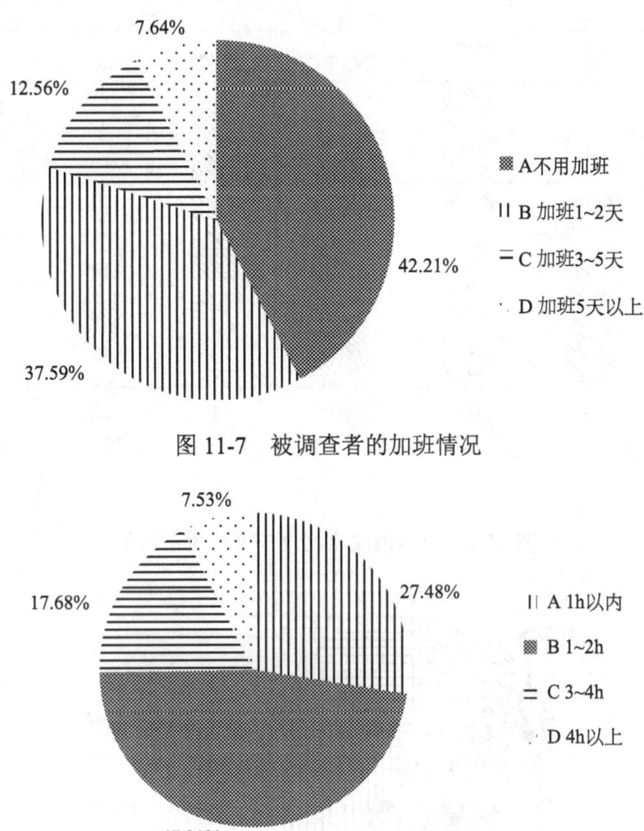

图 11-7　被调查者的加班情况

图 11-8　被调查者的加班时长

（2）室内温度、湿度不适宜

近一半的被调查者（45.5%）认为室内温度不适宜，其中 29.1%的被调查者觉得温度有点冷，28.2%的被调查者认为办公环境内冷热不均；而湿度也有类似情况，25.1%的被调查者觉得室内干燥，皮肤不适（图 11-9）。办公环境温湿与空调系统性能、控制参数、通风口位置密切相关，同时也受办公室内布局、室外环境因素等影响。研究表明，环境温度、环境湿度、空气新鲜程度三项指标是影响办公环境不良建筑综合征（sick building syndrome，SBS）人群的主要因素，应采取及时、适当的方法改善办公温湿环境。

（3）空气质量一般

近一半调查对象觉得空气质量一般，此外逾一成半调查对象对办公环境空气质量表达不满，现状令人堪忧（图 11-10）。室内空气质量作为办公室健康评价的主要评价指标，其好坏直接影响着办公室人员的身体健康。研究表明，办公环境中的甲醛、挥发性有机化合物（TVOC）等化学污染物可能增加鼻咽癌、肺癌的发病率，对神经系统、心血管系统造成一定损害。而导致空气不良空气质量的原因，57.5%的被调查者认为这是办公环境通风能力不足造成的。作为最直接有效的改善空气质量的方法，适当的通风换气可以排除与稀释室内空气污染物的浓度，有效地提高空气质量。

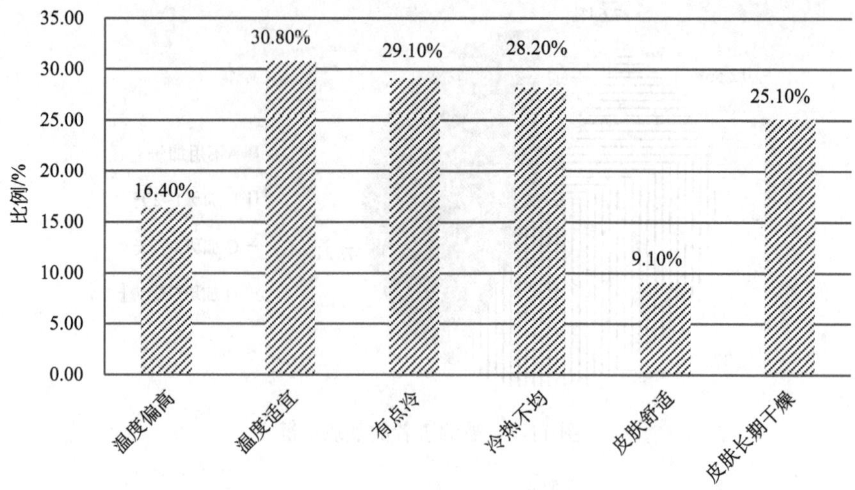

图 11-9　对室内温度湿度的评价所占比例

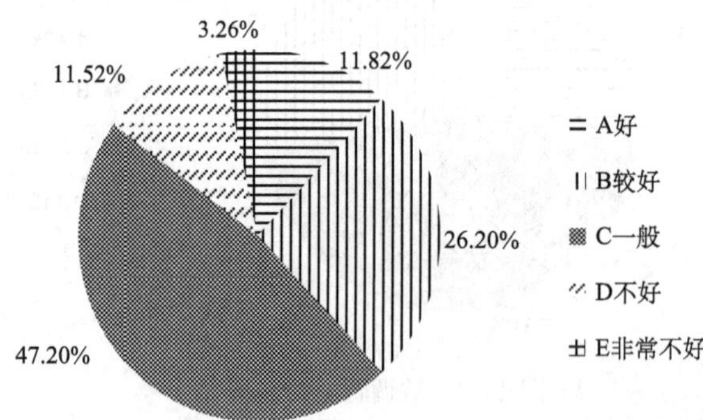

图 11-10　被调查者对空气质量的评价

（4）照明情况相对较好

68.5%的被调查者认为办公室的照明情况良好（图 11-11）。这与光照、照明等为办公环境的环境显性影响因素，对工作效率影响大，历来受到企业重视有关。

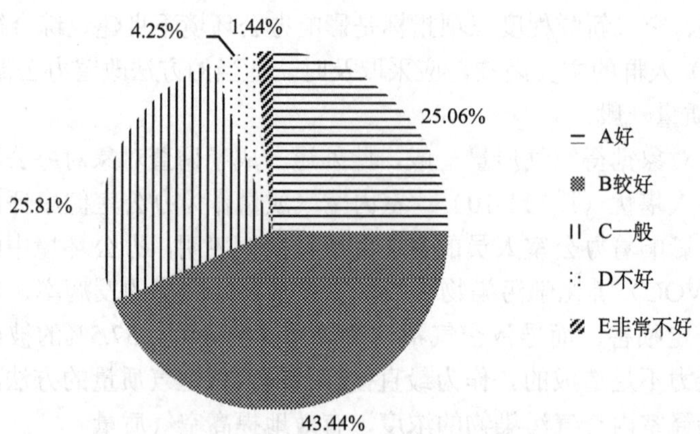

图 11-11　被调查者对采光照明的评价

（5）缺乏绿化景观

本次调研中，37.43%的被调查者表示对自己所处办公环境的景观绿化表示满意。逾50%的被调查者表示其所处办公环境可见绿色植物，但并未表示满意绿化情况；11.75%的被调查者对办公室绿化景观表示不满意（图 11-12）。调查结果显示广州市办公环境绿化景观现状不尽如人意。

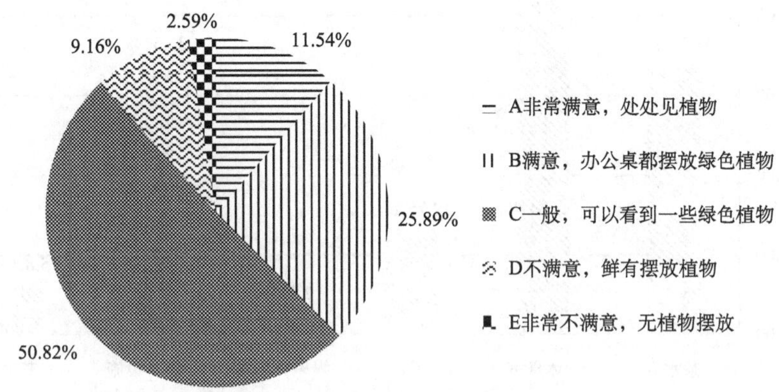

图 11-12　被调查者对景观绿化的评价

（6）电子辐射来源广

办公环境内的电子辐射源主要有计算机、手机、复印机/扫描仪（图 11-13），对办公室人员身体健康构成潜在威胁，影响人体的循环系统、免疫、生殖和代谢功能，严重的还会诱发癌症、并会加速人体的癌细胞增殖。避免辐射危害重在加强防护。

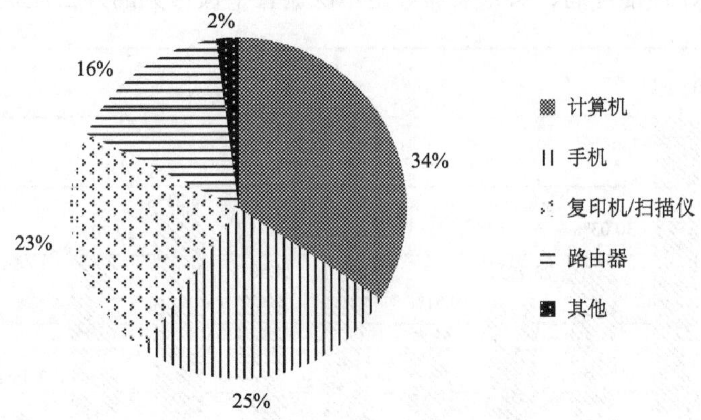

图 11-13　被调查者认为的电磁辐射来源

（7）健康配套设施不足

65.97%的被调查者对办公环境的健康配套设施有所了解。可以看出在受调查者所处的办公环境中，茶水间、休息室和健身设施较为普及，而娱乐休闲区和饭堂等相对较少，仅 2.21%和 12.75%的受访者分别表示其所在办公环境具有这些设施（图 11-14）。调查结果一方面反映出人们对工作之余的适当休闲和放松的渴望与追求；另一方面也说明目前广州市大多数办公环境的健康配套设施不足，与都市白领的实际需求存在差距。

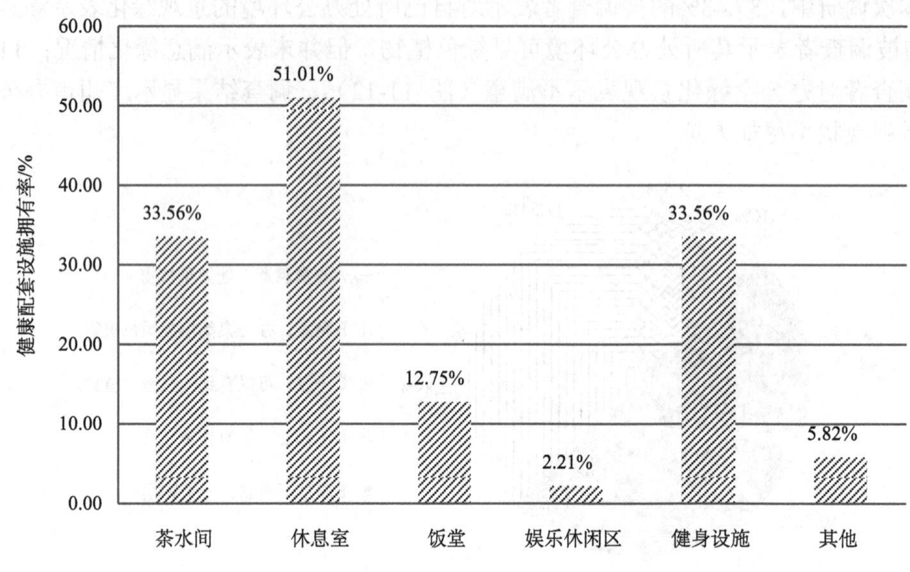

图 11-14　办公环境内健康配套设施情况

4. 办公室病症普遍存在

在现处的办公环境里，被调查者或多或少出现了常见的办公室病症，其中，出现困倦、嗜睡症状的高达 50.59%；出现颈椎疼症状的达到 36.21%；出现头晕头痛症状的也有 30.03%。可见，困倦嗜睡、颈椎疼痛、头晕头痛等是本次调查中最常见的办公症状（图 11-15）。

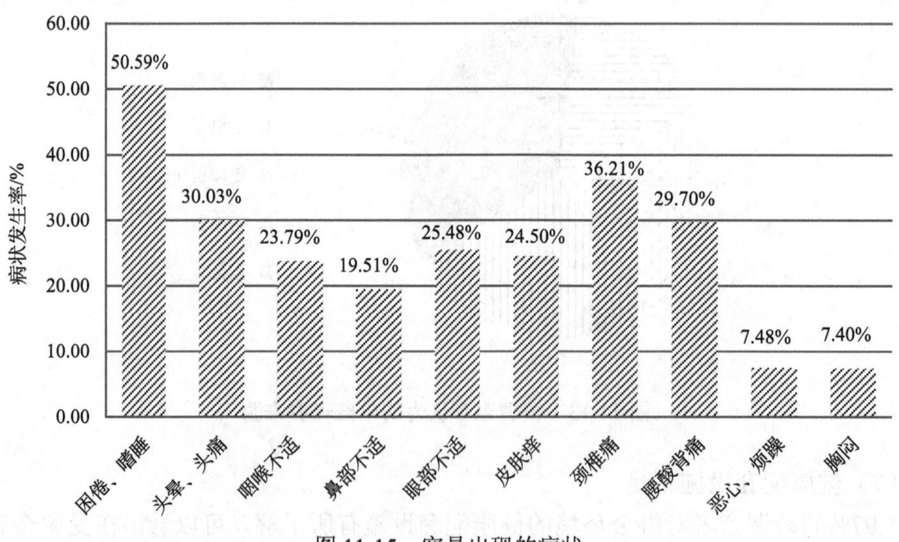

图 11-15　容易出现的病状

目前，SBS 已成为我们面临的最普遍的室内公共卫生难题之一，国内外就此开展了较多的流行病学调查及发表了相当量的研究文献。目前 WHO 与美国环境保护总署（EPA）

对 SBS 的最新释义为：SBS 是指一类在某些建筑物室内的工作人员新发生的不明原因的非特异性症状或不适感，而这类症状可以随着人们在这些建筑物中逗留时间的延长而加重，也会因离开这些建筑物而得到改善或消失。

室内空气污染是 SBS 的主要病因。目前一种比较流行的病因学说认为，SBS 是由若干挥发性有机化合物的共同毒性作用而引起的，其依据是病人的症状与这些挥发性化合物在高浓度时的神经毒性和炎症反应相符合。受到关注的还有一些在低浓度时就能引起神经系统反应的化学毒素，以及固体微粒等物理因素。最近人们又注意到生物污染和空气传播内毒素作为病因可能性。但是，由于缺乏确定且单一的病因依据，SBS 被视为由多种因素引起的，而且其中有的致病因子间也会产生交互作用，如室内湿度升高有利于微生物的生长，而微生物的增多又导致挥发性有机复合物浓度的增高等。

5. 办公环境与工作效率和身体健康的关系

68.04%的被调查者认为身处良好的办公环境有助于提高工作效率，85.49%的被调查者认为良好的办公环境和保持身体健康之间有很大关系。研究表明，工作环境的好坏对人的工作效率（图 11-16）、身体健康（图 11-17）都有着很大的影响，嘈杂的环境容易使人分心，闷热的环境容易使人烦躁，而良好的工作环境则会让人事半功倍。可见，办公环境不仅影响着人们的身体健康，使得工作效率下降，且能造成经济损失。

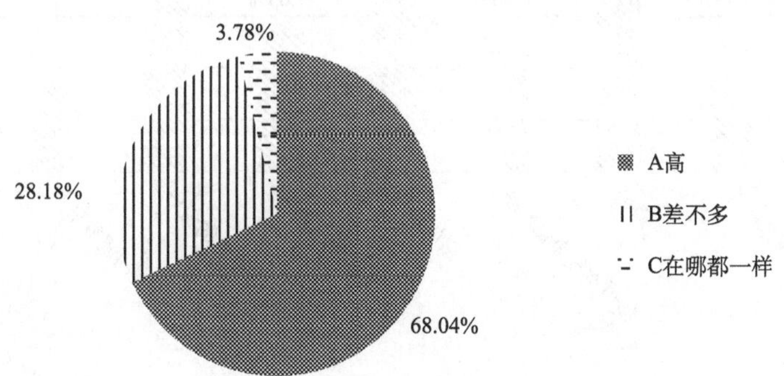

图 11-16　办公环境与工作效率的关系

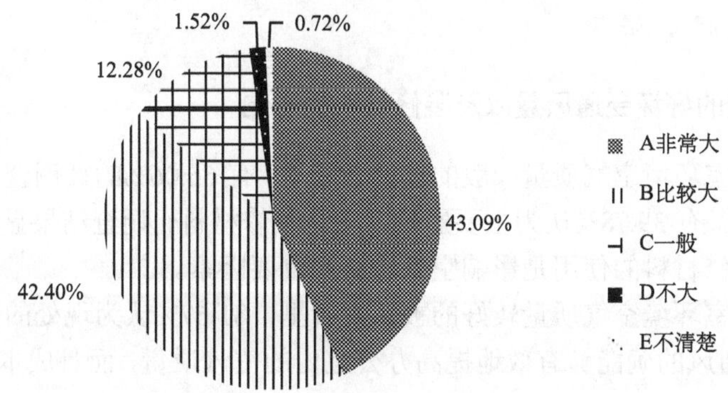

图 11-17　办公环境与身体健康的关系

6. 日常选用的改善办公环境的措施

绝大多数被调查者认为目前所处办公室有必要采取措施改善办公环境质量，如可以采用摆放植物、通风、安装隔音较好的窗户等措施。自然通风是人们改善室内环境的重要手段（图 11-18），有约 50%的被调查人员了解此处理措施，但不常用，这主要是受高层办公建筑的通风设计制约。

选购环保材料的比例相对较少，约占 27.79%，这说明对于被调查者而言，从源头上治理并不能由他们控制，只能从开发商或上层管理人员层面介入，在进行装修时就考虑选购环保材料，减少污染源。

选择空气净化产品的比例也相对较少，约占 26.8%。反映出净化产品具有一定比例的销售市场，但相对于摆放绿色植物这种简约直观的治理措施而言并不占优势，这与人们对净化产品的信任程度与市面上的净化产品实际的使用效果、安全、经济等因素有关。

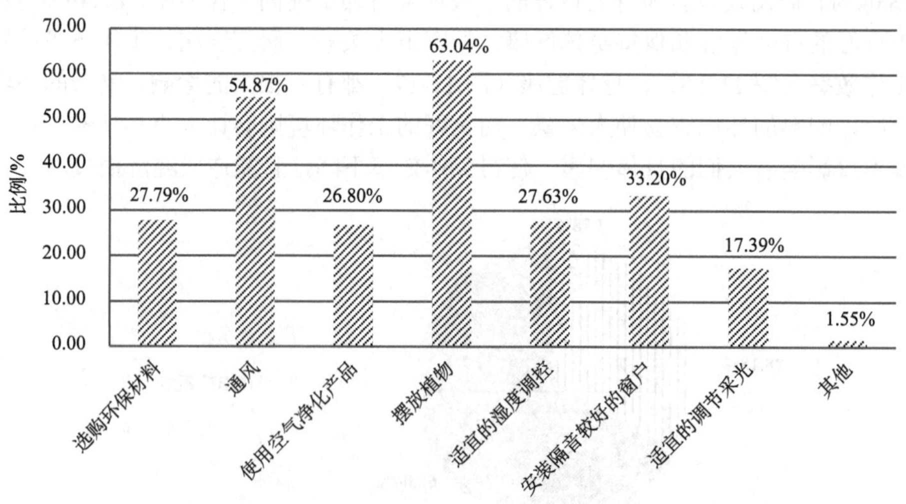

图 11-18　办公室平时改善办公环境的措施

（三）交叉性分析

1. 空气质量的好坏受通风量以及装修材料的影响

在认为办公室环境空气质量一般的被调查者里，有 65.06%的被调查者认为该状况是通风不足造成的，有 39.78%认为主要影响因素是装修材料。调查结果显示，人们普遍认为通风不足和装修材料的使用是影响空气质量的重要因素。

在认为办公室环境空气质量较好的被调查者里，81.67%认为现处的办公环境通风状况好。可见，多通风的确能够有效地提高办公室内的空气质量，而且成本低、操作简单，企业单位应当重视。

自然通风是室内外空气压差（风压或热压）驱动下的空气流动过程。当室外环境空气的温度、湿度较适宜时，自然通风能够有效降低建筑构件和室内空气温度，排除室内潮湿空气，在一定程度上满足室内人员的热舒适要求。同时，当室外空气中污染物浓度较低时，自然通风由室外引入的新鲜空气能够稀释室内空间的污染物，并使部分室内污染物随通风气流排出室外，从而有效提高室内空气质量。

目前办公室装修所使用的人造板材中，仍有部分甲醛释放量过高，无法达到相关标准要求。虽然人造板材在很大程度上缓解了木材的短缺，也满足了装修行业各种花色上的需求，但是人造板材同时也有它的缺点，那就是大多的人造板材由于使用了脲醛树脂胶，而带来了甲醛对室内空气的污染问题。同样，办公桌椅所使用的油漆或者涂料污染物释放超标，也可能导致办公环境空气中相关污染物浓度超标，空气质量恶化。

2. 办公环境的噪声来源广泛

近半数被调查者认为现处的办公环境不够安静，23.35%的被调查者认为主要噪声来源是交通噪声，28.79%的被调查者认为主要噪声来源是生活噪声，30.74%的被调查者认为噪声是办公设备引起的，41.25%的被调查者认为噪声是隔音效果不佳导致的。可见，办公环境的噪声来源是比较广泛的，应根据实际情况进行针对性措施。

根据广州市年鉴、环境质量公报和广州市环境质量报告书等相关资料提供的广州市昼间区域环境噪声和道路交通噪声噪声，近几年来区域环境噪声等效声级平均值基本都属于较好水平。区域环境各类噪声源中，生活噪声和交通噪声是影响区域声环境质量的主要声源，其次为工业噪声。针对调查人员对所处办公环境的噪声评价结果，建议临近交通道路边沿或楼层较低的办公室，可以核查办公门窗的安装材料情况并考虑采用其他吸音材料或设备，增加绿化布置，并根据实际情况考虑是否补装隔声窗。若是由于一些陈旧设备导致的噪声污染，可考虑对设备进行更换或修理。

3. 对办公环境感到满意的比例相对较低

仅有半数被调查者对现处的办公环境比较满意，大部分被调查者认为办公环境空气质量不好或环境绿化不够，此外噪声污染、候梯时间较长和采光照明不好等问题也在调查结果中有所反映。

评价办公环境质量不仅要依据污染物浓度是否符合国家卫生标准来判断，而且还需借助办公人员的感官感觉进行定性评价，这样才能够更全面、公正地反映室内环境质量状况。以上调研结果说明，人们对办公环境健康情况十分关注，但对目前所处办公环境满意程度较低，在表达出人们主观上对自身所处环境的具有一定的认知能力的同时，也反映出广州中心商圈办公环境的质量现状应引起重视，并采取相应对策予以改善。

4. CBD 甲级写字楼办公环境质量总体较好

在 CBD 甲级写字楼工作的被调查者中，有 83.84%的被调查者认为室内空气质量较好；有 94.44%认为办公环境总体情况较好。这与 CBD 甲级写字楼从设计开始、施工过程的建材与装修材料的选用、到后续的管理维护都按照较高质量标准执行相关。

（四）相关性分析

1. 空气质量与通风量及景观绿化的相关性

经统计分析后，空气质量与通风量及景观绿化的相关系数分别为 0.991 与 0.998，说明了通风量、景观绿化与空气质量之间的相关程度极高，呈现出明显的正相关关系。

2. 对办公环境的满意度与各要素的相关性

经统计分析后，对办公环境的满意度与噪声、空气质量、采光照明、候梯时间等要素的相关系数分别为 0.466、0.917、0.848、0.974，说明了各要素与对办公环境的满意度均呈现出正相关关系，其中空气质量、候梯时间与对办公环境的满意度之间的相关程度极高，采光照明与对办公环境的满意度相关程度较高。

（五）小结

从上述的分析结果我们可以得到以下结论。

（1）办公环境作为仅次于居室环境的第二大生活环境，其健康情况已受到了大多都市人群的关注，健康工作环境的意识在广州中心商圈已逐渐普及与加强，被调查对象表现了对改善办公环境的需求与愿望。而在健康办公环境众多影响因素中，与人体主观感受密切相关的空气质量的好坏、景观绿化的程度，成为了被调查者关注的核心问题。

（2）与国内一线城市一样，广州中心商圈的白领工作压力普遍较大，白领人群经常需要牺牲大量的个人休息时间来加班工作。高强度的工作压力，可能会导致身体抵抗力下降，出现疲倦、头晕、嗜睡等症状。而也正因为在办公室时间所处时间更长，办公环境质量对办公室人员身心健康影响也更大。

（3）广州中心商圈办公环境健康现状一般。除照明情况良好以外，大部分被调查者认为室内温湿度不适宜和健康配套措施不足，常见办公室病症出现较为普遍。困倦嗜睡、颈椎疼痛、头晕头痛是本次调查中最常见的办公症状，除此以外，被调查者还会出现咽喉、鼻部、眼部不适、皮肤痒等不适症状。

（4）良好的办公环境有助于提高工作效率，且与办公人员身心健康密切相关，采取有针对性的对策措施改善办公环境意义重大。

（5）摆放植物、通风、安装隔音较好的窗户等措施为目前常用的改善办公环境的措施。

（6）通风不足和装修材料的使用是影响空气质量重要因素，办公环境中的噪声来源广。

（7）通风量、景观绿化与空气质量呈现显著的正相关关系。

（8）空气质量、候梯时间与对办公环境的满意度呈现显著的正相关关系，而采光照明与对办公环境的满意度相关程度较高。

（9）CBD 甲级写字楼办公环境质量总体较好，这与 CBD 甲级写字楼从设计开始、施工过程的建材与装修材料的选用、到后续的管理维护都按照较高质量标准执行相关。

三、现场调查与检测

（一）样品采集及测定

为保证样品代表性，根据《室内空气质量标准》GB/T 18883—2002 所要求的对角线上或梅花式布点均匀分布，采样点的数量根据室内面积大小和现场情况而定。

（二）检测对象

选择目前办公建筑中较为常见的几种污染物作为研究对象，包括甲醛、TVOC、颗粒物、臭氧、二氧化碳、氡和噪声。每次检测时，同时测量温度、湿度和气压等气象参数。

其中 CO_2 指标，在室内的浓度一般不会超过国家标准值，但由于其为空气新鲜度的主要因子，影响室内空气品质的可接受性。所以在传统的建筑中，仍把 CO_2 浓度和室内气体作为衡量室内空气质量的因子。

（三）总体检测结果

1. 总体检测结果概述

一般来讲，办公环境设计主要以开敞式和独立式办公室为主，相比独立式办公室而言，开敞式办公室总体空间较大，但人员密集，而且办公室环境大多数采用空调调节，导致通风性极差，容易引起污染物的累积。同时，根据办公室需求可能配备有机房、打印室、休息室等功能区。

虽然办公室的污染特征及功能区有别于其他场所，但作为室内环境，其办公环境中同样具有国家标准中的污染指标，即污染物存在共性，如甲醛、TVOC 和颗粒物等，这些污染物对人体的影响很大，尤其在新装修的环境中，这些污染物的浓度往往很高。部分污染物的污染水平远远超过了室外的正常水平，美国环境保护署（EPA）在新建的建筑物内发现了 900 多种有机污染物，污染物浓度高者可达室外浓度的 100 倍。室内空气质量的重要性还在于人们处于室内时间的绝对量。一般来说，人们在室内的时间要比室外多得多，尤其是办公室。而且污染物的浓度受温度、湿度、通风量、时间等因素影响，具有一定的消减规律。因此，本次调查选择对不同装修阶段和不同类型的办公室进行现场调查，了解在不同装修阶段和不同类型的办公室中各污染指标的变化情况。

根据现场调查检测结果，统计如表 11-3 所示，统一采用《室内空气质量国家标准》GB/T18883—2002 进行分析。

表 11-3　室内空气污染物测定结果分析*

项目	样品数	超标数	超标率	均值	最高值	国家标准值
甲醛	503	81	16.10%	0.065	0.257	≤0.10
TVOC	462	134	29.00%	0.849	6.75	≤0.60
PM_{10}	222	33	14.86%	0.135	0.828	≤0.15

续表

项目	样品数	超标数	超标率	均值	最高值	国家标准值
$PM_{2.5}$	219	46	21.00%	0.073	0.427	≤0.075
O_3	279	0	0.00%	0.044	0.059	≤0.16
氡	297	0	0.00%	0.000	0	≤200Bq/ m³
CO_2	229	3	1.31%	0.04%	0.08%	≤0.10%
噪声	167	99	59.28%	56.730	71	≤50dB（A）

*除注明外，单位一律为 mg/m³

此次调查总共采集室内空气中甲醛 503 个，TVOC 462 个，PM_{10} 222 个，$PM_{2.5}$ 219 个，O_3 279 个，氡 297 个，CO_2 229 个，噪声 167 个，超标率分别为甲醛 16.10%，TVOC 29.00%，PM_{10} 14.86%，$PM_{2.5}$ 21.00%，O_3 0.00%，氡 0.00%，CO_2 1.31%，噪声 59.28%。其中 TVOC 的平均浓度为 0.849mg/m³，超过了国标的 0.60 mg/m³；甲醛的最高值为 0.257 mg/m³，超标约 2.6 倍。TVOC 的最高值为 6.75mg/m³，超标达 11.2 倍；PM_{10} 的最高值为 0.828 mg/m³，超标约为 5.5 倍；$PM_{2.5}$ 的最高值为 0.427 mg/m³，超标约为 5.69 倍；噪声的最高值为 71dB，超标约 1.4 倍；O_3、氡和 CO_2 的最高值均未超过国标。其中超标相对严重的污染物由大到小排序依次为噪声、TVOC、PM_{10}、$PM_{2.5}$、甲醛和 CO_2。

2. 办公环境不同功能区空气中各指标浓度检测结果比较

本次调查把办公环境的功能区划分为休息室、开敞式办公室、独立式办公室、机房、打印室和会议室，办公环境不同功能区空气中各指标浓度监测结果比较如下。

1）甲醛

从表 11-4 可以看出，办公环境各功能区甲醛的平均值均未超过国标 0.1mg/m³，但均呈现一定比例的超标。其中会议室的平均值最高，达到 0.072 mg/m³，其超标率也是最高，为 15.38%，主要是因为本次调查所选取的样本中，其会议室大多数都是以全封闭式为主，少数开有采光及通风窗户，而且会议室长期处于关闭状态，使用频率较低，导致其通风效果不佳。而独立式办公室的最高值也达到了 0.2 mg/m³，超标 2 倍，这与独立式办公室的扩散空间相对较小，以及室内使用的各种板材、胶粘剂、油漆多等因素有关。

表 11-4　办公环境不同功能区空气中甲醛浓度的比较分析　（单位:mg/m³）

功能区	样品数	超标数	超标率	平均值	最大值
休息室	13	1	7.69%	0.053	0.110
开敞式办公室	56	2	3.57%	0.04	0.112
独立式办公室	85	12	14.12%	0.063	0.200
机房	9	0	0.00%	0.069	0.079
打印室	12	0	0.00%	0.053	0.059
会议室	13	2	15.38%	0.072	0.130

从表 11-5 中的数据可看出，新装修的办公环境甲醛浓度整体高于正常情况下甲醛的浓度。甲醛是室内空气中的主要污染物之一，其主要来源是室内装饰所用的胶合板、细木工板、纤维板等人造板材，因为甲醛胶具有较强的黏合性，且能加强板材的硬度等，目前以甲醛为主要成分的脲醛树脂成为了目前生产人造板中使用最广泛的胶黏剂。从板材中残留的和未参与反应的甲醛会逐渐向周围环境释放，形成了室内空气中甲醛的主体。通过长期的检测调查并结合相关文献统计发现，室内装修时间和污染物的浓度之间有一定程度的负相关关系，刚装修的前几个月污染物浓度较高，随着时间的增长，总体各种有害气体的浓度开始逐渐下降，与本次调查所得的结果整体趋于一致。

表 11-5　新装修的不同功能区空气中甲醛浓度的比较分析　（单位:mg/m^3）

功能区	样品数	超标数	超标率	平均值	最大值
休息室	11	1	9.09%	0.066	0.126
开敞式办公室	103	23	22.33%	0.071	0.135
独立式办公室	166	36	21.69%	0.085	0.253
机房	10	0	0.00%	0.079	0.080
打印室	15	1	6.67%	0.06	0.101
会议室	10	3	30.00%	0.101	0.257

2）TVOC

根据本调研结果（表 11-6）发现在各功能区中，独立式办公室的超标情况最严重，超标率达到了 12.65%，而会议室的平均浓度最高，为 0.961mg/m^3，超过国标约 1.6 倍。TVOC 的主要来源是办公环境中使用的各种油漆涂料、黏合剂等稀释溶剂，独立式办公室空间小，装修较为豪华，木制用具多，而会议室以全封闭式为主，并长期处于关闭状态，两者皆以空调调节为主，通风性能不佳，所以独立式办公室和会议室的 TVOC 浓度会比较高。休息室、机房、打印室等功能区超标情况较少，主要是因为这些功能区的装修比较简单，污染源少。

表 11-6　办公环境不同功能区空气中 TVOC 浓度的比较分析（单位:mg/m^3）

功能区	样品数	超标数	超标率	平均值	最大值
休息室	13	1	7.69%	0.369	1.655
开敞式办公室	56	2	3.57%	0.312	1.753
独立式办公室	166	21	12.65%	0.413	2.300
机房	9	1	11.11%	0.311	0.689
打印室	12	1	8.33%	0.246	1.350
会议室	13	5	38.46%	0.961	5.25

从表 11-7 可以看到，新装修的办公环境 TVOC 浓度超标比正常情况更严重，其中独立式办公室和会议室超标率均超过 60%，主要是因为新装修的材料和木制家具等会释放

出大量的 TVOC，加上独立式办公室和会议室通风效果不佳，会导致 TVOC 大量积累；而开敞式办公室新装修后超标率达到 39.53%，但正常情况下的超标率仅为 3.57%，这与开敞式办公室的整体空间较大，污染物更易消散等原因有关。

表 11-7　新装修的不同功能区空气中 TVOC 浓度的比较分析　(单位:mg/m^3)

功能区	样品数	超标数	超标率	平均值	最大值
休息室	11	2	18.18%	0.526	1.893
开敞式办公室	43	17	39.53%	1.411	4.86
独立式办公室	104	76	73.08%	2.242	6.75
机房	10	0	0.00%	0.324	0.568
打印室	15	2	13.33%	0.961	3
会议室	10	6	60.00%	2.111	4.5

3）PM_{10} 和 $PM_{2.5}$

办公环境内颗粒物的来源主要有两个：一是从室外引入，室外的颗粒物可以通过门窗缝隙，空调设备等进入室内；二是室内人员活动，抽烟是导致室内颗粒物浓度增加的重要途径，有研究证实，抽烟可以导致室内细颗粒物的浓度增加 0.025~0.047mg/m^3 不等，另外，打扫卫生、搬运、复印、装修等行为也会产生一定的颗粒物。

从表 11-8 和表 11-9 的数据可以看到，无论是 PM_{10} 还是 $PM_{2.5}$，独立式办公室超标率明显高于开敞式办公室。

表 11-8　办公环境不同功能区空气中 PM_{10} 浓度的比较分析　(单位:mg/m^3)

功能区	样品数	超标数	超标率	平均值	最大值
开敞式办公室	48	4	8.33%	0.098	0.361
独立式办公室	61	9	14.75%	0.112	0.718

表 11-9　办公环境不同功能区空气中 $PM_{2.5}$ 浓度的比较分析　(单位:mg/m^3)

功能区	样品数	超标数	超标率	平均值	最大值
开敞式办公室	43	2	4.65%	0.029	0.231
独立式办公室	61	19	31.15%	0.074	0.278

对比新装修和正常情况下的 PM_{10} 和 $PM_{2.5}$ 浓度，发现新装修的办公室 PM_{10} 和 $PM_{2.5}$ 浓度明显高于正常情况下的浓度（表 11-10，表 11-11）。主要原因是装修时会带来很多粉尘、烟雾等，使颗粒物的浓度增加。

表 11-10　新装修的不同功能区空气中 PM_{10} 浓度的比较分析　（单位:mg/m³）

功能区	样品数	超标数	超标率	平均值	最大值
开敞式办公室	61	8	13.11%	0.139	0.828
独立式办公室	52	12	23.08%	0.192	0.736

表 11-11　新装修的不同功能区空气中 $PM_{2.5}$ 浓度的比较分析　（单位:mg/m³）

功能区	样品数	超标数	超标率	平均值	最大值
开敞式办公室	71	10	14.08%	0.117	0.552
独立式办公室	44	15	34.09%	0.073	0.427

4）其他指标

除上述几个指标外，本次调查还对各功能区内的 O_3、氡和 CO_2 进行监测。室内空气中的 O_3 主要是电视机、复印机、激光印刷机等电子设备在使用过程中产生的；氡则来自于房基及其周围的土壤和岩石、建筑材料等；而 CO_2 主要是由人的呼吸产生。

对比新装修和正常情况下的结果发现，三者的浓度没有明显的变化且均未超标，浓度较低。

（四）小结

本次活动共检查 23 个办公室，分析总结出办公环境客观调查与实测特征如下。

（1）所检测办公室环境中甲醛、TVOC、$PM_{2.5}$、PM_{10}、噪声等污染的超标率分别为 16.10%、29.00%、21.00%、14.86%、59.28%，新装修办公室甲醛、TVOC 污染比较严重，其中独立式办公室的甲醛、TVOC 最大浓度分别为 0.253mg/m³ 和 6.75 mg/m³，超标率分别为 21.69%和 73.08%。

（2）不同功能区域办公室环境的室内空气质量存在一定差异，表现出不同的污染特征，其中独立式办公室和封闭型会议室的有机污染（甲醛、TVOC）相对比较严重。

（3）新装修办公室 3 个月内的甲醛、TVOC 等有机气体浓度较高，随着时间推移，污染浓度逐渐降低；通过两年多的检测跟踪调查并结合相关文献统计发现，室内装修时间和污染物的浓度之间有一定的负相关关系，刚装修的前几个月污染物浓度较高，随着时间的推移，化学污染物的浓度整体呈现下降趋势，与本次调查所得的结果趋于一致。

（4）本次调查结果发现，办公室的污染物受到室内环境温度、湿度、通风量等影响。一般而言，温度升高和湿度增大对室内化学污染物的上升具有协同作用，如夏季，即温度上升，污染物（如甲醛、TVOC）的释放速率有所增加，如果通风不良，污染物累积的浓度出现回弹现象。

（5）办公室环境质量受地理位置、周边环境、楼层设计、企业类型、室内装饰等因素影响，办公室环境颗粒物浓度主要与室外大环境空气质量相关，如灰霾天气，颗粒物浓度上升明显；甲醛、苯系物等有机污染物主要来源于室内装修材料，新装修办公室呈现典型的化学污染。

（6）结合本次的调研结果及长期研究经验发现，客观评价和主观评价之间存在着一定的矛盾：主观评价觉得某室内空气品质可接受的，客观指标未必达到规定限值，而客观指标合格的，主观评价未必满意。主观判断作为人体对室内环境最直接的反映，更加全面科学合理的评价办公室内环境有着重要的参考价值。

（7）总体而言，相比居室，办公室其环境污染的多样性与复杂性更为突出，常见化学污染、生物污染、电磁辐射污染、噪声污染等，污染物种类多样，主要包括甲醛、TVOC等有机污染物、噪声、细颗粒物、电磁辐射、菌落群总数等。

本次的现场检测分析结果数据为广州市中心城区23个办公单位的检测结果，分析结果具有一定的参考价值，但由于现场检测的样本数量仍较少，调查结果存在局限性，不能代表广州市办公室环境的整体健康现状。因此，建议在后续调研中扩大调查的范围，增加实测数量，使得调研结果更加准确全面。

四、深度访谈

本次广州市中心城区办公环境调研活动采用主、客观相结合的调查方法，利用网络调查、街头拦访、现场调查与实测等方式，深度访谈为调研活动的重要一环。

对比大范围的问卷调查，深度访谈更有针对性、深入性，能从多个层面，客观、科学地评价办公环境质量与环境需求，能为之后针对存在的问题提出有建设性的对策提供基础数据，为社会营造一个安全、健康、舒适的办公环境出谋划策。

（一）深访方式

以现场互动、开放式提问，获取有关办公室环境健康的有关信息。

（二）深访对象

在广州中心城区具有代表性的办公环境，抽样选取20家企业，对其办公室管理者与员工进行访问。

（三）访谈内容

从了解办公环境的客观现状、办公室人员的主观感受与环境需求三个层面设计访谈内容，主要包括以下内容。

（1）办公环境基本信息、企业概况。

（2）办公环境客观现状：功能布局、新风系统、配套设施、办公桌椅、景观绿化等。

（3）主观感受：舒适度、空气质量、噪声、光照、绿化、工作压力等。

（4）对办公室健康环境的理解与需求。

（5）以往或者目前是否存在影响办公环境质量的问题，所采用的解决或改善方法，效果如何。

（四）访谈结果分析

大多数的受访公司都存在空调系统和高峰时间电梯使用的问题。虽然各公司因为其行业等的不同，有着自己独特的文化，但是注重空气质量、采光、通风、环保等方面是一致的，究其本质，都可以归结为对健康的渴望和需求。

本次访谈从办公环境的客观现状、办公人员的主观感受以及需求三个方面了解办公环境质量，根据深度访谈的结果，归纳总结如下。

1）办公环境质量尚待提高，与健康舒适仍有较大差距

受内外环境、建筑设计、功能布局、配套设施、企业文化等多种因素的影响，办公环境难以做到量化评价，但总体满意度不高、空气质量问题、热舒适度问题、电梯与新风系统配套设施问题多等凸显了目前广州中心商圈办公环境质量尚待提高，与人们期待的健康舒适的办公环境仍有较大差距，需要多方努力，共同参与。

2）健康办公环境应注重给人物理环境的舒适与心理环境的愉悦

办公环境可分为物理环境和心理环境，物理环境与心理环境相互作用，共同影响着人们的工作效率、环境满意度和身心健康。健康办公环境内涵丰富，理想办公环境因人而异，而健康的办公环境应注重给人物理环境的舒适与心理环境的愉悦，人们工作的物理环境既可能对员工的心理和生理产生消极作用，也可能发挥积极作用。究竟产生何种影响，关键在于办公环境的设置是否满足了人们的生理和心理需求。

五、专家调查意见

（一）调查过程

在完成问卷调查与深度访谈结果初步分析的基础上，开展专家意见调查工作。本次专家意见调查采用调查问卷方式，对广州相关行业的43位专家进行了调查。各位专家针对广州市中心区域办公环境健康现状以及改善方法提出了极具价值的看法、意见与建议。

（二）问卷设计

专家意见调查问卷围绕本次调研活动目的，从对健康办公环境内涵的理解、不健康办公环境的危害、目前存在的问题及其改善对策、本次调研活动方法合理性与活动意义六个方面设计问题。

（三）分析过程

1. 专家积极系数

专家积极系数是指专家对本项研究关心合作的程度，专家积极系数越高，表明专家对本项研究关心的程度越高，本调查结果的可信度越高，计算方法：问卷的回收率。

本次调查共发出问卷43份，回收43份，43份问卷均符合填写要求，问卷回收率为100%，有效率为100%，专家积极系数为100%。

2. 专家基本情况

专家的基本情况包括咨询专家的地域分布、专业、职称情况。调查专家较高的学科代表性及专业的权威性，反映了调查结果的高可信度。

参与本轮问卷调查的 43 名专家主要来自高等院校（(中山大学、华南理工大学、广东工业大学、华南师范大学、暨南大学等）、科研机构（中科院地化所、中科院海洋所、华南环科所、广州环科院、广东省建筑设计院等）、医院（中山大学附属二院、广医二院、番禺中心医院、广州红十字会医院等）、政府部门，均从事环境科学、建筑、医学、大气科学等与本调研主题“办公环境健康”相关的学科，具有较好的学科代表性；同时，43 名专家均为具有高级职称，其中正高职称 20 名，具有较好的学科权威性。

3. 专家意见集中与协调程度

专家的意见越集中，反映调查结果重要性越高。专家意见的协调程度越高，反映专家反馈信息的可信度越高。

统计分析专家反馈的意见，在对本次活动意义、调研方法、健康办公环境内涵、目前办公环境存在的问题与隐患等看法上具有较好的集中性，在改善办公环境措施等建议上也表现较好的集中性与协调性，调查结果具有较好的可信度。

（四）调查结果

对本次调查反馈的专家意见进行统计分析，结果如下：

1. 调研活动的意义

（1）专家认为本次调研具有积极、现实的社会意义，有利于正确认识办公环境中的环境隐患，掌握城市密集办公区存在的主要环境问题。

（2）本次调研可以为着手解决城市中心密集办公区域所存在的环境问题提供依据，也可以为新建或改建办公区域的设计和装修起到指导作用。

（3）本次调研也可以为针对办公区域室内环境的法律法规与制度的制定和执行提供科学依据。

（4）本次调研具有积极的公众意义，可驱动社会各界关注办公区域室内问题，提高全民环境健康意识，有助于营造健康的工作环境，保护办公人员身心健康，提高工作效率，降低恶劣工作环境导致的经济损失。

2. 调研方法的合理性

专家普遍认为本次调研所采用的主客观相结合，利用网络调查、街头拦访、现场调查、实测、专家意见咨询等方式的调查方法比较合理，同时提出优化建议如下。

（1）调查方式应侧重现场调查与实测，用数据说明办公环境面对的问题，并提议举行座谈讨论，交流看法与体会，加深各方对营造良好办公环境的理解。

（2）调查来自更多行业多个层次的人群，加强调查对象的多样性和随机性，以更科学地分析所得数据。

（3）可结合国际上最新研究成果，借鉴国际上的先进经验，从现实的调查以及实测结果出发，寻找可靠可行的营造健康办公环境的方法。

针对专家对调研方法提出的优化建议，调研课题组认为合理并采纳，整合到调研活动与分析过程中。

3. 健康办公环境内涵的理解

针对健康办公环境内涵及重点关注的因素，专家意见调查结果如表 11-12 所示。

表 11-12　办公环境需关注的因素——专家意见调查结果

编号	需关注的要求	专家意见数	排名
1	空气品质	43	1
2	声环境	32	2
3	人际关系	26	3
4	采光照明	25	4
5	景观与绿化	22	5
6	电磁辐射	19	6
7	工作压力	18	7
8	配套设施	11	8
9	空间布局	7	9
10	微生物污染	2	10

（1）健康办公环境应该是可以使人在工作中处于良好的身心状态，很好的保证工作者的身心健康，有效地提高工作效率的环境。

（2）对于健康办公环境内涵，多数专家赞成将优良的空气质量和安静列为健康办公环境的必要组成部分。

（3）良好的采光、景观（绿色植物）以及低电磁辐射也被看成是健康的办公环境的重要组成部分。

（4）除以上环境要素之外，工作压力的舒缓，工作空间适当的人员分布，以及工作环境中良好人际关系的作用也受到部分专家格外的重视。

4. 办公环境目前存在的问题与危害

对办公环境目前存在的问题与隐患，专家意见调查结果如表 11-13 和表 11-14 所示。

表 11-13　目前办公环境存在的问题和隐患——专家意见调查结果

编号	存在的问题和隐患	专家意见数	排名
1	室内空气质量差	37	1
2	噪声污染	14	2
3	办公环境拥挤	13	3
4	电磁辐射	13	4
5	采光差	10	5
6	工作压力大	6	6
7	缺乏绿化	5	7
8	配套设施不齐全	4	8
9	存在微生物污染的风险	2	9

表 11-14 不良室内办公环境的危害——专家意见调查结果

编号	产生的危害/症状	专家意见数	排名
1	影响身体健康	16	1
2	影响心理健康	11	2
3	降低工作效率	9	3
4	焦虑紧张	9	4
5	“亚健康”状态	7	5
6	呼吸道疾病	9	6
7	“办公室病”	5	7
8	免疫力降低	5	8
9	心血管疾病	5	9
10	抑郁	4	10
11	视力衰退	4	11
12	内分泌紊乱	3	12
13	致癌作用	3	13
14	睡眠差	2	14
15	人际关系差	2	15
16	皮肤病	1	16
17	胃肠紊乱	1	17
18	神经衰弱	1	18

（1）专家普遍认为办公环境中室内空气污染问题严重，亟须解决。劣质装修材料或家具散发出的各类污染物可能是导致办公环境室内空气污染的主要因素，应着重加以控制；中央空调或其他通风系统内部积尘导致的悬浮微生物污染也可能导致室内环境的恶化。

（2）某些办公环境中，过多的人员流动、嘈杂，以及一些电子或者机械办公设备的运作，都会产生烦扰办公人员的噪声污染。部分办公地点处于交通要道附近，噪声污染更严重。

（3）各类电器产生的电磁辐射、采光绿化等问题均被视为广州城市中心办公环境有待改进的方面。

（4）室内环境方方面面的隐患，其直接后果包括对身心健康的双重损害。除“颈椎病”，“鼠标手”等办公室常见症状之外；长时间处于室内空气污染严重的办公环境中，容易导致呼吸道疾病、内分泌失调、悬浮病原体交叉感染致病等。电磁辐射等污染要素可能影响到办公人员的精神状态，长期处于强电磁辐射的环境易致畸致癌。此外，沉重的工作压力、狭小阴暗人员密度高的工作环境，以及办公环境中潜在的一些社会不安全因素，容易导致工作人员焦躁、抑郁、失眠、神经衰弱等，诱发多种心理问题甚至心理疾病。

5. 改善办公环境措施

对解决或改善目前办公环境健康问题的措施，专家意见调查结果如表 11-15 所示。

表 11-15　解决或改善办公环境健康问题的措施——专家意见调查结果

编号	措施	专家意见数	排名
1	合理通风	17	1
2	适当放置植物	13	2
3	优化办公空间设计	11	3
4	采取有针对性的空气污染的防护措施（如监控室内空气质量等）	9	4
5	采用降噪措施	8	5
6	经常清洗通风设备	6	6
7	加大政府投入与宣传教育	4	7
8	优化采光照明，采用优质照明设备	4	8
9	构建良好的办公室人际关系	4	9
10	远离辐射	2	10

（1）专家普遍认为，改善办公环境室内空气质量，是创造良好办公环境的重中之重。为达到此目的，应在室内装修时采用优质的装修材料，定期对通风设备进行清洗维护，少使用打印复印设备，推进无纸办公，考虑设置独立的通风较好的打印复印间等，从源头上控制室内空气污染源。此外，绿色植物的摆放也是改善办公环境景观，减少空气污染的方法之一。

（2）噪声是办公场所重要污染，针对此问题可合理安排各种办公器械的摆放，减少无必要的人员流动与口头交流，必要时在办公场所加装隔音设备。

（3）改善人际关系，降低工作压力，有利于减少各行业工作者心理问题的出现。办公人员个人方面也应对自身的身体状况多加留意，适当进行休息，锻炼等。

（4）加大政府宣传的力度，在各个层面上建立全民营造良好办公环境的意识，力求做到全民参与营造绿色办公环境。

六、总结

综合本次调研活动包括问卷调查、深度访谈、现场检测与专家意见调查结果，同时结合近年来国内外关于办公环境健康的研究情况，对本次广州市中心城区办公环境健康调研结果总结如下：

1. 对办公环境健康关注程度较高，但缺乏正确认识

目前，人们对办公环境健康的关注程度较高，大部分人意识到室内环境的重要性，但对其内涵、危害性等认识不够。一方面，对办公环境的评判主要停留在景观方面，如

绿化情况、装修程度等，忽略了隐形的室内杀手，如各种化学污染物、电磁辐射等。另一方面，对不良的办公环境危害性认识不够，对办公环境质量的重视程度不高，大部分存在侥幸的心理或者以无所谓的方式对待。这反映出政府对办公环境健康等科普知识的宣传力度不够，人们的环境健康与维权意识不高。

2. 健康办公环境应注重给人物理环境的舒适与心理环境的愉悦

健康的办公环境，应当是让人感觉舒适、不损身心健康、利于提高工作效率并且兼顾节能环保，它注重给人物理环境的舒适与心理环境的愉悦。室内空气、采光照明、声环境状况、电磁辐射、空间布局、办公景观及绿化、人际关系、工作压力等都是健康的办公环境应重点关注的因素。

3. 办公环境质量尚待提高，与健康舒适仍有较大差距

受内外环境、建筑设计、功能布局、配套设施、企业文化等多种因素的影响，办公环境难以做到量化评价，但总体满意度不高、空气质量问题、热舒适度问题、电梯与新风系统配套设施问题多等反映了目前广州中心商圈办公环境质量尚待提高，与人们期待的健康舒适的办公环境仍有较大差距，需要政府、开发商、企业管理者、员工等多方努力，共同参与。

4. 办公环境室内空气品质影响因素复杂

办公环境室内空气品质受地理位置、周边环境、楼层设计、企业类型、室内装饰等因素影响，办公室环境颗粒物浓度主要与室外大环境空气质量相关，如灰霾天气，颗粒物浓度上升明显；甲醛、苯系物等有机污染物主要来源于室内装修材料，新装修办公室呈现典型的化学污染。

5. 抽样实测结果不容乐观

所检测 23 个办公室环境中甲醛、TVOC、$PM_{2.5}$、PM_{10}、噪声等污染的超标率分别为 16.10%、29.00%、21.00%、14.86%、59.28%，新装修办公室甲醛、TVOC 污染比较严重，其中独立式办公室的甲醛、TVOC 浓度最大为 $0.253mg/m^3$ 和 $6.75\ mg/m^3$，超标率为 21.69%和 73.08%。

总体而言，相比居室，办公室环境污染的多样性与复杂性更为突出，常见化学污染、生物污染、电磁辐射污染、噪声污染等，污染物种类多样，主要包括：甲醛、TVOC 等有机污染物、噪声、细颗粒物、电磁辐射、菌落群总数等。

6. 不良办公环境质量影响人们的身心健康与工作效率

室内环境与人体健康密不可分。据有关研究发现，世界上 30%的新建和重修的建筑物中发现有害于健康的室内污染物，这些有害于健康的室内污染物已经引起全球的人口发病率和死亡率的增加。如空气中的化学污染物可能增加鼻咽癌、肺癌的发病率，对呼吸道系统、神经系统、心血管系统造成一定损害。此外，不良办公环境容易导致工作人员焦躁、抑郁、失眠、神经衰弱等，诱发多种心理问题甚至心理疾病。

同时，随着建筑及装饰新型材料的应用，不良建筑综合征的发生呈上升趋势，困倦嗜睡、颈椎疼痛、头晕头痛等是本次调查中最常见的办公症状。

调研发现身处良好的办公环境有助于提高工作效率，研究表明，工作环境的好坏对人的工作效率、身体健康都有着很大的影响，嘈杂的环境容易使人分心，闷热的环境容易使人烦躁，而良好的工作环境则会让人事半功倍。改善办公环境是提高人们的生活和工作质量的重要方向。

7. 改善办公环境质量需求大且亟须采取有效措施

鉴于目前所处办公环境现状与人们期望的健康的办公环境存在较大差距，改善办公环境需求大；而不良办公环境带来的危害、对健康的渴望和追求使得改善与提高办公环境质量的任务迫切必要。

新风系统问题导致空气不好、空调系统设计不好导致温度不适、电梯常故障、候梯时间长等配套设施问题在本次调研中较为明显。另外，员工对办公环境的配套健康设施的需求与现状的不足也反映了都市白领对办公环境的新需求。

8. 室内环境标准、绿色建筑标准执行率较低

近年来，国家陆续制定并颁布了一系列室内环境标准，如《室内空气质量标准》（GB/T 18883—2002）、《民用建筑工程室内环境污染控制规范》（GB50325—2001）、《绿色建筑评价标准》（GB/T50378—2006），但由于配套的鼓励、宣传力度不够，监管不到位，执行率不高。受访与调查办公楼宇按照绿色标准建设或达到绿色建筑标准的较少，这也反映了开发商对绿色建筑标准的认识与重视程度并不高。开发商决策者尽管也采纳使用生命周期的成本分析方法去考虑执行绿色标准所节省出来的花费，但在项目推进过程中，绿色健康等理念常常得不到重视，绿色建筑标准难以落实。根据建设部 2006 年的专项检查，符合最初绿色建筑标准的项目达到总项目的95%，到了施工阶段，降至53%，新建建筑只有 20% 达到检验设计标准。

9. 尚未建立一套专门针对办公环境质量的评价方法

目前，居室或图书馆、宾馆、影剧院、候车（机、船）室等室内环境已有对应的卫生或环境标准，但尚未建立一套专门针对办公环境质量的评价技术规范，而合理的评价能有效挖掘和诊断办公环境质量信息。但办公室的空间功能、室内环境设计、通风方式与污染源情况等有别于其他室内环境，其评价的内容和方法应有所不同。

10. 现行评价标准规范仍需完善

现行室内环境标准规范存在较多不完善地方，如未考虑主观评价，评价方法不够全面；主观评价得出室内空气品质可接受的，客观指标未必达到规定标准限值；而客观指标合格的，主观评价未必满意，如何综合主客观评价方法是现行标准需要考虑的。另外，标准规范多侧重物理指标，对舒适度少有考虑，不够全面。

11. 空气净化产品良莠不齐、标识不规范

目前市面上的空气净化产品性能夸大、炒作概念等情况相当普遍，常见“甲醛去除率 99.9%”，“一次性解决室内空气污染物”等不符合实际的产品介绍，部分产品实际性能与描述相距甚远；部分化学反应型、生物净化型等净化产品存在二次污染问题；物理吸附型产品对使用寿命问题避而不谈。目前少有针对空气净化产品的环保标准规范，市场缺乏规范与引导，面对五花八门的治理产品，消费者往往无从下手或者盲目听从炒作。

第三节　新装修办公室主要污染物消散特征分析

一、典型案例分析

以广州市天河区某大型办公场所为例。该办公场所位于甲级写字楼，场所于 2013 年 8 月装修完毕，面积约为 1600m^2。通过客观指标检测分析可知，该办公场所的主要空气污染物为 TVOC、甲醛和大气颗粒物（表 11-16），因此选取了以下几项主要指标进行规律性探讨。

（1）甲醛的释放是一个消长的过程，释放周期可达 3~15 年，涂料油漆、木质家具等在新装修后一段时间内仍将不断的释放甲醛气体，其释放速率与释放量与环境的温度、湿度有密切关联。一般而言，温度升高和湿度增大对室内化学污染物的上升具有协同作用。在夏季，随着温度上升，甲醛的释放速率会有所增加，如果通风不良时，污染物累积的浓度出现回弹的现象。

（2）在室内装饰过程中，TVOC 主要来自油漆，涂料和胶黏剂。由于 TVOC 具有强挥发性，在刚装修完毕时释放量相对较大，因此 TVOC 的消散情况严重地影响着室内的污染程度。

（3）室内颗粒物浓度一般与室内装修残留物、人类活动以及外环境空气质量、天气情况相关。

表 11-16　不同装修阶段污染物的浓度对比　　（单位：mg/m^3）

检测时间	甲醛	TVOC	PM_{10}	$PM_{2.5}$
2013-8-16（新装修 0 个月）	0.110	4.025	0.36	0.030
2013-9-2（新装修半个月）	0.082	2.815	0.21	0.080
2013-9-18（新装修 1 个月）	0.059	1.214	0.152	0.026
2013-11-16（新装修 3 个月）	0.041	0.720	1.259	0.229
2014-4-16（新装修 8 个月）	0.088	0.981	0.283	0.053

二、主要污染物消散特征分析

1. 甲醛

由本案例的检测结果可看出，该办公场所的甲醛在刚装修的时候出现轻微的超标现象。随着时间的推移，从2013年的8~11月份，甲醛浓度整体上呈现下降趋势，到了翌年的4月份，甲醛浓度出现回升趋势，这主要是因为室内甲醛的释放受到温度、湿度、通风量、时间等因素的影响。温度升高，甲醛的脱附作用加强，甲醛的释放速率也随之加快，因此从冬季与春季之间，甲醛浓度出现轻微回升的现象（图11-19）。同时，根据日本横滨国立大学研究表明，室内甲醛释放期一般为3~15年的时间，因此，甲醛的释放是一个消长的过程，一般在短时间内难以彻底消散。

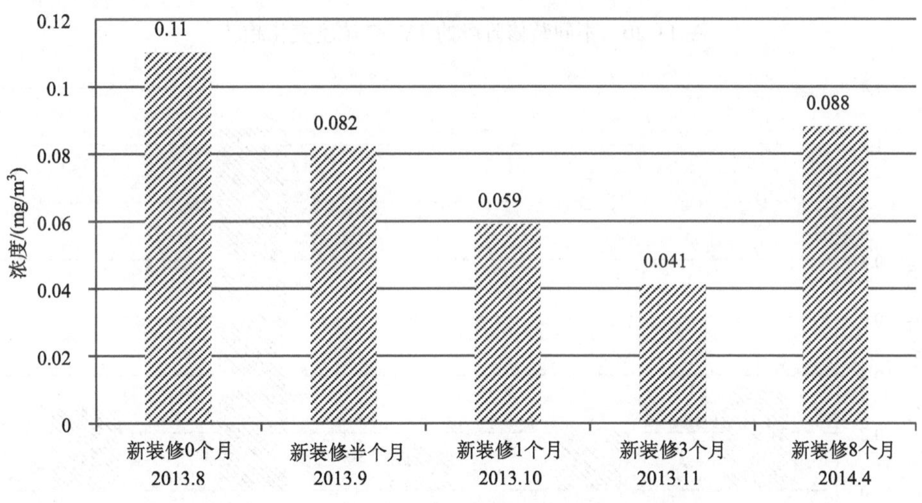

图11-19　不同装修阶段的甲醛浓度变化趋势

2. TVOC

由图11-20可以看出，随着装修时间的推移，TVOC的浓度整体上呈现下降的趋势，且在初期释放得相对较快，后期相对缓慢。在装修8个月内，TVOC的浓度仍处于超标现象，这与室内装饰、装修材料的使用和人为活动有直接关系，其中室内装饰、装修过程中人为引入的挥发性有机污染物是造成污染物底值较高的基本原因。与甲醛不同的是，TVOC由于其易挥发，在刚装修完毕时，装饰材料中的油漆、涂料等的TVOC挥发速率快，释放量较大。由图11-20可看出，装修完1个月内，TVOC浓度下降相对较快，装修后1个月至8个月之间的TVOC浓度变化相对平稳，这说明，通过陈化处理，在保持良好通风条件的前提下，让新装修房间放置一段时间，可以大量减少装修初期带来的挥发性有机物污染。

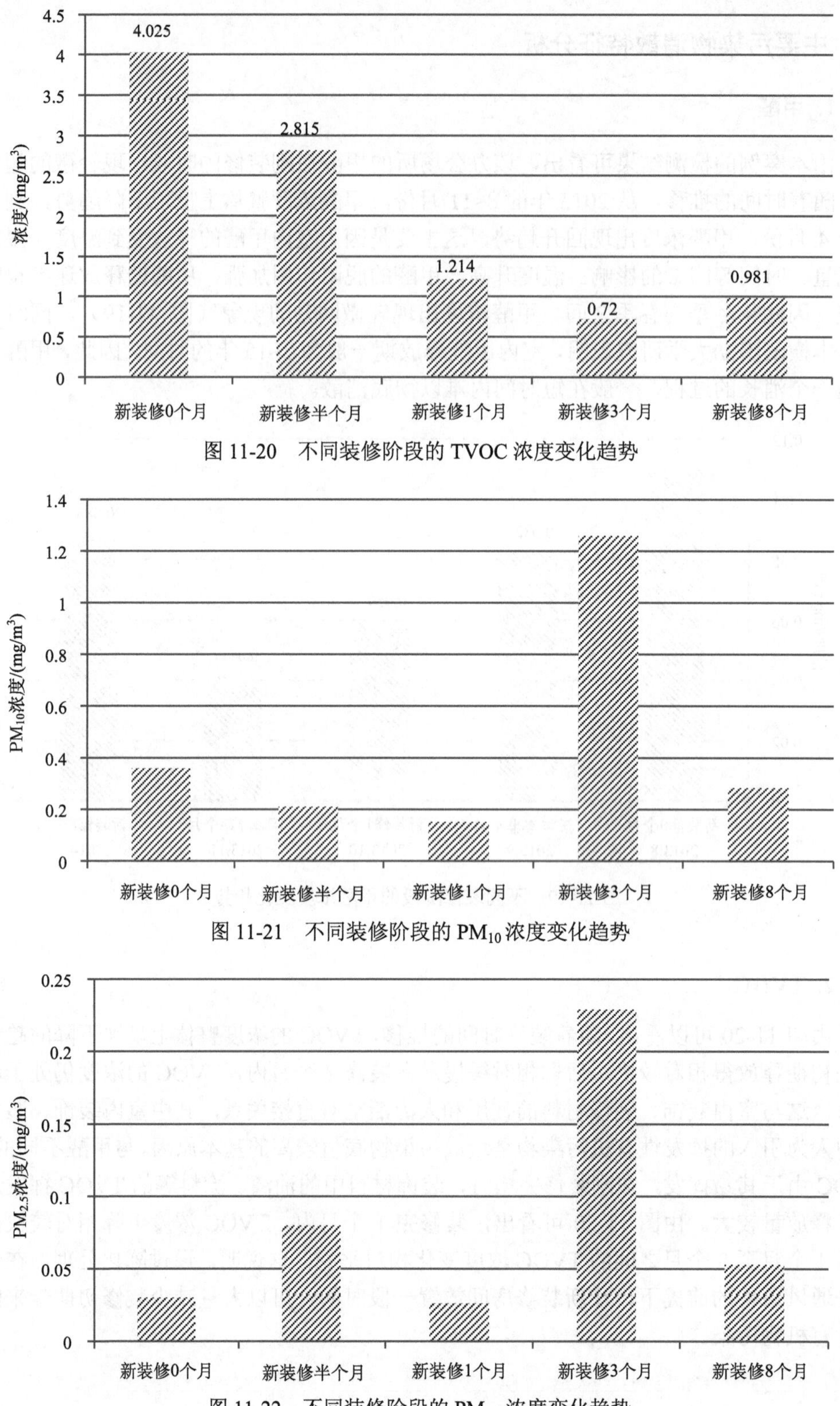

图 11-20　不同装修阶段的 TVOC 浓度变化趋势

图 11-21　不同装修阶段的 PM_{10} 浓度变化趋势

图 11-22　不同装修阶段的 $PM_{2.5}$ 浓度变化趋势

3. 颗粒物

PM_{10}和$PM_{2.5}$在装修期后并没有呈现明显变化规律（图 11-21 和图 11-22）。这与颗粒物的污染源有关，主要来源于室外环境以及室内人为活动。

第四节　通风系统与室内空气质量调查

为了更好地说明通风系统与室内空气质量之间存在重要关系，本次选取的案例，其建筑设计区别于一般办公环境，建筑结构几乎处于封闭状态，只能依靠中央空调调节室内环境，室内污染物未能得到有效扩散，在新装修阶段室内空气污染尤为明显。通过数值模拟可知，本办公室各层的通风性能较差，加上室内甲醛和 TVOC 等挥发性有机物超标，使得室内空气品质无法满足安全、卫生要求。下面将对本案例的室内空气监测现状及通风数值模拟进行分析。

一、监测现状

本次监测按照 GB/T18883—2002 室内空气质量标准、民用建筑工程室内环境污染控制规范（GB50325—2010）及环境空气质量标准（GB3095—2012）的要求进行，检测布点依据规范要求，结合平面布置与功能区情况，共布设 33 个监测点，检测项目包括有机污染物（甲醛、TVOC）等新装修室内特征污染物。

按照国家室内空气质量标准，结合现场污染源调查结果进行分析评价，结果如下。

（1）办公区域存在有机气体污染，特征污染物为甲醛和 TVOC。

（2）各检测区域的 TVOC 浓度普遍较高，且存在较为明显的区域差异，56%房间的 TVOC 浓度均高于国家标准值（$0.6mg/m^3$），超标范围为 1%~36%，详见图 11-23。

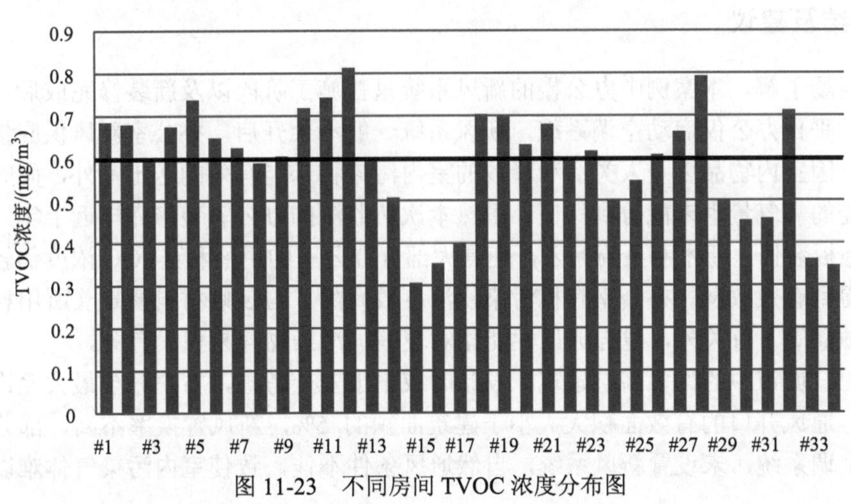

图 11-23　不同房间 TVOC 浓度分布图

（3）各检测区域的甲醛浓度普遍较高，且存在显著区域差异，24%办公室的甲醛浓度均高于国家标准值（$0.1mg/m^3$），超标范围为 7%~60%，详见图 11-24。

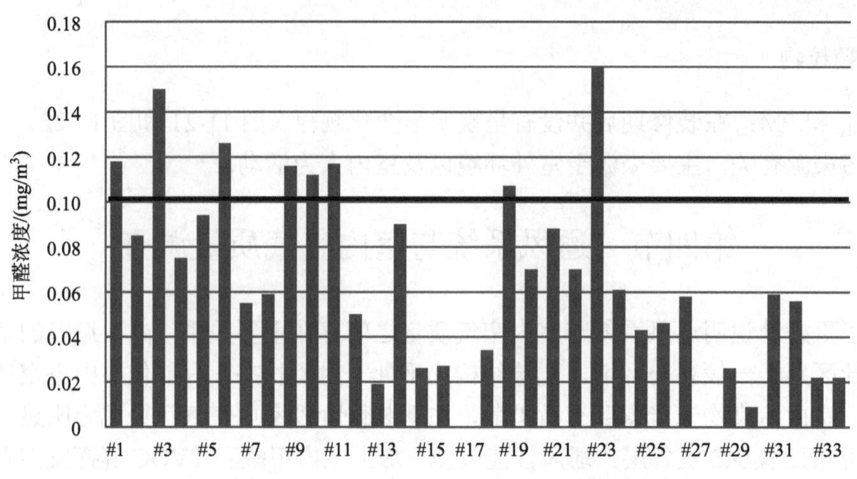

图 11-24　不同房间甲醛浓度分布图

二、通风性能数值模拟

利用室内空气模拟软件模拟办公室在多种通风条件下的室内空气污染物分布情况。通过模拟计算办公室的空气龄以研究办公室在自然通风条件下的污染物除去能力，所谓空气龄就是指空气在室内某一位置的新鲜度，空气龄越小表明该空间的空气越新鲜，即可以更快地排除旧的、已经累积污染的气体。

通过模拟该办公楼中三种主要的办公情景：房间内无放置家具与人为活动（附图 10（a））、房间内放置家具与人为活动（附图 10（b））、会议室（附图 10（c）），发现这三种情景下的通风性能较差，污染物不容易扩散。为了减少办公室污染物积累，需保证定时定量的办公室新风量，保证良好的通风环境。

三、总结及建议

据现场了解，本案例中办公楼的新风系统只在施工阶段以及新装修完成后一段时间内开启，平日办公仅启动空调系统，新风系统一般不会开启，办公室新风供应量并未得到保证。因室内物品以及人类活动释放的室内污染物未能有效的送出室外，同时，办公人员所需的氧气量也未能得到保证。虽然本次所监测的办公室装修完毕近半年，但房间墙壁、地板装修，新木制桌椅搬入，使得大部分办公室的甲醛和 TVOC 浓度仍较高，污染物未得到有效散发。办公室有机污染物浓度较高除了与装修材料质量（所用材料、黏合剂、油漆等）有关外，也与通风性能相对较差，污染物容易积累有关。

目前，城市中的许多高层建筑，设计时或出于安全考虑，窗户开至最大允许角度的情况下，通风开口的有效面积大大小于建筑面积的 5%，新风置换率不高，部分甚至紧靠中央空调系统，未设置新风系统，自然通风条件不佳，致使室内污染气体难以有效排出。

针对此类型室内环境，为了改善室内空气质量，提高环境安全性与舒适度，提出以下几点建议供参考。

（1）合理设计和安装通风系统，重点关注通风方式与新风供应量，在设计时应使新风量大于最小新风量，保证实际运行效果。依据我国《室内空气质量标准》、《公共场所卫生标准》、《民用建筑采暖通风与空气调节设计规范》等规范，办公室最小新风量为 $30m^3$/（h·人），比 ASHRAE 标准（最小新风量为 10L/s（20cfm））稍小。新风系统需经常维护并有效运行，才能体现设计的意图。不能因为节能或其他原因，在实际运行中把新风量降低，甚至关死新风阀门，单靠室内空调系统进行室内循环送风，只是表面上解决心理问题，不能从根本上解决室内空气品质恶化的问题。

（2）室内的新风系统应该在人员进入室内至少半个小时前开启，否则夜间和周末累积的污染物无法及时排出。

（3）加强对通风系统的维护。风管及部件中的灰尘要经常清洁，防止细菌繁殖，新风过滤器和回风过滤器的清洗和更换非常重要，若室内环境主要是依靠空调系统进行送风，过滤器的清洗与更换频率应该相应增加。

（4）解决室内空气污染的最佳途径是合理的通风，在不引入外来污染物的条件下，保持通风可以有效地清除掉室内的污染物质。在新风量及建筑结构改造未能得到有效解决之前，可通过结合机械通风的方式，在室内各区域（尤其是污染物浓度较高或通风条件较差的区域）合理布置风机，加强通风换气，尽快将污染物排出室外。

第五节　地下公共空间室内空气品质评价体系构建研究——以广东某图书馆地下书库为例

随着城市化进程的加快，可供开发的地上土地资源日渐稀缺，为了协调人口、资源、空间环境之间的矛盾，地下空间在扩大城市空间容量，提高环境质量方面有着广阔的发展前景，人们将越来越多的视线投入到地下空间的开发利用中去。早在 20 世纪 80 年代末，国外已建成二十多个正式的地下图书馆。近年来，我国很多图书馆也都陆续扩建地下书库，建成的地下书库功能多样，主要包括藏书、阅览、展厅等。图书馆地下书库由于环境特点、通风方式、污染源类别等室内空气品质影响因素与地上室内环境存在较大差异，对其室内空气品质评价的侧重点应有不同。目前，国内外对于地下空气品质评价体系方面的研究较少，在地下空间的开发利用已成为图书馆空间扩展的一大趋势的背景下，开展地下环境空气品质评价体系研究有其重要的研究价值与现实必要性。

2011~2013 年，本研究团队对广东省某大型图书馆地下书库的室内空气品质进行了 3 年的跟踪调查。该地下书库总共有四层，其中负一层上半部分露出地面，负二~负四层完全位于地下。特藏部库房分布于地下负二~负四层，按功用分为阅览室、展厅及书库。现场调查发现，尽管书库空气质量基本满足《室内空气质量标准》（GB/T 18883—2002）、《民用建筑工程室内环境污染控制规范》（GB50325—2010）、《图书馆、博物馆、美术馆、展览馆卫生标准》（GB9669—1996）等标准指标要求，但读者及工作人员对室内空气品质满意度却非常低，主观评价与客观评价结果差异明显：主观评价觉得某室内空气品质可接受的，客观指标未必达到规定限制，而客观指标合格的，主观评价未必满意。

只对地下书库空气品质作一方面调查，并不能对其空气质量作出合理与准确的评价。

鉴于国内目前还未对室内空气品质评价形成统一、完善的评价体系，更未形成针对图书馆地下书库空气品质的评价体系。本研究团队在大量调研结果基础上，按照环境质量评价指标体系的构建原则，建立了一套专门针对图书馆地下书库室内空气品质的评价体系。该评价体系创新性地将主观感受与地下书库特殊的污染源纳入评价指标，以相互弥补，从而合理、科学地评价图书馆地下书库空气品质。该体系分为四个层次，总目标为：图书馆地下书库室内空气品质；5 个相对于目标层的一级指标：物理性、化学性、生物性、放射性、主观性；14 个相对于一级指标的二级指标，其中气象要素、书刊属性、无机物、有机物、颗粒物、防蠹剂 6 个二级指标又包含 20 个三级指标。整个评价指标体系共包含 28 个基本指标。

在构建的评价体系基础上，通过实例应用综合评价了该地下书库各区域之间空气品质的优劣性，同时也指出了影响该图书馆地下书库空气品质的主要因素。本案例中，影响着各区域空气品质的主要客观指标为温度、新风量，其次为 TVOC、PM_{10}。此外，在综合评价的基础上，用灰色关联分析，寻找该地下书库空气品质主客观评价的关联度，找出影响被调查者进行主观评价的因素，找到影响空气品质的指标。分析发现，客观指标中 PM_{10}、TVOC、新风量与被调查者主观评价灰色关联度最高，对被调查者作出主观判断影响最大；PM_{10}、TVOC、新风量及甲醛与被调查者产生感官刺激的关联度最大，相对湿度、温度则最小，进一步得出 PM_{10}、TVOC、新风量是全面改善该地下书库空气品质的关键点，对实际室内环境管理工作提供指导。

当对不同的室内场所进行空气品质评价时，需要综合考虑其室内环境的特殊性及主观感受，从而达到更加全面、科学的评价效果。图书馆地下书库作为室内公共场所的一个典型代表，其室内空气品质的评价体系的构建，不仅可以为地下书库空气污染防控与空气品质的提高提供技术支持，同时，也为其他地下空间空气品质评价体系的建立以及局部环境空气污染防治研究提供参考。

第六节　特殊人为习惯影响室内空气质量

从研究中心以往的研究与实例监测情况看，一般新装修房间大部分出现程度或轻或重的有机污染气体（甲醛、TVOC）超标。一般家具柜内甲醛、TVOC 浓度高除了与其质量（所用材料、黏合剂、涂料等）有关外，也受长期关闭，缺少通风换气，污染物容易积累有关。值得注意的是，室内环境中的部分空气污染源，与人们某些无意的行为习惯也息息相关，以下将举例说明。

通过多次的监测案例发现，在实际生活中，为了防止虫害或者掩盖新家具挥发性气味，部分人群习惯性地在衣柜或书桌内放置大量熏香剂和防蛀防霉球剂，其中大部分防蛀防霉球剂主要成分以对二氯苯为主，这些化学药物会挥发出特殊的刺激性有机气体，具有毒性，对室内空气品质产生较大影响。

通过对比同一类型的家具，其中有放置防蛀防霉球剂的家具，其内部 TVOC 浓度往往大大高于无放置防蛀防霉球剂的家具，且明显高于对应房间的空间浓度（表 11-17）。

从监测案例的数据可以看出，防蛀防霉球剂对室内空气质量影响严重，此物品不仅能释放出有毒有害的刺激性气体，同时也是造成 TVOC 浓度严重超标的重要原因之一。若常用于衣柜防虫，其释放的有机气体能黏附于衣服，对敏感皮肤（尤其是小孩）可造成不适，因此建议日常生产中尽量避免使用此类物品。

表 11-17　放置防蛀防霉球剂行为与 TVOC 浓度对比　（单位：mg/m^3）

行为	案例	组 1	组 2	组 3
有放置	柜子内部 TVOC 浓度	38.09	25.07	29.01
	对应房间的空间 TVOC 浓度	0.802	4.144	4.894
无放置	柜子内部 TVOC 浓度	0.519	0.320	0.419
	对应房间的空间 TVOC 浓度	0.018	0.012	0.016

第七节　边装修边办公典型案例分析

在室内空气质量调查的过程中发现，不少单位由于相关政策或企业发展需求，对办公室格局进行大范围调整，通常由于装修时间紧促、办公场地不足、领导意识薄弱等原因，办公室往往装修不久后马上就要搬入，办公室异味明显，对员工身心健康造成较大的影响，更为严重的是，部分单位甚至出现了边装修边办公的现象。据现场调查表明，对于边装修边办公的单位，其施工粉尘及有机废气让办公人员苦不堪言，对其身体健康构成极大威胁。

下面将结合具体案例，通过对比不同装修情况下，正常上班时及经封闭 12 小时后的现场监测结果，强调说明边装修边办公的安全隐患。

案例 1 和案例 2 分别为一个装修约 2 个月后的办公场所及一个边装修边办公的办公场所，其中案例 2 现场监测全过程外墙及走廊正在施工。通过对比这两种不同装修状态的办公环境在封闭 12 个小时后与正常工作期间情况下的 TVOC 浓度，可以看出，已装修 2 个月后的办公室，其正常办公情况下（开门窗及空调系统等），室内的 TVOC 浓度明显小于封闭状态下的浓度，通风可以有效地减少室内空气污染（图 11-25）；而对于处于装修期间的办公室，其正常办公情况下（开门窗及空调系统等），室内的 TVOC 浓度大部分仍略大于封闭状态下的浓度（图 11-26）。这说明，装修状态下，仅依靠开门窗通风及空调系统等方式，并不能有效地减少装修带来的污染，反而，办公室周围的装修行为所带来的挥发性有机物会通过空气流动不断渗入室内环境，办公室内部的有机污染物浓度是时刻与室内外的装修行为相关的。

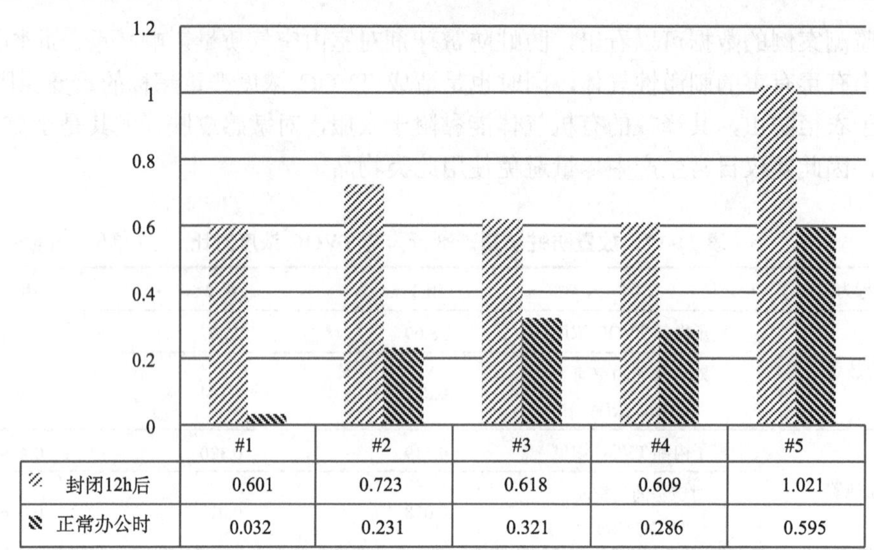

图 11-25 装修 2 个月后封闭 12h 与正常办公时 TVOC 浓度对比图（案例 1）

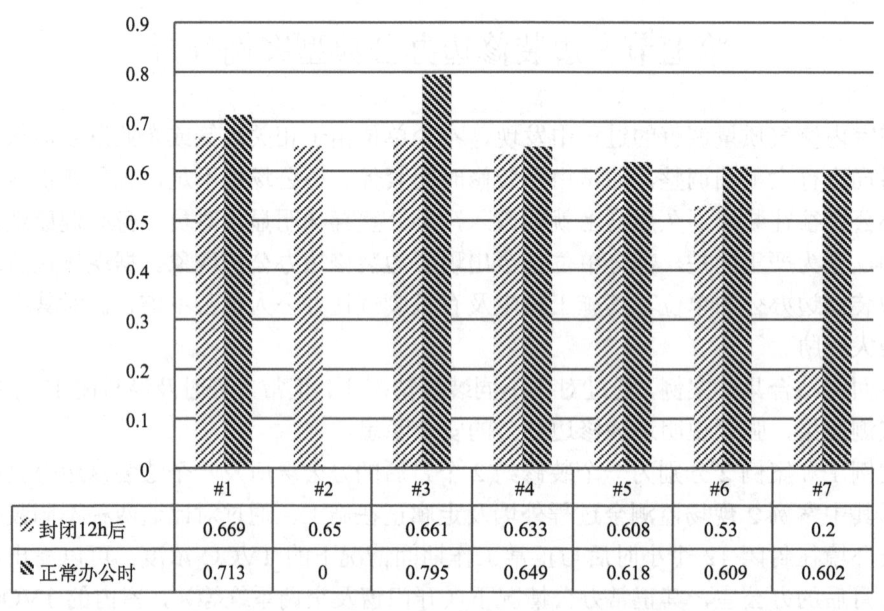

图 11-26 装修期间封闭 12h 与正常办公时 TVOC 浓度对比图（案例 2）

健康是工作的基础，健康的办公环境不仅能够带给员工舒适愉悦感，提高工作效率，还能促进单位发展。因此，结合本研究团队多年积累的研究经验，针对办公室装修问题，建议其在装修时，要重点做好以下工作，最大限度地避免造成办公室内环境污染问题：第一，控制装修强度，能轻则轻，以简单装修为宜；第二，建议选购质量较好的环保装修材料，从源头上控制室内环境污染；第三，合理安排施工计划，对强度较大的装修，应避免边装修边办公或装修后马上搬入的情况，充分认识边装修边办公或装修后马上搬入可能引起的人体健康危害风险极大；第四，装修结束后，应加强通风、合理通风，在确保空气质量达到相关标准后再进驻。

参 考 文 献

张淑娟, 苏志峰, 林泽健, 等. 2011. 广东省室内空气污染现状及特征分析. 中山大学学报, 50(2): 139～142

附录1　主要室内空气污染物测定方法

一、空气中甲醛的测定方法

空气中甲醛的测定方法很多，主要有AHMT分光光度法、乙酰丙酮分光光度法、酚试剂分光光度法、气相色谱法、电化学传感器法等。这里选择介绍酚试剂分光光度法和气相色谱法。

（一）酚试剂分光光度法

本方法主要依据《公共场所空气中甲醛测定方法》（GB/T18204.26-2000）。

1. 原理

空气中的甲醛与酚试剂反应生成嗪，嗪在酸性溶液中被高铁离子氧化形成蓝绿色化合物。根据颜色深浅，比色定量。

2. 试剂

本法中所用水均为重蒸馏水或去离子交换水；所用的试剂纯度一般为分析纯。

（1）吸收液原液：称量0.10g酚试剂[$C_6H_4SN（CH_3）C：NNH_2·HCl$，简称MBTH]，加水溶解，倾于100mL具塞量筒中，加水至刻度。放冰箱中保存，可稳定三天。

（2）吸收液：量取吸收原液5mL，加95mL水，即为吸收液。采样时，临用现配。

（3）1%硫酸铁铵溶液：称量1.0g硫酸铁铵（$NH_4Fe（SO_4）_2·12H_2O$）用0.1mol/L盐酸溶解，并稀释至100mL。

（4）　碘溶液[c（$1/2I_2$）　=0.1000mol/L]：称量40g碘化钾，溶于25mL水中，加入12.7g碘。待碘完全溶解后，用水定容至1000mL。移入棕色瓶中，暗处储存。

（5）1mol/L氢氧化钠溶液：称量40g氢氧化钠，溶于水中，并稀释至1000mL。

（6）0.5mol/L硫酸溶液：取28mL浓硫酸缓慢加入水中，冷却后，稀释至1000mL。

（7）硫代硫酸钠标准溶液[c（$Na_2S_2O_3$）=0.1000mol/L]：可购买标准试剂配制。

（8）0.5%淀粉溶液：将0.5g可溶性淀粉，用少量水调成糊状后，再加入100mL沸水，并煮沸2~3 min至溶液透明。冷却后，加入0.1g水杨酸或0.4g氯化锌保存。

（9）甲醛标准储备溶液：取2.8mL含量为 36%~38%甲醛溶液，放入1L容量瓶中，加水稀释至刻度。此溶液1mL约相当于1mg甲醛。其准确浓度用下述碘量法标定。

甲醛标准储备溶液的标定:精确量取 20.00mL 待标定的甲醛标准储备溶液，置于250mL碘量瓶中。加入20.00mL[c（$1/2I_2$）=0.1000mol/L]碘溶液和15mL 1mol/L氢氧化钠溶液，放置15min，加入20mL 0.5mol/L硫酸溶液，再放置15min，用[c（$Na_2S_2O_3$）=0.1000mol/L]硫代硫酸钠溶液滴定，至溶液呈现淡黄色时，加入1ml 5%淀粉溶液继续滴定至恰使兰色褪去为止，记录所用硫代硫酸钠溶液体积（V_2），mL。同时用水做试剂空白滴定，记录空白滴定所用硫代硫酸钠标准溶液的体积（V_1），ml。甲醛溶液的浓度按式（附 1-1）计算：

$$甲醛溶液浓度（mg/mL）=\frac{(V_1-V_2)\times c_1\times 15}{20} \quad（附 1-1）$$

式中：V_1 为试剂空白消耗[c（$Na_2S_2O_3$）=0.1000mol/L] 硫代硫酸钠标准溶液的体积，ml；V_2 为甲醛标准贮备溶液消耗[c（$Na_2S_2O_3$）=0.1000mol/L] 硫代硫酸钠溶液的体积，ml；c_1 为硫代硫酸钠溶液的准确物质的量浓度；15 为甲醛的当量；20 为所取甲醛标准贮备溶液的体积，ml。

二次平行滴定，误差应小于 0.05ml，否则重新标定。

（10）甲醛标准溶液：临用时，将甲醛标准贮备溶液用水稀释成 1.00mL 含 10μg 甲醛、立即再取此溶液 10.00mL，加入 100mL 容量瓶中，加入 5mL 吸收原液，用水定容至 100mL，此液 1.00mL 含 1.00μg 甲醛，放置 30min 后，用于配置标准色列管。此标准溶液可稳定 24 小时。

3. 仪器和设备

（1）大型气泡吸收管：出气口内径为 1mm，出气口至管底距离等于或小于 5mm。

（2）恒流采样器：流量范围 0～1L/min。流量稳定可调，恒流误差小于 2%，采样前和采样后应用皂沫流量计校准采样系列流量，误差小于 5%。

（3）具塞比色列管：10mL；

（4）分光光度计：在 630nm 测定吸光度。

4. 采样

用一个内装 5mL 吸收液的大型气泡吸收管，以 0.5L/min 流量，采气 10L。并记录采样点的温度和大气压力。采样后样品在室温下应在 24 小时内分析。

5. 分析步骤

（1）标准曲线的绘制

取 10mL 具塞比色管，用甲醛标准溶液按下表制备标准系列。

附表 1-1

管号	0	1	2	3	4	5	6	7	8
标准溶液/mL	0	0.10	0.20	0.40	0.60	0.80	1.00	1.50	2.00
吸收液/mL	5.0	4.9	4.8	4.6	4.4	4.2	4.0	3.5	3.0
甲醛含量/μg	0	0.1	0.2	0.4	0.6	0.8	1.0	1.5	2.0

各管中，加入 0.4mL1%硫酸铁铵溶液，摇匀。放置 15min。用 1cm 比色皿，在波长 630nm 下，以水作参比，测定各管溶液的吸光度。以甲醛含量为横坐标，吸光度为纵坐标，绘制曲线，并计算回归线斜率，以斜率倒数作为样品测定的计算因子 Bg（μg/吸光度）。

（2）样品测定

采样后，将样品溶液全部转入比色管中，用少量吸收液洗吸收管，合并使总体积为 5mL，测定吸光度（A）；在每批样品测定的同时，用 5mL 未采样的吸收液作试剂空白，测定试剂空白的吸光度（A_0）。

6. 结果计算

（1）将采样体积按式（附 1-2）换算成标准状态下采样体积。

$$V_0 = V_t \frac{T_0}{273+t} \cdot \frac{P}{P_0} \quad \text{（附 1-2）}$$

式中：V_0 为标准状态下的采样体积，L；V_t 为采样体积，由采样流量乘以采样时间而得，L；T_0 为标准状态下的绝对温度，273K；P_0 为标准状态下的大气压力，101.3kPa；P 为采样时的大气压力，kPa；t 为采样时的空气温度，℃。

（2）空气中甲醛浓度按式（附 1-3）计算：

$$c = \frac{(A - A_0) \times B_g}{V_0} \quad \text{（附 1-3）}$$

式中，c 为空气中甲醛浓度，mg/m^3；A 为样品溶液的吸光度；A_0 为空白溶液的吸光度；B_g 为计算因子，μg/吸光度；V_0 为换算成标准状态下的采样体积，L。

7. 测量范围、干扰和排除

（1）测量范围：用 5ml 样品溶液，本法测定范围为 0.1～1.5μg；采样体积为 10L 时，可测浓度范围 0.01～0.15mg/m^3。

（2）灵敏度：本法灵敏度为 2.8μg/吸光度。

（3）检出下限：本法检出为 0.056μg 甲醛。

（4）干扰和排除：20μg 酚、2μg 醛以及二氯化氮对本法无干扰。二氧化硫共存时，使测定结果偏低。因此对二氧化硫干扰不可忽视，可将气样先通过硫酸锰滤纸过滤器（见附录 B），予以排除。

（5）再现性：当甲醛含量为 0.1，0.6，1.5μg/5mL 时，重复测定的变异系数为 5%、5%、3%。

（6）回收率：当甲醛含量 0.4~1.0μg/5mL 时，样品加标准的回收率为 93%~101%。

（二）气相色谱法

本方法主要依据《公共场所空气中甲醛测定方法》（GB-T18204.26—2000）。

1. 原理

空气中甲醛在酸性条件下吸附在涂有 2，4-二硝基苯（2，4-DNPH）6201 载体上，生成稳定的甲醛腙。用二硫化碳洗脱后，经 OV-色谱柱分离，用氢焰离子化检测器测定，以保留时间定性，峰高定量。

检出下限为 0.2μg/ml（进样品洗脱液 5μL）。

2. 试剂和材料

本法所用试剂纯度为分析纯;水为二次蒸馏水。

（1）二硫化碳:需重新蒸馏进行纯化。

（2）2，4-DNPH 溶液:称取 0.5mg 2, 4-DNPH 于 250mL 容量瓶中，用二氯甲烷稀释到刻度。

（3）mol/L 盐酸溶液。

（4）吸附剂:10g 6201 担体（60~80 目），用 40ml 2, 4-DMPH 二氯甲烷饱和溶液分二次涂敷，减压，干燥，备用。

（5）甲醛标准溶液:配制和标定方法见酚试剂分光光度法。

3. 仪器及设备

（1）采样管:内径 5mm，长 100mm 玻璃管，内装 150mg 吸附剂，两端用玻璃棉堵塞，用胶帽密封，备用。

（2）空气采样器:流量范围为 0.2~10L/min，流量稳定。采样前和采样后用皂膜计校准采样系统的流量，误差小于 5%。

（3）具塞比色管，5ml。

（4）微量注射器:10μl，体积刻度应校正。

（5）气相色谱仪:带氢火焰离子化检测器。

（6）色谱柱:长 2m，内径 3mm 的玻璃柱，内装固定相（OV-1），色谱载体 Shimatew（80~100 目）。

4. 采样

取一支采样管，用前取下胶帽，拿掉一端的玻璃棉，加一滴（约 50μl）2mol/L 盐酸溶液后，再用玻璃棉堵好。将加入盐酸溶液的一端垂直朝下，另一端与采样进气口相连，以 0.5L/min 的速度，抽气 50L。采样后，用胶帽套好，并记录采样点的温度和大气压力。

5. 分析步骤

1）气相色谱测试条件

分析时，应根据气相色谱仪的型号和性能，制定能分析甲醛的最佳测试条件。下面所列举的测试条件是一个实例。

色谱柱:柱长 2m，内径 3mm 的玻璃管，内装 OV-1+Shimalitew 载体体。

柱温:230℃。

检测室温度:260℃。

气化室温度:260℃。

载气（N_2）流量:70ml/min;

氢气流量:40 ml/min;

空气流量:450 ml/min。

2）绘制标准曲线和测定校正因子

在作样品测定的同时，绘制标准曲线或测定校正因子。

（1）标准曲线的绘制:取 5 支采样管，各管取下一端玻璃棉，直接向吸附剂表面滴加一滴约（50μl）20mol/L 盐酸溶液。然后，用微量注射器分别准确加入甲醛标准溶液（1.00ml 含 1mg 甲醛），制成在采样管中的吸附剂上甲醛含量在 0~20μg 范围内有 5 个浓度点标准管，再填上玻璃棉，反应 10 分钟，再将各标准管内吸附剂分别移入五个 5ml 具塞比色管中，各中入 1.0ml 二硫化碳，稍加振摇，浸泡 30 分钟，即为甲醛洗脱溶液标准系列管。然后，取 5.0μl 各个浓度点的标准洗脱液，进色谱柱，得色谱峰和保留时间。每个浓度点需重复做 3 次，测量峰高的平均值。以甲醛的浓度（μg/ml）为横坐标，平均峰高（mm）为纵坐标，绘制标准曲线，并计算回归线的斜率。以斜率的数作为样品测定的计算因子 *Bs*[μg/（ml · mm）]。

（2）测定校正因子:在测定范围内，可用单点校正法求校正因子。在样品测定同时，分别取试剂空白溶液与样品浓度相接近的标准管洗脱溶液，按气相色谱最佳测试条件进行测定，重复做 3 次，得峰高的平均值和保留时间。按式（附 1-4）计算校正因子:

$$f = \frac{c_0}{h - h_0} \tag{附 1-4}$$

式中，f 为校正因子，μg/（ml · mm）；c_0 为标准溶液浓度，μg/ml；h 为标准溶液平均峰高；mm；h_0 为试剂空白溶液平均峰高，mm；

3）样品测定

采样后，将采样管内吸附剂全部移入 5ml 具塞比色管中，加入 1.0ml 二硫化碳，稍加振摇，浸泡 30 分钟。取 5.0μl 洗脱液，按绘制标准曲线或测定校正因子的操作步骤进样测定。每个样品重复做 3 次，用保留时间确认甲醛的色谱峰，测量其峰高，得峰高的平均值（mm）。

在每批样品测定的同时，取未采样的采样管，按相同操作步骤作试剂空白的测定。

6. 计算

1）用标准曲线法按式（附 1-5）计算空气中甲醛的浓度

$$c = \frac{(h - h_0)B_s}{V_0 \cdot Es} \cdot V_1 \tag{附 1-5}$$

式中，c 为空气中甲醛浓度；mg/m^3；h 为样品溶液峰高的平均值，mm；h_0 为试剂空白溶液峰高的平均值，mm；s 为用标准溶液制备标准曲线得到的计算因子，μg/（ml · mm）；V_1 为样品洗脱溶液总体积，ml；Es 为由实验确定的平均洗脱效率；V_0 为换算成标准状况下的采样体积，L。

2）用单点校正法按式（附 1-6）计算空气中甲醛的浓度

$$c = \frac{(h - h_0)f}{V_0 \cdot Es} V_1 \tag{附 1-6}$$

式中，f为用单点校正法得到的校正因子，μg/（ml · mm）；其他符号的表示同式（附 1-4）。

二、空气中挥发性有机化合物总量（TVOC）的测定

本方法主要依据《室内空气质量标准》（GB-T 18883—2002）附录 C 的方法。

1. 原理

选择合适的吸附剂（Tenax GC 或 Tenax TA）采集空气中挥发性有机物，采样后将采样管加热同时通入氮气解吸被吸附的化合物，被测化合物随氮气进入毛细管色谱柱，用氢焰离子化检测器检测，用保留时间定性，峰高或峰面积定量。

2. 仪器和设备

（1）吸附管：是外径 6.3mm 内径 5mm 长 90mm（或 180mm）内壁抛光的不锈钢管，吸附管的采样入口一端有标记。吸附管可以装填一种或多种吸附剂，应使吸附层处于解吸仪的加热区。根据吸附剂的密度，吸附管中可装填 200~1000mg 的吸附剂，管的两端用不锈钢网或玻璃纤维毛堵住。如果在一支吸附管中使用多种吸附剂，吸附剂应按吸附能力增加的顺序排列，并用玻璃纤维毛隔开，吸附能力最弱的装填在吸附管的采样入口端。

（2）注射器：10μL 液体注射器；10μL 气体注射器；1ml 气体注射器。

（3）采样泵：恒流空气个体采样泵，流量范围 0.02~0.5L/min，流量稳定。使用时用皂膜流量计校准采样系统在采样前和采样后的流量。流量误差应小于 5%。

（4）气相色谱仪：配备氢火焰离子化检测器、质谱检测器或其他合适的检测器。

（5）色谱柱：非极性（极性指数小于 10）石英毛细管柱。

（6）热解吸仪：能对吸附管进行二次热解吸，并将解吸气用惰性气体载带进入气相色谱仪。解吸温度、时间和载气流速是可调的。冷阱可将解吸样品进行浓缩。

（7）液体外标法制备标准系列的注射装置：常规气相色谱进样口，可以在线使用也可以独立装配，保留进样口载气连线，进样口下端可与吸附管相连。

3. 试剂和材料

分析过程中使用的试剂应为色谱纯；如果为分析纯，需经纯化处理，保证色谱分析无杂峰。

（1）VOC_S：为了校正浓度，需用 VOC_S 作为基准试剂，配成所需浓度的标准溶液或标准气体，然后采用液体外标法或气体外标法将其定量注入吸附管。

（2）稀释溶剂：液体外标法所用的稀释溶剂应为色谱纯，在色谱流出曲线中应与待测化合物分离。

（3）吸附剂：使用的吸附剂粒径为 0.18~0.25mm（60~80 目），吸附剂在装管前都应在其最高使用温度下，用惰性气流加热活化处理过夜。为了防止二次污染，吸附剂应在清洁空气中冷却至室温，储存和装管。解吸温度应低于活化温度。由制造商装好的吸附管使用前也需活化处理。

（4）高纯氮：99.999%。

4. 采样和样品保存

将吸附管与采样泵用塑料或硅橡胶管连接。个体采样时，采样管垂直安装在呼吸带；固定位置采样时，选择合适的采样位置。打开采样泵，调节流量，以保证在适当的时间内获得所需的采样体积（1~10L）。如果总样品量超过 1mg，采样体积应相应减少。记录采样开始和结束时的时间、采样流量、温度和大气压力。

采样后将管取下，密封管的两端或将其放入可密封的金属或玻璃管中。样品可保存 14 天。

5. 分析步骤

1）样品的解吸和浓缩

将吸附管安装在热解吸仪上，加热，使有机蒸气从吸附剂上解吸下来，并被载气流带入冷阱，进行预浓缩，载气流的方向与采样时的方向相反。然后再以低流速快速解吸，经传输线进入毛细管气相色谱仪。传输线的温度应足够高，以防止待测成分凝结。解吸条件见附表 1-2）。

附表 1-2　解吸条件

项目	条件
解吸温度	250~325℃
解吸时间	5~15min
解吸气流量	30~50ml/min
冷阱的制冷温度	+20~-180℃
冷阱的加热温度	250~350℃
冷阱中的吸附剂	如果使用，一般与吸附管相同，40~100mg
载气	氦气或高纯氮气
分流比	样品管和二级冷阱之间以及二级冷阱和分析柱之间的分流比应根据空气中的浓度来选择

2）绘制标准曲线

气体外标法　用泵准确抽取 100μg/m^3 的标准气体 100ml、200ml、400ml、1L、2L、4L、10L 通过吸附管，制备标准系列。

液体外标法　利用 GB/T18883—2002 附录 4.6 的进样装置取 1~5μl 含液体组分 100μg/ml 和 10μg/ml 的标准溶液注入吸附管，同时用 100ml/min 的惰性气体通过吸附管，5min 后取下吸附管密封，制备标准系列。

用热解吸气相色谱法分析吸附管标准系列，以扣除空白后峰面积的对数为纵坐标，以待测物质量的对数为横坐标，绘制标准曲线。

3）色谱分析条件

可选择膜厚度为 1~5mm，50m×0.22mm 的石英柱，固定相可以是二甲基硅氧烷或7%的氰基丙烷、7%的苯基、86%的甲基硅氧烷。柱操作条件为程序升温，初始温度 50℃保持 10min，以 5℃/min 的速率升温至 250℃。

4）样品分析

每支样品吸附管按绘制标准曲线的操作步骤（即相同的解吸和浓缩条件及色谱分析条件）进行分析，用保留时间定性，峰面积定量。

6. 计算

1）将采样体积按式（附 1-7）换算成标准状态下的采样体积

$$V_0 = V \cdot \frac{T_0}{T} \cdot \frac{P}{P_0} \tag{附 1-7}$$

式中，V_0为换算成标准状态下的采样体积，L；V为采样体积，L；T_0为标准状态的热力学温度，273K；T为采样时采样点现场的温度（t）与标准状态的热力学温度之和，（t+273）K；P_0为标准状态下的大气压力，101.3kPa；P为采样时采样点的大气压力，kPa。

2）TVOC 的计算

（1）应对保留时间在正己烷和正十六烷之间所有化合物进行分析。

（2）计算 TVOC，包括色谱图中从正己烷到正十六烷之间的所有化合物。

（3）根据单一的校正曲线，对尽可能多的 VOC_S 定量，至少应对 10 个最高峰进行定量，最后与 TVOC 一起列出这些化合物的名称和浓度。

（4）计算已鉴定和定量的挥发性有机化合物的浓度 S_{id}。

（5）用甲苯的响应系数计算未鉴定的挥发性有机化合物的浓度 S_{un}。

（6）S_{id}与 S_{un}之和为 TVOC 的浓度或 TVOC 的值。

（7）如果检测到的化合物超出了 2）中 VOC 定义的范围，那么这些信息应该添加到 TVOC 值中。

3）空气样品中待测组分的浓度按式（附 1-8）计算

$$c = \frac{F - B}{V_0} \times 1000 \tag{附 1-8}$$

式中，c为空气样品中待测组分的浓度，μg/m³；F为样品管中组分的质量，μg；B为空白管中组分的质量，μg；V_0为标准状态下的采样体积，L。

4）方法特性

（1）检测下限　采样量 10L 时，检测下限为 0.5μg/m³。

（2）线性范围　10^6。

（3）精密度　在吸附管加入 10μg 混合标准溶液，Tenax TA 的相对标准偏差范围为 0.4%~2.8%。

（4）准确度　在 20℃，相对湿度 50%的条件下，在吸附管上加入 10mg/m³的正己烷，Tenax TA，Tenax GC（5 次测定平均值）的总不确定度为 8.9%。

三、空气中苯、甲苯、二甲苯的测定方法

本方法主要依据《居住区大气中苯、甲苯和二甲苯卫生检验标准方法　气相色谱法》（GB 11737—1989）。

1. 原理

空气中苯、甲苯、二甲苯用活性炭吸附剂采集，然后经热解吸或用二硫化碳提取出来，再经聚乙二醇 6000 色谱柱分离，氢火焰离子化检测器检测，用保留时间定性，峰高定量。

2. 仪器和设备

（1）活性炭采样管：用长 150mm，内径 3.5~4.0mm，外径 6mm 的玻璃管，装入 100mg 椰子壳活性炭，两端用少量玻璃棉固定。装限管后再用纯氮气于 300~350℃温度条件下吹 5~10min，然后套上塑料帽封紧管的两端。此管放于干燥器中可保持 5 天。若将玻璃管熔封，此管可稳定 3 个月。

（2）空气采样器：流量范围 0.2~1L/min，流量稳定。使用时用皂膜流量计校准采样系列在采样前和采样后的流量。流量误差应小于 5%。

（3）注射器：1mL，100mL。体积刻度误差应该校准。

（4）微量注射器：1μL，10μL。体积刻度误差应该校准。

（5）热解吸装置：热解吸装置主要由加热器、控温器、测温表及气体流量控制器等部分组成。调温范围为 100~400℃，控温精度±1℃。热解吸气体为氮气，流量调节范围为 50~100mL/min，读数误差±1mL/min。所有的热解装置的结构应使活性炭管能方便地插入加热器中，并且各部分受热均匀。

（6）具塞刻度试管：2mL

（7）气相色谱仪：附氢火焰离子化检测器。

（8）色谱柱：直径 4mm，长 2m 不锈钢柱。内填充聚乙二醇 6000 6201 担体（5：100）固定相。

3. 试剂和材料

（1）苯：色谱纯。

（2）甲苯：色谱纯。

（3）二甲苯：色谱纯。

（4）二硫化碳：分析纯，需要纯化处理。

（5）色谱固定液：聚乙二醇 6000。

（6）椰子壳活性炭：20~40 目，用于装活性炭采样管。

（7）纯氮：99.99%。

（8）6201 担体：60~80 目。

4. 采样和样品保存

在采样地点打开活性管，两端孔径至少 2mm，与空气采样器入气口垂直连接，以 0.5L/min 的速度，抽取 10L 空气。采样后，将管的两端套上塑料帽，并记录采样时的温度和大气压力。样品可以保存 5 天。

5. 分析步骤

1）测试条件

由于色谱分析条件常因实验条件不同而有差异，所以应根据所用气相色谱仪的型号和性能，制定能分析苯、甲醛和二甲苯的最佳的色谱分析条件。

2）绘制标准曲线和测定计算因子

在作样品分析的相同条件下，绘制标准曲线和测定计算因子。

3）用混合标准气体绘制标准曲线

用微量注射器准确取一定量的苯、甲苯和二甲苯（于 20℃时、1μL 苯重 0.8787mg，甲苯重 0.8669mg，邻、间、对二甲苯分别重 0.8802mg、0.8642mg、0.8611mg）分别注入 100ml 注射器中，以氮气为本底气，配制一定浓度的标准气体。取一定量的苯、甲苯和二甲苯标准气体分别注入同一个 100ml 注射器中相混合，再用氮气逐级稀释成 0.02~2.0μg/ml 范围内四个浓度点的苯、甲苯和二甲苯的混合气体。取 1ml 进样，测量保留时间及峰高。每个浓度重复 3 次，取峰高的平均值。分别以苯、甲苯和二甲苯的含量（μg/mL）为横坐标，平均峰高（mm）为纵坐标，绘制标准曲线，并计算回归线的斜率，以斜率的倒数 B_g[μg/（mL · mm）]作为样品测定的计算因子。

4）用标准溶液绘制标准气体

3 支 50ml 容量瓶中，先加入少量二硫化碳，用 10μl 注射器准确量取一定量的苯、甲苯和二甲苯分别注入容量瓶中，加二硫化碳至刻度，配成一定浓度的储备液。临用前取一定量的储备液用二硫化碳逐级稀释成苯、甲苯和二甲苯含量为 0.005μg/ml、0.01μg/ml、0.2μg/ml 的混合液标准液。分别取 1μl 进样，测量保留时间及峰高，每个浓度重复 3 次，取峰高的平均值，以苯、甲苯和二甲苯的含量（μg/μL）为横坐标，平均峰高（mm）为纵坐标，绘制标准曲线、并计算回归线的斜率，以斜率的倒数 Bs[μg/（μL · mm）]作为样品测定的计算因子。

6. 计算

（1）将采样体积按式（附 1-9）换算成标准状态下的采样体积；

$$V_0 = V_t \frac{T_0}{273+t} \cdot \frac{P}{P_0} \quad \text{（附 1-9）}$$

式中，V_0 为标准状态下的采样体积，L；V_t 为采样体积，由采样流量乘以采样时间而得，L；T_0 为标准状态下的绝对温度，273K；P_0 为标准状态下的大气压力，101.3kPa；P 为采样时的大气压力，kPa；t 为采样时的空气温度，℃。

用热解吸法时，空气中苯、甲苯和二甲苯浓度按式（附 1-10）计算。

$$c=\frac{(h-h_0)B_g}{(V_0 \cdot E_g)\times 100} \quad （附 1-10）$$

式中，c 为空气中苯、甲苯、二甲苯的浓度，mg/m³；h 为样品管中苯、甲苯、二甲苯的峰高，mm；h_0 为空白管中苯、甲苯、二甲苯的峰高，mm；B_g 为由标准曲线得到的计算因子，μg/（mL·mm）；V_0 为换算成标准状况下的采样体积，L；E_g 为由实验确定的解吸效率。

用二硫化碳提取法时，空气中苯、甲苯和二甲苯浓度按式（附 1-11）计算。

$$c=\frac{(h-h_0)\cdot B_s}{(V_0 \cdot E_s)\times 1000} \quad （附 1-11）$$

式中，c 为空气中苯、甲苯、二甲苯的浓度，mg/m³；h 为样品管中苯、甲苯、二甲苯的峰高，mm；h_0 为空气管中苯、甲苯、二甲苯的峰高，mm；B_s 为由标准曲线得到的校正因子，μg/（mL·mm）；V_0 为换算成标准状况下的采样体积，L；E_s 为由实验确定的二硫化碳提取率。

7. 紧密度和准确度

1）紧密度

用热解吸法苯浓度为 0.1μg/mL、0.5μg/ml 和 2.0μg/ml 的气样，重复测定的变异系数分别为 7%、6%和 4%，甲苯浓度为 0.1μg/ml、0.5μg/ml 和 2.0μg/ml 的气样，重复测定的变异系数为 9%、7%和 4%，二甲苯的浓度为 0.1μg/ml、0.5μg/ml 和 2.0μg/mL 的气样，重复测定的变异系数为 9%、6%和 5%，用二硫化碳提取法苯的浓度为 8.78μg/mL 和 21.9μg/mL 的液体样品，重复测定的变异系数为 7%和 5%，甲苯浓度为 17.3μg/mL 和 43.3μg/mL 液体样品，重复测定的变异系数分别为 5%和 4%，二甲苯浓度为 35.0μg/mL 和 87.9μg/mL 液体样品，重复测定的变异系数为 5%和 7%。

2）准确度

用热解吸法对甲苯含量为 5μg、50μg、500μg 的回收率分别为 96%、97%和 97%，甲醛含量为 10μg、100μg、1000μg 的回收率分别为 90%、91%和 94%，二甲苯含量 95.5μg 的回收率为 82%，二硫化碳提取法，对本含量为 0.5μg、21.1μg 和 200μg 的回收率分别为 95%、91%和 94%，,甲苯含量为 0.5μg、41.6μg 和 500μg 的回收率分别为 99%、99%和 93%，二甲苯含量为 0.5μg、34.4μg 和 500μg 的回收率分别为 101%、100%和 90%。

四、空气中苯并[*a*]芘的测定

本方法主要依据《空气中苯并[*a*]芘的测定　高效液相色谱法》（GB/T 15439—1995）。

1. 适用范围

本标准适用于环境空气可吸入颗粒物中苯并[*a*]芘含量的测定。

（1）测定范围

用大流量采样器（流量为 1.13m³/min）连续采集 24h，乙腈/水做流动相，苯并[*a*]芘

最低检出浓度为 $6\times10^{-5}\mu g/Nm^3$；甲醛/水做流动相，B[a]P 最低检出浓度为 $1.8\times10^{-4}\mu g/Nm^3$；

2. 仪器和设备

（1）超声波发生器：250W。

（2）采样器。

（3）离心机。

（4）具塞玻璃刻度离心管：5ml。

（5）高效液相色谱仪：备有紫外检测器。

（6）色谱柱。

3. 试剂和材料

（1）甲醇：优级纯。

（2）乙腈：色谱纯。

（3）超细玻璃纤维滤膜：过滤效率不低于 99.99%。

（4）二次蒸馏水：用全玻璃蒸馏器将一次蒸馏水或去离子水加高锰酸钾 $KMnO_4$（碱性）重蒸。

（5）苯并[a]芘标准液（1.00μg/μl）；称取 10.0±0.1mg 色谱纯苯并[a]芘，用乙腈溶解，在容量瓶中定容至 10ml。2~5℃避光保存。

4. 采样和样品保存

在采样点取出准备好的玻璃纤维滤纸装在采样夹内，将采样夹接到泵进气口，开启采样泵，以 20L/min 的流速采样 24h。采样后，从采样夹中取出玻璃纤维滤纸有尘面向内折叠，用黑纸包好，放入原包装袋密封，送实验室低温保存。记录采样点的气温和大气压力。

5. 计算

柱效计算公式：用半峰宽法计算

$$N = 5.54\frac{(T_r)^2}{W_{1/2}} \quad \text{（附 1-12）}$$

式中，N 为柱效,理论塔板数；T_r 为被测组分保留时间，s；$W_{1/2}$ 为半峰宽，s。

6. 样品

（1）样品采集方法。采样前超细纤维滤膜的处理：500℃马弗炉内灼烧 30 分钟。

（2）样品贮存方法。

将玻璃纤维滤膜取下后，尘面朝里折叠，黑纸包好，塑料袋密封后迅速送回实验室。−20℃以下保存，7 天内分析。

（3）样品的处理。先将滤膜边缘无尘部分剪去，然后将滤膜等分成 *n* 份，取 1/*n* 滤膜剪碎入 5ml 具塞玻璃离心管中，准确加入 5ml 乙腈，超声提取 10min，离心 10min，上清液待分析测定。

（4）在样品运输、保存和分析过程中，应避免可引起样品性质改变的热、臭氧、二氧化氮、紫外线灯因素的影响。

7. 操作步骤

1）调整仪器

（1）柱温：常温。

（2）流动相流量：1.0ml/min。

（3）流动相组成。

乙腈/水：线性梯度洗脱，组成变化按附表 1-3 所示进行。

附表 1-3　乙腈和水组成变化

时间/min	溶液组成
0	40%乙腈/60%水
25	100%乙腈
35	100%乙腈
45	40%乙腈/60%水

甲醛/水：甲醛/水＝85/15。

（4）检测器：紫外线检测器测定波长 254nm。

（5）记录仪：根据样品中 被测组分含量调节记录仪衰减倍数，使谱图在记录纸量程内。

（6）分析第一个样品前，应以 1.0ml/min 流量的流动相冲洗系统 30min 以上，检测器预热 30min 以上。

（7）检测器基线稳定后方能进样。

2）校准

（1）标准工作液：先用乙腈将贮备液稀释成 0.100μg/μl 的溶液，然后用该溶液配制三个或三个以上浓度的标准工作液。标准工作液浓度的确定应参照飘尘样品浓度范围，以样品浓度在曲线中段为宜。2~5℃避光保存。

（2）用被测组分进样量与峰面积建立回归方程，相关系数不应低于 0.99，保留时间变异在±2%。

（3）每天用浓度居中的标准工作液做常规校正，组分响应值变化在 15%之内，如变异过大，则重新校准或用新配制的标样重新建立回归方程。

（4）空白试验：每批样品或试剂有变动时，都应有相应的空白试验。空白样品应经历样品配制和测定的所有步骤。

3）试验

（1）进样

进样方式：以微量注射器人工进样或自动进样。

进样量：10~40μl。

操作：先用待测样品洗涤针头及针筒3次，抽取样品，排除气泡，迅速按照高效液相色谱进样方法进样，拔出注射器后用流动相洗涤针头及针筒两次。

样品浓度过低，无法正常测定时，可于常温下吹入平稳纯氮气将提取液浓缩。

4）色谱图的考察

（1）定性分析。

（2）定量分析。

计算

$$\rho=\frac{W\bullet V_t\times10^{-3}}{1/n\bullet V_i\bullet V_s} \tag{附1-13}$$

式中，ρ为环境空气可吸入颗粒物中苯并[a]芘浓度，$\mu g/Nm^3$；W为注入色谱仪样品中苯并[a]芘量，ng；V_t为提取液总体积，μl；V_i为进样体积，μl；V_s为标准状况下采样体积，m^3；1/n-为分析用滤膜在整张滤膜中所占比例。

8. 结果的表示

1）定性结果

根据标准液色谱图保留时间进行样品中苯并[a]芘的鉴定。

2）定量结果

（1）含量的表示方法。按上面式子算出环境空气可吸入颗粒物中苯并[a]芘的含量，以$\mu g/Nm^3$表示。

（2）精密度。

重复性：①乙腈/水流动相：飘尘样品5次测定，测定值为$0.0098\sim0.0108\mu g/Nm^3$，B[a]P变异系数为4.3%。②甲醇/水流动相：飘尘样品5次测定，测定值为$0.0034\sim0.0039\mu g/Nm^3$，B[a]P变异系数为52%。

再现性：①乙腈/水流动相：飘尘样品5个实验室测定，测定值为$0.0032\sim0.0037\mu g/Nm^3$，B[a]P变异系数为6.2%。②甲醇/水流动相：飘尘样品5个实验室测定，测定值为$0.0027\sim0.0035\mu g/Nm^3$，B[a]P变异系数为9.7%。

准确度：①乙腈/水流动相：加标飘尘样品回收率为93%~99%。②甲醇/水流动相：加标飘尘样品回收率为94%~99%。

检测限：①乙腈/水流动相：按检测值为2倍噪音值以上为有效值计算，B[a]P最小检测限为10^{-10}g。②甲醇/水流动相：按检测值在2倍噪音值以上为有效值计算，B[a]P最小检测限为3×10^{-10}g。

9. 注意事项

苯并[a]芘是致癌物，操作时应保持最低限度接触，必要时可戴防有机溶剂手套。废液应收集起来统一处理。实验所用的玻璃仪器用重铬酸钾洗液浸泡洗涤。

五、空气中二氧化硫的测定

本方法主要依据《居住区大气中二氧化硫卫生检验标准方法　甲醛溶液吸收-盐酸副玫瑰苯胺分光光度法》（GB/T 16128—1995）。

本标准适用于居住区大气中二氧化硫浓度的测定，也适用于室内和公共场所空气中二氧化硫浓度的测定。

1. 原理

空气中的二氧化硫被甲醛缓冲溶液吸收后，生成稳定的羟基甲基磺酸，加碱后，与盐酸副玫瑰苯胺作用，生成紫红色化合物，以比色定量。

2. 试剂和材料

本法所用试剂纯度除特别注明外均为分析纯，水为重蒸馏水或去离子水；也可用石英蒸馏器的一次水。

1）吸收液（甲醛邻苯二甲酸氢钾缓冲液）

（1）储备液：称量 2.04g 邻苯二甲酸氢钾和 0.364g 乙二胺四乙酸二钠（简称 EDTA-2Na）溶于水中，移入 1L 容量瓶中，再加入 5.30ml 37%甲醛溶液，用水稀释至刻度。储于冰箱，可保存一年。

（2）工作溶液：临用时，将上述吸收储备液用水稀释 10 倍。

2）2mol/L 氢氧化钠溶液

称取 8.0g 氢氧化钠溶于 100ml 水中。

3）0.3%氨磺酸钠溶液

称取 0.3g 氨磺酸，加入 3.0ml 2mol/L 氢氧化钠溶液，用水稀释至 100ml。

4）0.025%盐酸副玫瑰苯胺溶液

（1）1mol/L 盐酸溶液：量取浓盐酸（优级纯，ρ_{20}=1.19g/ml）86ml，用水稀释至 1000ml。

（2）4.5mol/L 磷酸溶液：量取浓磷酸（优级纯，ρ_{20}=1.69g/ml）307ml，用水稀释至 1L

（3）0.25%盐酸副玫瑰苯胺储备液 1)：称取 0.125g 盐酸副玫瑰苯胺（简称 PRA，$C_{19}H_{18}N_3Cl \cdot 3HCl$），按 GB/T 16128—1995 附录 A 提纯，用 1mol/L 盐酸溶液稀释至 50ml。

（4）0.025%盐酸副玫瑰苯胺工作液：吸取 0.25%的储备液 25ml，移入 250ml 容量瓶中，用 4.5mol/L 磷酸溶液稀释至刻度，放置 24h 后使用。此溶液避光密封保存，可使用 9 个月。

注：1）若有市售的 0.25%的 PRA 储备液可直接稀释使用。

5）二氧化硫标准溶液

（1）二氧化硫标准储备液：称取 0.2g 亚硫酸钠（Na_2SO_3）及 0.01g 乙二胺四乙酸二钠盐（EDTA－2Na）溶于 200ml 新煮沸并冷却的水中。此溶液每毫升含有相当于

320~400μg 二氧化硫。溶液需放置 2~3h 后标定其准确浓度。标定方法同 GB 8913（附录B）。按标定计算的结果，立即用吸收液稀释成每毫升含 25μg 二氧化硫的标准储备液，于冰箱储存可保存 3 个月。

（2）二氧化硫标准工作溶液：用吸收液将标准储备液稀释成每毫升含 5μg 二氧化硫的标准工作液，储于冰箱可保存 1 个月。25℃以下室温条件可保存 3 天。

3. 仪器与设备

（1）吸收管：普通型多孔玻板吸收管，可装 10ml 吸收液，用于 30~60min 采样；大型多孔玻板吸收管可装 50ml 吸收液，用于 24h 采样。

（2）空气采样器：流量范围 0.1~1L/min，流量稳定。使用时，用皂膜流量计校准采样系列在采样前和采样后的流量，流量误差应小于 5%。

（3）具塞比色管：25ml。

（4）分光光度计：用 10mm 比色皿，在波长 570nm 处测吸光度。

（5）恒温水浴（0~40℃）：要求可控制温度误差±1℃。

（6）可调定量加液器：5ml，加液管口内径 ϕ1.5~2mm。

4. 采样

1）30~60min 样品

用普通型多孔玻板吸收管，内装 8ml 吸收液，以 0.5L/min 流量，采样 30~60min。

2）24h 样品

用大型多孔玻板吸收管内装 50ml 吸收液，以 0.2~0.3L/min 流量，采样 24h。

采样时吸收液温度应保持在 30℃以下；采样、运输、储存过程中要避免日光直接照射样品。及时记录采样点气温和大气压力。当气温高于 30℃时，样品若不能当天分析，应储于冰箱。

5. 分析步骤

1）标准曲线的绘制

（1）用二氧化硫标准工作液绘制标准曲线。

用 6 支 25ml 比色管，按附表 1-4 制备标准系列。

附表 1-4　二氧化硫标准工作液制备

管号	1	2	3	4	5	6
标准工作液/ml	0	0.20	1.00	2.00	3.00	4.00
吸收液/ml	10.0	9.8	9.0	8.0	7.0	6.0
二氧化硫含量/μg	0	1	5	10	15	20

各管中分别加入 1.0ml 0.3%氨磺酸钠溶液、0.5ml 2.0mol/l 氢氧化钠溶液和 1ml 水，充分混匀后，再用可调定量加液器将 2.5ml 0.025%PRA 溶液快速射入混合溶液中，立即

盖塞颠倒混匀（如无可调定量加液器也可采用倒加 PRA 溶液：将加入氨磺酸钠溶液、氢氧化钠溶液和水的混合溶液混匀后，再倒入事先装有 2.5ml 0.025％PRA 溶液的另一组比色管中，立即盖塞颠倒混匀），放入恒温水浴中显色。可根据不同季节的室温从表附表 1-5 中选择最接近室温的显色温度和时间。

附表 1-5　湿色温度与时间

显色温度/℃	10	15	20	25	30
显色时间/min	40	25	15	15	5
稳定时间/min	50	40	30	20	10

于波长 570nm 处，用 10mm 比色皿，以水为参比，测定吸光度。以吸光度对二氧化硫含量（μg）绘制标准曲线，并计算回归直线的斜率。

标准曲线斜率 b 应为（0.035±0.003）吸光度/μg 二氧化硫。相关系数应大于 0.999。以斜率倒数作为样品测定的计算因子 Bs（μg/吸光度）。

（2）用二氧化硫标准气绘制标准曲线

用渗透管配制标准气体的装置与方法参见 GB 5275。

不同浓度标准气采样的具体操作同 GB 8913 中 6.1.2.1。

将各浓度标准气采得的样品移入 25ml 比色管，按 GB/T16128 用标准工作液绘制标准曲线的操作步骤测定各浓度标准气的吸光度，以吸光度对二氧化硫标准气的浓度（$\mu g/m^3$）绘制标准曲线，所得斜率 b 的倒数 Bg 为样品测定的计算因子。

2）样品测定

（1）采样后，如发现样品溶液有颗粒物，应采用离心除去。

30~60min 样品：可直接将吸收管中样品溶液移入 25ml 比色管，用 2ml 吸收液分两次洗吸收管，合并洗液于比色管中，用水将吸收液体积补足至 10ml。放置 20min，使臭氧完全分解，再进行分析。

24h 样品：将样品用水补足至 50ml，混匀后，取 10ml 于 25ml 比色管中，放置 20min 后进行分析。

（2）在每批样品测定的同时，用 10ml 未采样的吸收液作试剂空白测定，并配制一个含 10μg 二氧化硫的标准控制管，作样品分析中质量控制用。

（3）样品溶液、试剂空白和标准控制管按 GB/T16128 进行测定。

样品的测定条件应与标准曲线的测定条件控制一致。

6. 结果计算

1）将采样体积按式（附 1-14）换算成标准状况下的采样体积。

$$V_0=V_t\times P/P_0\times T_0/(t+273) \quad \text{（附 1-14）}$$

式中，V_0 为标准状况下的采样体积，L；V_t 采样体积，由采气流量乘以采样时间而得，L；T_0 为标准状况的热力学温度，273K；P_0 为标准状况的大气压力，101.3kPa；P 为采样时的大气压力，kPa；t 为采样时的空气温度，℃。

2）空气中的二氧化硫浓度计算

（1）用二氧化硫标准溶液制备标准曲线时，用式（附 1-15）计算样品浓度。

$$c=(A-A_0)\times B_s/V_0\times D \quad (附\ 1\text{-}15)$$

式中，c 为二氧化硫的浓度，mg/m³；A 为样品的吸光度；A_0 为试剂空白吸光度；B_s 为计算因子，μg/吸光度；D 稀释倍数（30~60min 样品为 1、24h 样品为 5）。

（2）用二氧化硫标准气制备标准曲线时，用式（附 1-16）计算样品浓度。

$$c=(A-A_0)\times B_g/1000 \quad (附\ 1\text{-}16)$$

式中，c 为二氧化硫浓度，mg/m³；A 为样品吸光度；A_0 为试剂空白吸光度；B_g 为计算因子，μg/（m³·吸光度）。

7. 精密度与准确度

1）方法的重现性

用标准溶液制备标准曲线时，各浓度点重复测定的平均相对标准偏差为 4.5%；5μg/10ml 的标准样品，重复测定的相对标准偏差小于 5%；标准气的浓度为 100~200μg/m³ 时，测定值与标准值的相对误差小于 20%。

2）样品加标回收率为 101%（n＝13）

3）灵敏度

10ml 吸收液中含有 1μg 二氧化硫应有（0.035±0.003）吸光度。

4）检出下限

检出下限为 0.3μg/10ml（按与吸光度 0.01 相对应的浓度计）。若采样体积为 20L 时，则最低检出浓度为 0.015mg/m³；当用 50ml 吸收液，24h 采样体积为 300L，取 10ml 样品溶液测定时，最低检出浓度 0.005mg/m³。

5）测定范围

测定范围为 10ml 样品溶液中含 0.3~20μg 二氧化硫。若采样体积为 20L 时，则可测浓度范围为 0.015~1mg/m³。

6）干扰及排除

空气中一般浓度水平的某些重金属和臭氧、氮氧化物不干扰本法测定。当 10ml 样品溶液中含有 1μgMn^{2+}或 0.3μg 以上 Cr^{6+}时，对本方法测定有负干扰。加入环己二胺四乙酸二钠（简称 CDTA）可消除 2μg/10ml 浓度的 Mn^{2+}的干扰；增大本方法中的加碱量（如加 2.0moL/L 的氢氧化钠溶液 1.5ml）可消除 1μg/10ml 浓度的 Cr^{6+}的干扰。

为减少 Cr^{6+}的干扰，本方法所用的所有玻璃器皿不得用铬酸洗液处理而应采用 10%的盐酸溶液浸泡处理后洗涤晾干使用。

8. 注意事项

1）本方法克服了四氯汞盐吸收盐酸副玫瑰苯胺分光光度法对显色温度的严格要求，适宜的显色温度范围较宽（15~25℃），可根据室温加以选择。但样品应与标准曲线在同一温度、时间条件下显色测定。

2）当采样区域大气中锰含量较高时，吸收液应按以下步骤配制。

（1）0.05mol/L 环已二胺四乙酸二钠溶液：称取 1.82g 反式-1.2-环已二胺四乙酸[（*tans*-1，2-Cy-clohexylenedinitrilo）tetraacetic acid，以下简称 CDTA]溶解于 5.0ml 2mol/L 氢氧化钠溶液中，用水稀释至 100ml。

（2）0.001mol/L CDTA 应用液：将 0.05mol/L 的 CDTA 溶液稀释 50 倍。

（3）工作溶液：使用时将吸收液贮备液和 CDTA 应用液 1∶1 混合，混合液再用水稀释 5 倍。

六、空气中二氧化氮的测定

本方法主要依据《居住区大气中二氧化氮检验标准方法 改进的 Ssltzman 法》（GB/T 12372-1990）。

1. 原理

空气中的二氧化氮，在采样吸收过程中生成的亚硝酸，与对氨基苯磺酸酰胺进行重氮化反应，再与 N-（1-萘基）-乙二胺盐酸盐作用，生成紫红色的偶氮染料，根据其颜色的深浅，比色定量。

2. 仪器和设备

（1）多孔玻板吸收管　用于在 60min 之内样品采集，可装 10ml 吸收液。在流量 0.4L/min 时，吸收管的滤板阻力应为 4~5kPa，通过滤板后的气泡应分散均匀。

（2）大型多孔玻板吸收管　用于 1~24h 样品采集，可装吸收液 50ml，在流量 0.2L/min 时，吸收管的滤板阻力为 3~5kPa，通过滤板后的气泡应分散均匀。

（3）空气采样器　流量范围为 0.2~0.5L/min，流量稳定。使用时，用皂膜流量计校准采样系列在采样前和采样后的流量，流量误差应小于 5%。

（4）分光光度计　用 10mm 比色皿，在波长 540~550nm 下，测定吸光度。

（5）渗透管配气装置　渗透管配制标准气体的装置参见 GB 5275《气体分析 校正用混合气体的制备渗透法》。配气系统中流量误差应小于 2%。

3. 试剂和材料

所有试剂均为分析纯，但亚硝酸钠应为优级纯（一级）。所用水为无 NO_2 的二次蒸馏水。即一次蒸馏水中加少量氢氧化钡和高锰酸钾再重蒸，制的水之恋以不使吸收液呈淡红色为合格。

（1）N-（1-萘基）乙二胺盐酸储备液　称取 0.45gN-（1-萘基）乙二胺盐酸盐，溶于 500ml 水中。

（2）吸收液　称量 4.0g 对氨基苯磺酸酰胺、10g 酒石酸和 100mg 乙二胺四乙酸二钠盐，溶于 400mL 热的水中，冷却后，移入 1000mL 容量瓶中，加入 100mL N-（1-萘基）-乙二胺盐酸盐储备液，混匀后，用水稀释至刻度。此溶液存放在 25℃暗处，可稳定3个月。若出现淡红色，表示已被污染，应弃之，重配。

（3）显色液 称量4.0g对氨基苯磺酸酰胺、10g酒石酸和100mg乙二胺四乙酸二钠盐溶于400mL热水中，冷却至室温，移入500mL容量瓶中，加入90mgN-（1-萘基）-乙二胺盐酸盐，用水稀释至刻度。显色液保存在25℃以下，可稳定3个月。若出现淡红色，表示已被污染，应弃之，重配。

（4）二氧化氮渗透管 购置经准确标定的二氧化氮渗透管，渗透率在0.1~2.0μg/min，不确定度为2%。

（5）亚硝酸钠标准储备液 准确称量375.0mg干燥的一级亚硝酸钠和0.2g氢氧化钠，溶于水中，移入1000mL容量瓶中，并用水稀释至刻度。此标准溶液的浓度1.00mL含250μgNO_2^-，保存在暗处，可稳定3个月。

（6）亚硝酸钠标准工作液 精确量取亚硝酸钠标准储备液10.00ml，于1000ml容量瓶中，此标准溶液1.00ml含2.5μgNO_2^-。此溶液应在临用前配制。

4. 采样

（1）短时间采样（如30min） 用多孔玻板吸收管，内装10mL吸收液。标记吸收液的液面位置，以0.4L/min流量，采气5~25L。

（2）长时间采样（如24h） 用大型玻板吸收管，内装50mL吸收液。标记吸收液的液面位置，以0.2L/min流量，采气288L。

采样期间吸收管应避免阳光照射。样品溶液呈粉红色，表明已吸收了NO_2。采样期间，可根据吸收液颜色程度，确定是否终止采样。

5. 分析步骤

（1） 标准曲线的绘制

1）用标准溶液绘制标准曲线 取6个25mL容量瓶，按附表1-6制备标准系列。

附表1-6

编号	1	2	3	4	5	6
标准工作液/mL	0	0.70	1.00	3.00	5.00	7.00
NO_2^-含量/(μg /mL)	0	0.07	0.1	0.3	0.5	0.7

各瓶中，加入12.5ml显色液，再加水至刻度，混匀，放置15min。用10mm比色皿，在波长540~550nm处，以水作参比，测定各瓶溶液的吸光度。以NO_2^-含量（μg/mL）为横坐标，吸光度为纵坐标，绘制标准曲线，并计算回归直线的斜率。以斜率的倒数作为样品测定的计算因子Bs[μg/（ml•吸光度）]。

2）用二氧化氮标准气体绘制标准曲线 将已知渗透率的二氧化氮渗透管，在标定渗透率的温度下，恒温24h以上。用纯氮气以较小的流量（约250mL/min），将渗透出来的二氧化氮气体带出，并与纯空气进行混合和稀释，配置NO_2标准气体。调节空气的流量得到不同浓度的二氧化氮标准气体。用下式计算二氧化氮标准气体的浓度：

$$c = \frac{P}{(F_1 + F_2)} \quad \text{（附 1-17）}$$

式中，c 为在标准状况下二氧化氮标准气体的浓度，mg/m³； P 为二氧化氮渗透管的渗透率，μg/mL；F_1 为标准状况下氮气流量，L/min；F_2 为标准状况下稀释空气流量，L/min。

在可测浓度范围内，至少制备 4 个浓度点的标准气体，并以零空气作试剂空白测定。各种浓度标准气体，按常规采样的操作条件，采集一定体积的标准气体，采样体积应与预计在现场采集空气样品的标准状态体积相接近。按用标准溶液绘制标准曲线的操作步骤，测定各浓度点的吸光度。以二氧化氮标准气体的浓度（mg/m³）为横坐标，吸光度为纵坐标，绘制标准曲线，并计算回归直线斜率的倒数。作为样品测定的计算因子 Bg[mg/（m³·吸光度）]。

（2） 样品分析

采样后，用水补充到采样前的吸收液体积，放置 15min。用 10mm 比色皿，以水作参比，在波长 540~550nm 处，测定吸光度。

在每批样品测定的同时，用未采过样的吸收液，按相同步骤操作，做试剂空白测定。

若样品溶液吸光度超过测定范围，应用吸收液稀释后再测定，计算浓度时，要考虑到样品溶液的稀释倍数。

6. 计算

（1） 将采样体积按式（附 1-18）计算在标准状态下的采用体积

$$V_0 = \frac{P}{P_0} \times \frac{T_0}{t + 273} \times V \quad \text{（附 1-18）}$$

式中，V_0 为标准状况下的采样体积，L；V 为采样体积，由采样流量乘以时间而得，L；T_0 为标准状况下的绝对温度，273k；P_0 为标准状况下的大气压力，101.3kPa；P 为采样时的大气压力，kPa；t 为采样时的空气温度，℃。

（2）用亚硝酸钠标准溶液绘制标准曲线：

$$c = \frac{B_s \times V_1 \times D \times (A - A_0)}{V_0 \times K} \quad \text{（附 1-19）}$$

式中，c 为空气中二氧化氮浓度，mg/m³；A 为样品溶液的吸光度；A_0 为试剂空白溶液的吸光度；B_s 为用亚硝酸钠标准溶液制备标准曲线得到的计算因子，μg/mL；D 为分析时样品溶液的稀释倍数；V_0 为换算成标准状况下的采样体积，L；V_1 为采样用的吸收液的体积，mL；K 为经验转换系数 $NO_2 \rightarrow NO_2^-$，0.89。

（3）用二氧化氮标准气体绘制标准曲线：

$$c = (A - A_0) \times \text{Bg} \times D \quad \text{（附 1-20）}$$

式中，A 为样品溶液的吸光度；A_0 为试剂空白溶液的吸光度；Bg 为用标准气体绘制标准曲线得到的计算因子，mg/（m³·吸光度）；D 为分析时样品溶液的稀释倍数。

7. 说明

（1）方法灵敏度　1mL 吸收液中含有 1μg NO_2^-，吸光度值为 1.004±0.012。

（2）方法检出下限　检出下限为 0.015μg NO_2^-/ml 吸收液，若采样体积 5L，最低检出限浓度 0.03μg/m^3。

（3）方法精密度和准确度　在 0.07~0.7μg/mL 范围内，用亚硝酸钠标准溶液绘制的标准曲线的斜率，5 个实验室重复测定的合并变异系数为 5%。标准气的浓度为 0.1~0.75mg/m^3，重复性测定的变异系数小于 2%。流量误差不超过 5%。吸收管采样效率不低于 98%。$NO_2 \rightarrow NO_2^-$的经验转换系数在测定范围内 95%置信区间应为 0.89±0.01。

七、空气中一氧化碳的测定

本方法主要依据《公共场所空气中一氧化碳测定方法》（GB/T 18204.23—2000）不分光红外线气体分析仪法。

1. 原理

一氧化碳对不分光红外线具有选择性吸收，在一定范围内，吸收值与一氧化碳浓度呈定量关系，根据吸收值测定一氧化碳的浓度。

2. 仪器和设备

（1）一氧化碳不分光红外线气体分析仪

测 量 范 围：0~30ppm（0~37.5mg/m^3）;0~100ppm（0~125mg/m^3）两档

重现性 ：≤±0.5%（满刻度）；

零点漂移：≤±2%满刻度/4h；

跨度漂移：≤±2%满刻度/4h；

线性偏差：≤±1.5%满刻度；

启动时间 ：30min~1h；

抽气流量 ：0.5 L/min;

响 应 时 间：指针指示或数字显示到满刻度的 90%的时间<15s；

（2）记录仪 0~10 mV；

3. 试剂和材料

（1）变色硅胶：于 120℃下干燥 2h。

（2）无水氯钙：分析纯

（3）高纯氮气：纯度 99.99%

（4）霍加拉特（Hopcalite）氧化剂：10~20 目颗粒。霍加拉特氧化剂主要成分为氧化锰（MnO）和氧化铜（CuO），它的作用是将空气中的一氧化碳氧化成二氧化碳，用于仪器调零。此氧化剂在 100℃以下的氧化效率应达到 100%。为保证其氧化效率，在使用存放过程中应保持干燥。

（5）一氧化碳标准气体：储于铝合金瓶中。

4. 采样

用聚乙烯薄膜采气袋，抽取现场空气冲洗 3~4 次，采气 0.5L 或 1.0 L，密封进气口，带回实验室分析。也可以将仪器带到现场间歇进样，或连续测定空气中一氧化碳浓度。

5. 分析步骤

按仪器说明书要求操作。

（1）仪器的启动和调零：仪器接通电源稳定 30 min~1h 后，用高纯氮气或空气经霍加拉特氧化管和干燥管进入仪器进气口，进行零点校准。

（2）终点校准：用一氧化碳标准气（如 30 ppm）进入仪器进样口，进行终点刻度校准。

（3）零点与终点校准：重复 2~3 次，使仪器处在正常工作状态。

（4）样品测定：将空气样品的聚乙烯薄膜采气袋接在仪器的进气口，样品被自动抽到气室中，表头指出一氧化碳的浓度（ppm）。如果仪器带到现场使用，可直接测定现场空气中一氧化碳的浓度。仪器接上记录仪表，可长期监测空气中一氧化碳浓度。

6. 结果计算

一氧化碳体积浓度（ppm），可按式（附 1-21）换算成标准状态下质量浓度（mg/m^3）.

$$c_1 = \frac{c_2}{B} \times 28 \tag{附 1-21}$$

式中，c_1 为标准状态下质量浓度，mg/m^3；c_2 为一氧化碳体积浓度，ml/m^3；B 为标准状态下的气体摩尔体积，当 0℃，101kPa 时，B=22.41，当 25℃,101kPa 时，B=24.46；28 为一氧化碳相对分子质量。

7. 说明

（1）测量范围

0~30 ppm（0~37.5mg/m^3）;0~100 ppm（0~125 g/m^3）两档。

（2）检出下限

最低检出浓度为 0.1 ppm（0.125mg/m^3）。

（3）干扰和排除

环境空气中非待测组分，如甲烷、二氧化碳、水蒸气等能影响测定结果。但是采用串联式红外线检测器，可以大部分消除以上非待测组分的干扰。

（4）重现性小于 1%，漂移 4h 小于 4%。

（5）准确度取决于标准气的不确定度（小于 2%）和仪器的稳定性误差（小于 4%）。

八、空气中二氧化碳的测定

本方法主要依据《公共场所空气中二氧化碳测定方法标准》（GB/T 18204.24—2000）。

1. 原理

二氧化碳对红外线具有选择性的吸收，在一定范围内，吸收值与二氧化碳浓度呈线性关系，根据吸收值确定样品二氧化碳的浓度。

2. 仪器和设备

（1）不分光红外线二氧化碳气体分析仪

主要技术指标如下

量程 0%~0.5%；0%~1.5%两档。

重复性 ≤±1%满刻度。

零点漂移 ≤±3%满刻度/4h。

跨度漂移 ≤±3%满刻度/4h。

温度附加误差 （在10~80℃）≤±2%满刻度/10℃

一氧化碳干扰 1000mg/m³ CO≤±2%满刻度。

响应时间 指针指示到满刻度的90%的时间<15s。

供电电压变化时附加误差（220V±10%）≤±2%满刻度。

启动时间 30min。

（2）记录仪 0-10mV

3. 试剂和材料

（1）变色硅胶：于120℃下干燥2h。

（2）烧碱石棉或碱石灰。

（3）烧碱石棉：分析纯。

（4）零点校准气：高纯氮气：纯度99.99%。

（5）量程校准气：0.5%CO_2标准气，储于铝合金钢瓶中。

4. 采样和样品保存

用塑料铝箔复合薄膜采气袋，抽取现场空气冲洗3~4次，采气0.5L或1.0L，密封进气口，带回实验室分析。也可以将仪器带到现场间歇进样或连续测定空气中二氧化碳浓度。

5. 分析步骤

按仪器说明书要求操作。

1）仪器启动和校正

（1）仪器的启动和校准 仪器启动和稳定后（0.5~1h以上），将高纯氮气或空气经干燥管和烧碱石棉过滤管后，进行零点校准。

（2）终点校准　用二氧化碳标准气（0.50%）连接在仪器进样口，进行终点刻度校准。

（3）零点和终点校准　重复2~3次，使仪器处于正常工作状态。

2）样品测定

将内装空气样品的塑料铝箔复合薄膜采气袋接在装有变色硅胶或无水氯化钙的过滤器和仪器的进气口相连接，样品被自动抽到气体中，并显示二氧化碳的浓度（%）。如果仪器带到现场，可间歇进行测定，并可长期监测空气中二氧化碳浓度。

6. 计算

样品中二氧化碳的浓度，可从气体分析仪直接读出。

7. 说明

（1）检出限和测定范围：最低检出浓度为0.01%，测定范围为0~0.5%；0~1.5%两档。浓度超出最大值时，应选择测定范围较大的仪器量程挡。

（2）精密度和准确度：重现性小于2%，每小时漂移小于6%；准确度取决于标准气的不确定度（小于2%）和仪器的稳定性误差（小于6%）。

（3）干扰和排除：由于水分有干扰，在测定时，应使空气样品经硅胶管干燥后，再进入仪器测定。

九、空气中氨气的测定

本方法主要依据《环境空气和废气 氨的测定 纳氏试剂分光光度法》(HJ 533—2009)。

1. 原理

用稀硫酸溶液吸收空气中的氨，生成的铵离子与纳氏试剂反应生成黄棕色络合物，该络合物的吸光度与氨的含量成正比，在420nm波长处测量吸光度，根据吸光度计算空气中氨的含量。

2. 试剂和材料

除非另有说明，分析时均使用符合国家或专业标准的分析纯试剂和按HJ 533—2009中4.1制备的水。

（1）水：无氨水，按下述方法之一制备

方法一离子交换法　将蒸馏水通过一个强酸性阳离子交换树脂（氢型）柱，流出液收集在磨口玻璃瓶中。每升流出液中加入10g同类树脂，以利保存。

方法二蒸馏法　在1000ml蒸馏水中，加入0.1ml硫酸，并在全玻璃蒸馏器中重蒸馏。弃去前50ml馏出液，然后将约800ml馏出液收集在磨口玻璃瓶中。每升收集的馏出液中加入10g强酸性阳离子交换树脂（氢型），以利保存。

方法三纯水器法　用市售纯水器直接制备。

（2）硫酸吸收液：硫酸，ρ=1.84g/L，c（H_2SO_4）=0.005mol/L。

（3）盐酸，ρ=1.18g/mL。

（4）硫酸吸收液，c（1/2H_2SO_4）=0.01mol/L

（5）纳氏试剂：称取 12g 氢氧化钠（NaOH），溶于 60ml 水中，冷至室温；

称取 1.7g 二氯化汞（$HgCl_2$）溶解在 30ml 水中；

称取 3.5g 碘化钾（KI）于 10ml 水中。在搅拌下，将上述二氯化汞溶液慢慢加入碘化钾溶液中，直至形成的红色沉淀不再溶解为止。

在搅拌下，将冷的氢氧化钠溶液缓慢地加入到上述二氯化汞和碘化钾的混合液中。再加入剩余的二氯化汞溶液，于暗处静止 24h，倾出上清液，储存于棕色瓶中，用橡皮塞塞紧。2~5℃可保存，可稳定 1 个月。

（6）酒石酸钾钠溶液：称取 50g 酒石酸钾钠（$KNaC_4H_6O_6 \cdot 4H_2O$），溶于 100ml 蒸馏水中加热煮沸以驱除氨，冷却后补充至 100ml。

（7）氨标准贮备液：称取 0.7855g 氯化铵（NH_4Cl，优级纯，在 100~105℃干燥 2h）溶解于水，移入 250ml 容量瓶中，用水稀释到标线。

（8）氨标准使用溶液：吸取 5.00ml 氨标准贮备液与 250ml 容量瓶中，稀释至刻度，摇匀。临用前配置。

（9）盐酸溶液：取 8.5ml，盐酸（3）加入一定量的水，定容至 1000ml。

3. 仪器、设备

（1）气体采用装置：流量范围为 0.1 ~1.0 L/min。

（2）玻板吸收管或大气冲击式吸收管：125ml、50ml 或 10ml。

（3）具塞比色管：10ml。

（4）分光光度计：配 10mm 光程比色皿。

（5）玻璃容器：经验定的容量瓶、移液管。

（6）聚四氟乙烯管：内径 6~7mm。

（7）干燥管：内装变色硅胶或玻璃棉。

4. 采样

采用系统由采样管、干燥管和气体采用泵组成，采用时应带全过程空白吸收管。

环境空气采样：用 10ml 吸收管，以 0.5 ~1L/min 的流量采集，采气至少 45min。

工业废气采样：用 50ml 吸收管，以 0.5 ~1L/min 的流量采集，采气时间视具体情况而定。

5. 分析步骤

（1）标准曲线的绘制

取 10ml 具塞比色管 7 支，按附表 1-7 制备标准系列管。

附表 1-7　标准系列

管　号	0	1	2	3	4	5	6
氨标准使用溶液/ml	0.00	0.10	0.30	0.50	1.00	1.50	2.00
吸收液/ml	10.00	9.90	9.70	9.50	9.00	8.50	8.00
氨含量/μg	0	2	6	10	20	30	40

按附表 1-7 准确移取相应体积的标准使用液，加水至 10ml，在各管中分别加 0.50ml 酒石酸钾钠溶液，摇匀，再加 0.50ml 纳氏试剂，摇匀。放置 10min 后，在波长 420nm 下，用 10mm 比色皿，以水作参比，测定各管溶液的吸光度。以氨含量（μg）为横坐标，扣除吸光度空白的吸光度为纵坐标，绘制标准曲线。

（2）样品测定

取一定量样品溶液（吸取量视样品浓度而定）于 10ml 比色管中，用硫酸吸收液稀释至 10ml。加入 0.50 ml 酒石酸钾钠溶液，摇匀，再加 0.50ml 纳氏试剂，摇匀。放置 10min 后，在波长 420nm 下，用 10mm 比色皿，以水作参比，测定各管溶液的吸光度。

6. 结果计算

（1）将采样体积按式（附 1-22）换算成标准状态下的采样体积；

$$V_{nd}=V\times P\times 273/(273+t)\times 101.325 \quad \text{（附 1-22）}$$

式中，V_{nd} 为标准状态下的采样体积，L；V 为采样体积，由采样流量乘以采样时间而得，L；P 为采样时的大气压力，kPa；t 为采样时的空气温度，℃。

（2）空气中氨浓度按式（附 1-23）计算：

$$c(NH_3)=(A-A_0-a)\times V_s\times D/b\times V_{nd}\times V_0 \quad \text{（附 1-23）}$$

式中，c 为空气中氨浓度，mg/m^3；A 为样品溶液的吸光度；A_0 为空白溶液的吸光度；a 为校准曲线截距；b 为校准曲线斜率；V_s 为样品吸收液总体积，ml；V_0 为分析时所取吸收液体积，ml；D 为稀释因子。

7. 精密度的准确度

1）检测下限

检测下限为 0.5μg/10ml。

2）干扰和排除

对已知的各种干扰物，本法已采取有效措施进行排除，常见的硫化物、Fe^{3+}、有机物等干扰。

3）准确度和精密度

经五个实验室分析含 1.33 ~1.55mg/L 氨的统一样品，重复性限 0.018mg/L，变异系数 1.2%；再现性限 0.05mg/L，变异系数 3.4%；加标回收率 97%~103%。

十、空气中臭氧的测定

本方法主要依据《公共场所空气中臭氧测定方法标准》（GB/T 18204.27—2000）。

1. 原理

空气中的臭氧使吸收液中蓝色的靛蓝二磺酸钠褪色，生成靛红二磺酸钠。根据颜色减弱的程度比色定量。

2. 仪器

（1）多孔玻板吸收管：普通型，内装 9ml 吸收液，在流量 0.3L/min 时，玻板阻力应为 4~5kPa，气泡分散均匀。

（2）空气采样器：流量范围 0.2~1.0L/min，流量稳定。使用时，用皂膜流量计校准采用系统在采用前后的流量，误差应小于 5%。

（3）具塞比色管：10ml。

（4）恒温水浴。

（5）水银温度计：精度为±5%。

（6）分光光度计：用 20mm 比色皿，在波长 610nm 处测吸光度。

3. 试剂

本法中所用试剂除特别说明外均为分析纯，实验用水为重蒸水。重蒸水的制备方法：在第一次蒸馏水中加高锰酸钾至淡红色，再用氢氧化钡碱化后，进行重蒸馏。

（1）吸收液：靛蓝二磺酸钠溶液，量取 25ml 靛蓝二磺酸钠储备液，用磷酸盐缓冲液稀释至 1L 棕色容量瓶中，冰箱内储放可使用 1 个月。

（2）淀粉指示剂（2.0g/L）：临用现配。

（3）硫代硫酸钠溶液：c（$Na_2S_2O_3$）=0.0100mol/L。

（4）溴酸钾标准溶液：c（1/6$KBrO_3$）=0.1000mol/L，准确称取 1.3918g（优级纯，经 180℃烘 2h）溶于水，稀释至 500ml。

（5）溴酸钾-溴化钾标准溶液：c（1/6$KBrO_3$）=0.1000mol/L，吸取 10.00ml0.1000mol/L 溴酸钾标准溶液于 100mol/L 容量瓶中，加入 1.0g 溴酸钾，用水稀释至刻度。

（6）硫酸溶液（1+6）。

（7）磷酸盐缓冲溶液（pH6.8）：称取 6.80g 磷酸二氢钾（KH_2PO_4）、7.10g 无水磷酸氢二钠（$NaHPO_4$）溶于水，稀释至 1L。

（8）靛蓝二磷酸钠（简称 IDS）

（9）靛蓝二磺酸钠储备液：称取 0.25gIDS 溶于水，稀释 500ml 棕色容量瓶内，在室温暗处存放 24h 后标定。标定后的溶液在冰箱内可稳定 1 个月。

标定方法：准确吸取 20.00mlIDS 储备液于 250ml 碘量瓶中，加入 20.00ml 溴酸钾-溴化钾溶液，再加入 50ml 水。在（19.0±0.5）℃水浴中放置至溶液温度与水浴温度平衡时，加入 5.0ml 硫酸溶液，立即盖塞混匀并开始计时，水浴中暗处放置 30min。加入 1.0g

碘化钾，立即盖塞轻轻摇匀至溶解，暗处放置 5min，用硫代硫酸钠溶液滴定至棕色刚好褪去呈淡黄色，加入 5ml 淀粉指示剂，继续滴定至蓝色消褪，终点为亮黄色。平行滴定所消耗硫代硫酸钠溶液体积不应大于 0.05ml。靛蓝二磺酸钠溶液相当臭氧的浓度 c（μg/ml）由式（附 1-24）表示：

$$c(O_3) = (M_1V_1-M_2V_2) \times 48.00 \times 1000 / (V_s \times 4) \quad （附 1-24）$$

式中，c 为臭氧的质量浓度，μg/ml；M_1 为溴酸钾-溴化钾标准溶液的浓度，mol/L；V_1 为加入溴酸钾-溴化钾标准溶液的体积，ml；M_2 为滴定时所用硫代硫酸钠标准溶液的浓度，mol/L；V_2 为滴定时所用硫代硫酸钠标准溶液的体积，ml；48.00 为臭氧的摩尔质量，g/mol；4 为化学计量因数；V_s 为 IDS 储备液吸取量。

（10）靛蓝二磺酸钠标准使用液：将标定后的标准储备液用磷酸盐缓冲液逐级稀释成 1.00ml 含 1.00μg 臭氧的 IDS 溶液，置冰箱内可保存 2 周。

4. 采样

用硅橡胶管连接两个内装 9.00ml 吸收液的多孔玻板吸收管，配有黑色避光套，以 0.3L/min 流量采气 5~20L。当第一只管中的吸收液颜色明显减退时立即停止采样。如果不褪色，彩色最少应不小于 20L。采样后的样品 20℃以下暗处存放至少可稳定 1 周。记录采样时的温度和大气压。

5. 分析步骤

绘制标准曲线

（1）取 10ml 具塞比色管 6 支，按附表 1-8 制备标准色列管。

附表 1-8

管号	1	2	3	4	5	6
IDS 标准溶液/ml	10.00	8.00	6.00	4.00	2.00	0
磷酸盐缓冲溶液/ml	0	2.00	4.00	6.00	8.00	10.00
臭氧含量/（μg/ml）	0	0.2	0.4	0.6	0.8	1.0

（2）各管摇匀，用 20mm 比色皿，以水作参比，在波长 610nm 下测定吸光度。以标准系列中零浓度与各标准管吸光度之差为纵坐标，臭氧含量（μg）为横坐标，绘制标准曲线，并计算回归曲线的斜率。以斜率的倒数作为样品测定的计算因子 Bs（μg/ml）。

（3）样品测定：采样后，将前后两支吸收管中的样品分别移入比色管中，用少量水洗吸收管，使总体积分别为 10.0ml，按上述方法测定样品吸光度。

6. 计算，见式（附 1-25）

$$c=[(A_0-A_1)+(A_0-A_2)] \times B_s/V_0 \quad （附 1-25）$$

式中，c 为空气中臭氧浓度，mg/m^3；A_0 为试剂空白浓度的吸光度；A_1 为第一支样品管溶液的吸光度；A_2 为第二支样品管溶液的吸光度；B_s 为用标准溶液绘制标准曲线得到的计算因子，μg/ml；V_0 为换算成标准状况下的采样体积，L。

7. 精密度、准确度和测定范围

（1）当臭氧含量在 2~10μg/ml 范围内，五个实验室的平均相对标准偏差为 4.7%；平均回收率为 95%~108%。

（2）本法检出限为 0.18μg/10ml；测定范围 0.18~10μg/ml 臭氧，采用体积为 20L 时，可测浓度范围为 0.009~0.500mg/m^3。方法灵敏度：10ml 中含 1.0μg 臭氧溶液的吸光度为 0.832。

十一、室内空气中可吸入颗粒物（PM10）的测定

本方法主要依据《室内空气中可吸入颗粒物卫生标准》GB/T 17095-1997 附录 A 室内空气可吸入颗粒物的测定方法。

1. 原理

利用二段可吸入颗粒物采样器（D_{50}=10μm、δg=1.5），以 13L/min 的流量分别将粒径大于等于 10μm 的颗粒采集在冲击板的玻璃纤维滤纸上，粒径小于等于 10μm 的颗粒物采集在预先恒重的玻璃纤维滤纸上，取下再称量其重量，以采样标准体积除以粒径 10μm 颗粒物的量，即得出可吸入颗粒物的浓度。检测下限为 0.05mg。

2. 仪器和设备

（1）可吸入颗粒物采样器　D_{50}≤（10±1）μm，几何标准差 δg=1.5±0.1。
（2）干燥器。
（3）天平 1/10000 或 1/100000。
（4）皂膜流量计。
（5）秒表。
（6）镊子。
（7）玻璃纤维滤纸　直径 50mm，外周直径 53mm，内周直径 40mm 两种。

3. 流量计校准

用皂膜流量计校准采样器的流量计，将流量计、皂膜计及抽气泵连接进行校准，记录皂膜计两刻度线间的体积（mL）及通过的时间，体积按下式换算成标准状况下的体积（V_s），以流量计的格数对流量作图。

$$V_s=V_m（P_b-P_v）T_s/P_sT_m \quad （附 1-26）$$

式中 V_m 为皂膜两刻度线间的体积，ml；P_b 为大气压，kPa；P_v 为皂膜计内水蒸气压，kPa；P_s 为标准状态下的压力，kPa；T_s 为标准状态下温度，℃；T_m 为皂膜计温度，K（273+室温）。

4. 采样

将校准过流量的采样器入口取下，旋开采样头，将已恒重过的直径为 50mm 的滤纸安放于冲击环下，同时于冲击环上放置环形滤纸，再将采样头旋紧，装上采样头入口，放于室内有代表性的位置，打开开关旋钮计时，将流量调至 13L/min。采样 24h，记录室内温度、压力及采样时间，注意随时调节流量，使保持 13L/min。

5. 分析步骤

取下采完样的滤纸，带回实验室，并在采样前相同的环境下放置 24h，称量至恒重（mg），以此重量减去空白滤纸重得出可吸入颗粒物的重量（mg）。将滤纸保存好，以备成分分析用。

6. 计算

$$c=W/V_0$$

$$V_s=13\times T \tag{附 1-27}$$

式中，c 为空气中 PM_{10} 质量浓度，mg/m^3；W 为颗粒物的重量，mg；V_0 为换算成标准状况下的采样体积，m^3。V_s 为采样体积，L；13 为流量，L/min；T 为采样时间，min。

7. 说明

（1）采样前，必须先将流量计进行校准。采样时准确保持 13L/min。

（2）称量空白及采过样的滤纸，环境及操作步骤必须相同。

（3）采样时必须将采样器部件旋紧，以免样品空气从旁侧进入采样器。

十二、室内空气中细菌总数的测定

本方法主要依据《国家室内空气质量标准》（GB18883—2002）附录 D 方法进行检测。

1. 原理

撞击法是采用撞击式空气微生物采样器采样，通过抽气动力作用，使空气通过狭缝或小孔而产生高速气流，使悬浮在空气中的带菌粒子撞击到营养琼脂平板上，经 37℃、48h 培养后，计算出每立方米空气中所含的细菌菌落数的采样测定方法。

2. 仪器和设备

（1）高压蒸汽灭菌器。

（2）干热灭菌器。

（3）恒温培养箱。

（4）冰箱。

（5）制备培养基用一般设备：量筒，三角烧瓶，pH 计或精密 pH 试纸等。

（6）撞击式空气微生物采样器。基本要求为：

① 对空气中细菌捕获率达 95%。

② 操作简单，携带方便，性能稳定，便于消毒。

（7）平皿（直径 9cm）。

3. 试剂和材料

营养琼脂培养基成分如下：

蛋白胨	20g	琼脂	15~20g
牛肉浸膏	3g	蒸馏水	1000ml
氯化钠	5g		

将上述各成分混合，加热溶解，校正 pH 至 7.4，过滤分装，121℃、20min 高压灭菌，参照撞击法采样器使用说明制备营养琼脂平板。

4. 采样和测定步骤

（1）选择有代表性的房间和位置设置采样点。将采样器消毒，按仪器使用说明进行采样。

（2）样品采完后，将带菌营养琼脂平板置（36±1）℃恒温箱中，培养 48h，计数菌落数。

5. 结果计算

$$c=N/（Q\times t）\qquad（附 1-28）$$

式中，c 为空气细菌菌落数，cfu/m^3；N 为平板上菌落数，cfu；Q 为采样流量，m^3/min；t 为采样时间，min。

十三、室内空气中氡的测定

本方法主要依据《空气中氡浓度的闪烁瓶测量方法》（GB/T 16147—1995）。

1. 方法概要

按规定的程序将待测的空气吸入已抽空的闪烁瓶内。闪烁瓶密封避光 3h，待氡及其短寿命子体平衡后测量 ^{222}Rn、^{218}Po 和 ^{214}Po 衰变时放射出的 α 粒子。它们入射到闪烁瓶的 ZnS（Ag）涂层，使 ZnS（Ag）发光，经过光电倍加管收集并转变成电脉冲，通过脉冲放大、甄别，被标定计数线路记录。在确定时间内脉冲数与所收集空气中氡的浓度是函数相关的，根据刻度源测得的净计数率-氡浓度刻度曲线，可由所测脉冲计数率，得到待测空气中氡浓度。

2. 测量装置

典型测量装置由探头，高压电源和电子学分析记录单元组成。

1）探头：由闪烁瓶、光电倍加管和前置单元电路组成。

（1）通气阀门应经真空系统检验；接入系统后，在 1×10^3Pa 真空下，经过 12h，真空度无明显变化。

（2）底板用有机玻璃制成。其尺寸与光电倍加管的光阴极一致，接触面平坦，无明显划痕，与光电倍加管的光阴极有良好的光耦合。

（3）ZnS（Ag）粉必须去钾提纯处理，使其对本底的贡献保持在最低水平。

（4）整个测量期间，闪烁瓶的漏气量必须小于采样量的 5%。

（5）测量室外空气中氡的浓度时，闪烁瓶的漏气量必须小于 0.5×10^{-3}。

2）必须选择低噪声、高放大倍数的光电倍加管，工作电压低于 1000V。

3）前置单元电路应是深反馈放大器，输出脉冲幅度为 0.1~10V。

4）探头外壳必须具有良好的光密性，材料用铜或铝制成，内表面应氧化涂黑处理，外壳尺寸应适合闪烁瓶的放置。

5）高压电源：输出电压在 0~3000V 范围连续可调，波纹电压不大于 0.1%，电流应不小于 100mA。

6）记录和数据处理系统：可用定标器和打印机，也可用多道脉冲幅度分析器和 *X-Y* 绘图仪。

3. 采样和测量步骤

（1）采样

采样点必须有代表性，选能代表待测空间的最佳采样点。将抽成真空的闪烁瓶带到待测点，进行采样。记录好采样器编号、采样时间、采样点的位置、时间、气压、温度、湿度等。

（2）测量步骤

① 在确定的测量条件下，进行本底稳定性测定和本底测量。得出本底分布图和本底值。

② 将抽成真空的闪烁瓶带至待测点，然后打开阀门（在高湿、高尘环境下，须经预处理去湿、去尘），约 10s 后，关闭阀门，带回测量室待测。记录取样点的位置、湿度和气压等。

③ 将待测闪烁瓶避光保存 3h，在确定的测量条件下进行计数测量。根据要求的测量精度选择适当的测量时间。

④ 测量后，必须及时用无氡气的气体清洗闪烁瓶，以保持本底状态。

4. 测量结果

（1）典型装置刻度曲线在双对数坐标纸上是一条直线，式（附 1-29）为：

$$\log Y = a\log X + b \qquad \text{（附 1-29）}$$

式中，Y 为空气中氡浓度，Bq/m^3；X 为测量的净计数率，cpm；a 为刻度系数，取决于整个测量装置的性能；b 为刻度系数，取决于整个测量装置的性能。

由式（附 1-30）得：

$$Y = e^b X^a \tag{附 1-30}$$

由净计数率，使用图表或公式可以得到相应样品空气中的氡浓度值。

5. 说明

结果的误差主要是源误差、刻度误差、取样误差和测量误差。在测量室外空气中氡浓度时，计数统计误差是主要的。按确定的测量程序，报告要列出测量值和计数统计误差。

附录 2　公共场所室内环境卫生标准相关节选

附表 2-1　《旅店业卫生标准》（GB 9663—1996）

项目		3~5 星级饭店、宾馆	1 星级和 2 星级饭店、宾馆和非星级带空调的饭店、宾馆	普通旅店、招待所
温度/℃	冬季	>20	>20	≥16（采暖地区）
	夏季	<26	<28	—
相对湿度/%		40—65	—	—
风速/（m/s）		≤0.3	≤0.3	—
二氧化碳/%		≤0.07	≤0.10	≤0.10
一氧化碳/（mg/m^3）		≤5	≤5	≤10
甲醛/（mg/m^3）		≤0.12	≤0.12	≤0.12
可吸入颗粒物/（mg/m^3）		≤0.15	≤0.15	≤0.20
空气细菌总数	撞击法/（cfu/m^3）	≤1000	≤1500	≤2500
	沉降法/（个/皿）	≤10	≤10	≤30
台面照度/lx		≥100	≥100	≥100
噪声/dB（A）		≤45	≤55	—
新风量/[m^3/（h·人）]		≥30	≥20	—
床位占地面积/（m^2/人）		≥7	≥7	≥4

附表 2-2　《文化娱乐场所卫生标准》（GB 9664—1996）

项目		影剧院、音乐厅、录像厅	游艺厅、舞厅	酒吧、茶座、咖啡厅
温度/℃	有空调装置，冬季	>18	>18	>18
	有空调装置，夏季	≤28	≤28	≤28
相对湿度（有中央空调）/%		40~65	40~65	40~65
风速（有空调装置）/（m/s）		≤0.3	≤0.3	≤0.3
二氧化碳/%		≤0.15	≤0.15	≤0.15
一氧化碳/（mg/m^3）		—	—	≤10
甲醛/（mg/m^3）		≤0.12	≤0.12	≤0.12
可吸入颗粒物/（mg/m^3）		≤0.15	≤0.15	≤0.20
空气细菌总数	撞击法/（cfu/m^3）	≤4000	≤4000	≤2500
	沉降法/（个/皿）	≤40	≤40	≤30
动态噪声/dB（A）		≤85	≤85（迪斯科舞厅，≤95）	≤55
新风量/[m^3/（h·人）]		≥20	≥30	≥10

附表 2-3　《公共浴室卫生标准》（GB 9665—1996）

项目	更衣室	浴室（淋、池、盆浴）	桑拿
室温/℃	25	30~50	60~80
二氧化碳/%	0.15	≤0.10	—
一氧化碳/（mg/m^3）	≤10	—	—
照度/lx	≥50	≥30	≥30
水温/℃	—	40~50	—
浴池水浊度/（°）	—	≤30	—

附表 2-4　《理发店、美容店卫生标准》（GB 9666—1996）

项目	理发店、美容院（店）	项目	理发店、美容院（店）	
二氧化碳/%	≤0.1	氨/（mg/m^3）	≤0.5	
一氧化碳/（mg/m^3）	≤10	甲醛/（mg/m^3）	≤0.12	
可吸入颗粒物/（mg/m^3）	≤0.15（美容院）	空气细菌总数	撞击法/（cfu/m^3）	≤4000
	≤0.2（理发店）		沉降法/（个/皿）	≤40

附表 2-5　《游泳场所卫生标准》（GB 9667—1996）

项目	标准值	项目	标准值	
冬季温度/℃	高于水：1~2	二氧化碳/%	≤0.15	
相对湿度/%	≤80	空气细菌总数	撞击法/（cfu/m^3）	≤4000
风速/（m/s）	0.5		沉降法/（个/皿）	≤40

附表 2-6　《体育馆卫生标准》（GB 9668—1996）

项目	标准值	项目	标准值	
温度（采暖地区冬季）/℃	≥16	甲醛/（mg/m^3）	≤0.12	
相对湿度/%	40~80	照度/lx	比赛时观众席>5	
风速/（m/s）	≤0.5	空气细菌总数	撞击法/（cfu/m^3）	≤4000
二氧化碳/%	≤0.15		沉降法/（个/皿）	≤40

附表 2-7　《图书馆、博物馆、美术馆、展览馆卫生标准》（GB 9669—1996）

项目		图书馆、博物馆、美术馆	展览馆
温度/℃	有空调装置	18~28	18~28
	无空调装置的采暖地区冬季	≥16	≥16
相对湿度/（%）		45~65	40~80
风速/（m/s）		≤0.5	≤0.5
二氧化碳/%		≤0.10	≤0.10
甲醛/（mg/m^3）		≤0.12	≤0.12
可吸入颗粒物/（mg/m^3）		≤0.15	≤0.25
空气细菌总数	撞击法/（cfu/m^3）	≤2500	≤7000
	沉降法/（个/皿）	≤30	≤75
噪声/dB（A）		≤50	≤60
台面照度/lx		≥100	≥100

附表 2-8　《商场（店）、书店卫生标准》（GB 9670—1996）

项目		标准值
温度/℃	有空调装置	18~28
	无空调装置的采暖地区冬季	≥16
相对湿度（有空调装置）/%		40~80
风速/（m/s）		≤0.5
二氧化碳/%		≤0.15
一氧化碳/（mg/m^3）		≤5
甲醛/（mg/m^3）		≤0.12
可吸入颗粒物/（mg/m^3）		≤0.25
空气细菌总数	撞击法/（cfu/m^3）	≤7000
	沉降法/（个/皿）	≤75
噪声/dB（A）		≤60
		出售音响设备的柜台≤85
照度/lx		≥100

附表 2-9　《医院候诊室卫生标准》（GB 9671—1996）

项目		标准值
温度/℃	有空调装置采暖地区冬季	18~28
	采暖地区冬季	≥16
风速/（m/s）		≤0.5
二氧化碳/%		≤0.10
一氧化碳/（mg/m^3）		≤5
甲醛/（mg/m^3）		≤0.12
可吸入颗粒物/（mg/m^3）		≤0.15
空气细菌总数	撞击法/（cfu/m^3）	≤4000
	沉降法/（个/皿）	≤40
噪声/dB（A）		≤55
照度/lx		≥50

附表 2-10　《公共交通等候室卫生标准》（GB 9672—1996）

项目		候车室和候船室	候机室
温度/℃	有空调装置	18~28	18~28
	无空调装置	24~28	24~28
	采暖地区冬季	＞14	≥16
相对湿度（有空调装置）/%		—	40~80
风速/（m/s）		≤0.5	≤0.5
二氧化碳/%		≤0.10	≤0.15
一氧化碳/（mg/m^3）		≤10	≤10
甲醛/（mg/m^3）		≤0.12	≤0.12
可吸入颗粒物/（mg/m^3）		≤0.25	≤0.15
空气细菌总数	撞击法/（cfu/m^3）	≤7000	≤4000
	沉降法/（个/皿）	≤75	≤40
噪声/dB（A）		≤70	≤70
照度/lx		≥60	≥100

附表 2-11 《公共交通工具卫生标准》（GB 9673—1996）

项目		旅客列车车厢	轮船客舱	飞机客舱
温度/℃	空调 冬季	18~20	18~20	18~20
	空调 夏季	24~28	24~28	24~28
	非空调	＞14	＞14	
垂直温差/℃		≤3		≤3
相对湿度（空调）/%		40~70	40~80	40~60
风速/（m/s）		≤0.5	≤0.5	≤0.5
二氧化碳/%		≤0.15	≤0.15	≤0.15
一氧化碳/（mg/m^3）		≤10	≤10	≤10
可吸入颗粒物/（mg/m^3）		≤0.25	≤0.25	≤0.25
空气细菌总数	撞击法/（cfu/m^3）	≤4000	≤4000	≤2500
	沉降法/（个/皿）	≤40	≤40	≤30
台面照度/lx		≥100	≥100	≥100
噪声（运行速度＜80km/h）/dB（A）		软席≤65	≤65	≤80
		硬席≤65		
照度/lx		客室≥75	二等舱台面强度≥100	≥100
		餐车≥100	三等舱台面强度≥75	
新风量/[m^3/（h • 人）]		≥20	≥20	≥25

附表 2-12 《饭馆（餐厅）卫生标准值》（GB 16153—1996）

项目		标准值
温度/℃		18~22
相对湿度/%		40~80
风速/（m/s）		≤0.15
二氧化碳/%		≤0.15
一氧化碳/（mg/m^3）		≤10
甲醛/（mg/m^3）		≤0.12
可吸入颗粒物/（mg/m^3）		≤0.15
空气细菌总数	撞击法/（cfu/m^3）	≤4000
	沉降法/（个/皿）	≤40
照度/lx		≥50
新风量/[m^3/（h • 人）]		≥20

附录3 民用建筑工程室内环境污染控制规范

本规范依据《民用建筑工程室内环境污染控制规范》（GB 50325—2010）。

（一）总则

1.0.1 为了预防和控制民用建筑工程中建筑材料和装修材料产生的室内环境污染，保障公众健康，维护公共利益，做到技术先进，经济合理，确保安全适用，特制定本规范。

1.0.2 本规范适用于新建、扩建和改建的民用建筑工程室内装修工程的环境污染控制。本规范不适用于工业建筑工程、仓储性建筑工程、构筑物和有特殊净化卫生要求的室内环境污染控制，也不适用于民用建筑工程交付使用后，非建筑装修产生的室内环境污染控制。

1.0.3 本规范控制的室内环境污染物有氡（简称 Rn-222）、甲醛、氨、苯和总挥发性有机化合物（简称 TVOC）。

1. 0.4 民用建筑工程根据室内环境污染的不同要求，划分为以下两类：

1. Ⅰ类民用建筑工程：住宅、医院、老年建筑、幼儿园、学校教室等民用建筑工程；

2. Ⅱ类民用建筑工程：办公楼、商店、旅店、文化娱乐场所、书店、图书馆、展览馆、体育馆、公共交通等候室、餐厅、理发店等民用建筑工程。

1.0.5 民用建筑工程所选的建筑材料和装修材料必须符合本规范的有关规定。

1.0.6 民用建筑工程室内环境污染控制除应符合本规范外，尚应符合国家现行的有关标准的规定。

（二）术语和符号

2.1 术语

2.1.1 民用建筑工程 civil building engineering

民用建筑工程是指新建、扩建和改建的民用建筑结构工程和装修工程的统称。

2.1.2 环境测试舱 environment test chamber

一种模拟室内环境对建筑材料和装修材料的污染物释放量的设备。

2.1.3 表面氡析出率 radon exhalation rate from soil surface

单位面积、单位时间土壤或材料表面析出的氡的反射性活度。

2.1.4 内照射指标（I_{Ra}）internal exposure index

建筑材料中天然放射性核素镭-226 的放射性比活度，除以比活度限量值 200 而得的商。

2.1.5 外照射指数（I_{r}）external exposure index

建筑材料中天然放射性核素镭-226、钍-232 和钾-40 的放射性比活度，分别除比活度限量值 370、260、4200 而得的商之和。

2.1.6 氡浓度 radon consistence

单位体积空气中氡的放射性活度。

2.1.7 人造木板 wood based panels

以植物纤维为原料，经机械加工分离成各种形状的单元材料，再经组合并加入胶粘剂压制而成的板材，包括胶合板、纤维板、刨花板等。

2.1.8 饰面人造木板 decorated wood based panels

以人造木板为基材，经涂饰或复合装饰材料面层后的板材。

2.1.9 水性涂料 water-based coatings

以水为稀释剂的涂料。

2.1.10 水性胶粘剂 water based adhesives

以水为稀释剂的胶粘剂。

2.1.11 水性处理剂 water based treatment agents

以水作为稀释剂，能浸入建筑材料和装修材料内部，提高其阻燃、防水、防腐等性能的液体。

2.1.12 溶剂型涂料 solvent-thinned coatings

以有机溶剂作为稀释剂的涂料。

2.1.13 溶剂型胶粘剂 solvent-thinned adhesives

以有机溶剂作为稀释剂的胶粘剂。

2.1.14 游离甲醛释放量 content of released formaldehyde

在环境测试舱法或干燥器法的测试条件下，材料释放游离甲醛的量。

2.1.15 游离甲醛含量 content of free formaldehyde

在穿孔法的测试条件下，材料单位质量中含有游离甲醛的量。

2.1.16 总挥发性有机化合物 total volatile organic compounds

在本规范规定的检测条件下，所测得空气中挥发性有机化合物的总量。简称 TVOC。

2.1.17 挥发性有机化合物 volatile organic compounds

在本规范的检测条件下，所测得材料中挥发性有机化合物的总量。简称 VOC。

2.2 符号

I_{Ra}——内照射指数；

I_{v}——外照射指数；

C_{Ra}——建筑材料中天然放射性核素镭-226 的放射性比活度；

C_{Th}——建筑材料中天然放射性核素钍-232 的放射性比活度；

C_{K}——建筑材料中天然放射性核素钾-40 的放射性比活度，贝可/千克（Bq/kg）；

f_{i}——第 i 种材料在材料总用量中所占的质量百分比，%；

I_{rai}——第 i 种材料的内照射指数；

I_{vi}——第 i 种材料的外照射指数。

（三）材料

3.1 无机非金属建筑主体材料和装修材料

3.1.1 民用建筑工程所使用的砂、石、砖、水泥、混凝土、混凝土预制构件等无机非金属建筑主体材料的放射性限量，应符合附表 3-1 的规定。

3.1.2 民用建筑工程所使用的无机非金属装修材料，包括石材、建筑卫生陶瓷、石膏板、吊顶材料、无机瓷质砖粘接材料等，进行分类时，其放射性指标限量应符合附表 3-2 的规定。

附表 3-1　无机非金属建筑材料放射性指标限量

测定项目	限量
内照射指数（I_{Ra}）	≤1.0
外照射指数（I_v）	≤1.0

附表 3-2　无机非金属装修材料放射性指标限量

测定项目	限量	
	A	B
内照射指数（I_{Ra}）	≤1.0	≤1.3
外照射指数（I_v）	≤1.3	≤1.9

3.1.3 民用建筑工程所使用的加气混凝土和空心率（孔洞率）大于 25%的空心砖、空心砌块等建筑主体材料，其放射性限量应符合附表 3-3。

附表 3-3　加气混凝土和空心率（孔洞率）大于 25%的建筑主体材料放射性限量

测定项目	限量
表面氡析出率[Bq/（m^2·s）]	≤0.0015
内照射指数（I_{Ra}）	≤1.0
外照射指数（I_v）	≤1.3

3.1.4 建筑主体材料和装修材料放射性核素的测试方法应符合现行国家标准《建筑材料放射性核素限量》GB6566 的有关规定，表面氡析出率的检测方法应符合规范 GB50325 附录 A 的规定。

3.2 人造木板及饰面人造木板

3.2.1 民用建筑工程室内用人造木板及饰面人造木板，必须测定游离甲醛的含量或游离甲醛的释放量。

3.2.2 当采用环境测试舱法测定游离甲醛释放量，并依此对人造木板进行分级时，其限量应符合现行国家标准《室内装饰装修材料　人造板及其制品中甲醛释放限量》GB18580 的规定，见附表 3-4。

附表 3-4　环境测试舱法测试游离甲醛释放量限量

级别	限量/（mg/m^3）
E1	≤0.12

3.2.3 当采用穿孔法测定游离甲醛含量，并依此对人造木板进行分级时，其限量应符合现行国家标准《室内装饰装修材料 人造板及其制品中甲醛释放限量》GB18580 的规定。

3.2.4 当采用干燥器法测定游离甲醛释放量，并依此对人造木板进行分级时，其限量应符合现行国家标准《室内装饰装修材料 人造板及其制品中甲醛释放限量》GB18580 的规定。

3.2.5 饰面人造木板可采用环境测试舱法或干燥器法测定游离甲醛释放量，当发生争议时应以环境测试舱法的测定结果为准；胶合板、细木工板宜采用干燥器法测定游离甲醛释放量；刨花板、中密度纤维板等宜采用穿孔法测定游离甲醛含量。

3.2.6 环境测试舱法测定游离甲醛释放量，宜按本规定附录 B 进行。

3.2.7 采用穿孔法及干燥器法进行检测时，应符合国家标准《室内装饰装修材料 人造板及其制品中甲醛释放限量》GB18580 的规定。

3.3 涂料

3.3.1 民用建筑工程室内用水性涂料和水性腻子，应测定游离甲醛的含量，其限量应符合附表 3-5 的规定。

附表 3-5　室内用水性涂料和水性腻子中游离甲醛限量

测定项目	限量	
	水性涂料	水性腻子
游离甲醛/（mg/kg）	≤100	

3.3.2 民用建筑工程室内用溶剂型涂料和木器用溶剂型腻子，应按其规定的最大稀释比例混合后，测定 VOC 和苯、甲苯+二甲苯+乙苯的含量，其限量应符合附表 3-6 的规定。

附表 3-6　室内用溶剂型涂料和木器用溶剂型腻子中 VOC 和苯、甲苯+二甲苯+乙苯限量

涂料类别	VOC/（g/L）	苯/%	（甲苯+二甲苯+乙苯）/%
醇酸类涂料	≤500	≤0.3	≤5
硝基类涂料	≤720	≤0.3	≤30
聚氨酯类涂料	≤670	≤0.3	≤30
酚醛防锈漆	≤270	≤0.3	—
其他溶剂型涂料	≤600	≤0.3	≤30
木器用溶剂型腻子	≤550	≤0.3	≤30

3.3.3 聚氨酯漆测定固化剂中游离甲苯二异氰酸酯（TDI、HDI）的含量后，应按其规定的最小稀释比例计算出聚氨酯漆中游离二异氰酸酯（TDI、HDI）含量，且不应大于 4g/kg。测定方法宜符合现行国家标准《色漆盒清漆用漆基 异氰酸酯树脂中 二异氰酸酯（TDI）单体的测定》GB/T18446 的有关规定。

3.3.4 水性涂料和水性腻子中游离甲醛含量测定方法，宜按现行国家标准《室内装饰装修材料 内墙涂料中有害物质限量》GB18582 有关的规定。

3.3.5 溶剂型涂料中挥发性有机化合物（VOC）、苯、甲苯+二甲苯+乙苯测定方法，宜符合本规范附录 C 的规定。

3.4 胶粘剂

3.4.1 民用建筑工程室内用水性胶粘剂，应测定挥发性有机化合物（VOC）和游离甲醛的含量，其限量应符合附表 3-7 的规定。

附表 3-7　室内用水性胶粘剂中 VOC 和游离甲醛限量

测定项目	聚乙酸乙烯酯胶粘剂	橡胶类胶粘剂	聚氨酯类胶粘剂	其他胶粘剂
挥发性有机化合物（VOC）/（g/L）	≤110	≤250	≤100	≤350
游离甲醛/（g/kg）	≤1.0	≤1.0	—	≤1.0

3.4.2 民用建筑工程室内用溶剂型胶粘剂，应测定其挥发性有机化合物（VOC）和苯、甲苯+二甲苯的含量，其限量应符合附表 3-8 的规定。

附表 3-8　室内用溶剂型胶粘剂中 VOC 和苯、甲苯+二甲苯限量

测定项目	氯丁橡胶胶粘剂	SBS 胶粘剂	聚氨酯类胶粘剂	其他胶粘剂
苯	≤5.0			
甲苯+二甲苯	≤200	≤150	≤150	≤150
挥发性有机化合物/（g/L）	≤700	≤650	≤700	≤700

3.4.3 聚氨酯胶粘剂应测定游离甲苯二异氰酸酯（TDI）的含量，按产品推荐的最小稀释量计算出聚氨酯漆中游离甲苯二异氰酸酯（TDI）含量，且不应大于 4g/kg，测定方法宜符合现行国家标准《室内装饰装修材料 胶粘剂中有害物质限量》GB18583 附录 D 的规定。

3.4.4 水性缩甲醛胶粘剂中游离甲醛、挥发性有机化合物（VOC）含量的测定方法，宜符合现行国家标准《室内装饰装修材料 胶粘剂中有害物质限量》GB18583 附录 A 和附录 F 的规定。

3.4.5 溶剂型胶粘剂中挥发性有机化合物（VOC）和苯、甲苯+二甲苯含量测定方法，宜符合本规范附录 C 的规定。

3.5 水性处理剂

3.5.1 民用建筑工程室内用水性阻燃剂（包括防火涂料）、防水剂、防腐剂等水性处理剂，应测定游离甲醛的含量，其限量应符合附表 3-9 的规定。

附表 3-9　室内用水性处理剂中游离甲醛限量

测定项目	限量
游离甲醛/（mg/kg）	≤100

3.5.2 水性处理剂中游离甲醛含量的测定方法，宜按现行国家标准《室内装饰装修材料 内墙涂料中有害物质限量》GB18582 的方法进行。

3.6 其他材料

3.6.1 民用建筑工程中所使用的能释放氨的阻燃剂、混凝土外加剂，氨的释放量不应大于 0.10%，测定方法应符合现行国家标准《混凝土外加剂中释放氨的限量》GB18588 的有关规定。

3.6.2 能释放甲醛的混凝土外加剂，其游离甲醛含量不应大于 500mg/kg，测定方法应符合现行国家标准《室内装饰装修材料 内墙涂料中有害物质限量》GB18582 的有关规定。

3.6.3 民用建筑工程中使用的粘合木结构材料，游离甲醛释放量不应大于 0.12mg/m^2，其测定方法应符合本规范附录 B 的有关规定。

3.6.4 民用建筑工程室内装修时，所使用的壁布、帷幕等游离甲醛释放量不应大于 0.12mg/m^2，其测定方法应符合本规范附录 B 的有关规定。

3.6.5 民用建筑工程室内用壁纸中甲醛含量不应大于 120mg/kg，测定方法应符合现行国家标准《室内装饰装修材料 壁纸中有害物质限量》GB18585 的有关规定。

3.6.6 民用建筑工程室内用聚氯乙烯卷材地板中挥发物含量测定方法应符合现行国家标准《室内装饰装修材料　聚氯乙烯卷材地板中有害物质限量》GB18586 的有关规定，其限量应符合附表 3-10 的有关规定。

附表 3-10　聚氯乙烯卷材地板中挥发物限量

名称		限量
发泡类卷材地板	玻璃纤维基材	≤75
	其他基材	≤35
非发泡类卷材地板	玻璃纤维基材	≤40
	其他基材	≤10

3.6.7 民用建筑工程室内用地毯、地毯衬垫中总挥发性有机化合物和游离甲醛的释放量测定方法应符合本规范附录 B 的规定，其限量应符合附表 3-11 的有关规定。

附表 3-11　地毯、地毯衬垫中有害物质释放限量

名称	有害物质项目	限量/（mg/m^2·h）	
		A 级	B 级
地毯	总挥发性有机化合物	≤0.500	≤0.600
	游离甲醛	≤0.050	≤0.050
地毯衬垫	总挥发性有机化合物	≤1.000	≤1.200
	游离甲醛	≤0.050	≤0.050

（四）工程勘察设计

4.1 一般规定

4.1.1 新建、扩建的民用建筑工程设计前，应进行建筑工程所在城市土壤中氡浓度或土壤表面氡析出率调查，并提供相应的调查报告。未进行过区域土壤中氡浓度或土壤表面氡析出率测定，应进行建筑场地土壤中氡浓度或土壤表面氡析出率测定，并提供相应的检测报告。

4.1.2 民用建筑工程设计应根据建筑物的类型和用途控制装修材料的使用量。

4.1.3 民用建筑工程的室内通风设计，应符合国家现行标准《民用建筑设计通则》GB50352的有关规定，对于采用中央空调的民用建筑工程，新风量应符合现行国家标准《公共建筑节能设计标准》GB50189的有关规定。

4.1.4 采用自然通风的民用建筑工程，自然间的通风开口有效面积不应小于该房间地板面积的1/20。夏热冬冷的地区、寒冷地区、严寒地区等I类民用建筑工程需要长时间关闭门窗使用时，房间应采取通风换气措施。

4.2 工程地点土壤中氡浓度调查及防氡

4.2.1 新建、扩建的民用建筑的工程地质勘察报告，应包括工程地点的地质构造、断裂及区域放射性背景资料。

4.2.2 已进行过土壤中氡浓度或土壤表面氡析出率区域性测定的民用建筑工程，当土壤氡浓度测定结果平均值不大于 10000Bq/m^3 或土壤表面氡析出率测定结果平均值不大于 0.02Bq/（m^2·s），且工程场地所在地点不存在地质断裂构造时，可不再进行土壤氡浓度测定；其他情况均进行工程场地土壤中氡浓度或土壤表面氡析出率测定。

4.2.3 当民用建筑工程场地土壤氡浓度不大于 20000Bq/m^3 或土壤表面氡析出率不大于 0.05 Bq/（m^2·s）时，可不采取防氡工程措施。

4.2.4 当民用建筑工程场地土壤氡浓度大于 20000Bq/m^3，且小于 30000Bq/m^3，或土壤表面氡析出率大于 0.05 Bq/（m^2·s）且小于 0.1 Bq/（m^2·s）时，应采取建筑物低层地面抗裂措施。

4.2.5 当民用建筑工程场地土壤氡浓度大于或等于 30000Bq/m^3，且小于 50000Bq/m^3，或土壤表面氡析出率大于或等于 0.1Bq/（m^2·s）且小于 0.3Bq/（m^2·s）时，除采取建筑物低层地面抗裂措施外，还必须按现行国家标准《地下工程防水技术规范》GB50108中的一级防水要求，对基础进行处理。

4.2.6 当民用建筑工程场地土壤氡浓度大于或等于 50000Bq/m^3，或土壤表面氡析出率平均值大于或等于 0.3Bq/（m^2·s）时，应采取建筑物综合防氡措施。

4.2.7 当I类民用建筑工程场地土壤中氡浓度大于或等于 50000Bq/m^3，或土壤表面氡析出率平均值大于或等于 0.3Bq/（m^2·s）时，应进行工程场地土壤中的镭-226、钍-232、钾-40的比活度测定。当内照射指数（I_{Ra}）大于1.0或外照射指数（I_v）大于1.3时，工程场地土壤不得作为工程回填土使用。

4.2.8 民用建筑工程场地土壤中氡测定方法及土壤表面氡析出率测定方法应按本规范附录E的规定。

4.3 材料选择

4.3.1 民用建筑工程室内不得使用国家禁止使用、限制使用的建筑材料。

4.3.2 Ⅰ类民用建筑工程必须采用 A 类无机非金属建筑材料和装修材料。

4.3.3 Ⅱ类民用建筑工程宜采用 A 类无机非金属建筑材料和装修材料；当 A 类和 B 类无机非金属装修材料混合使用时，应按下式计算，确定每种材料的使用量：

$$\sum f_i I_{Rai} \leqslant 1 \quad \text{（附 3-1）}$$

$$\sum f_i I_{ri} \leqslant 1.3 \quad \text{（附 3-2）}$$

式中，f_i 为第 i 种材料在材料总用量中所占的份额（%）；I_{Rai} 为第 i 种材料的内照射指数；I_{ri} 为第 i 种材料的外照射指数。

4.3.4 Ⅰ类民用建筑工程的室内装修，必须采用 E_1 类人造木板及饰面人造木板。

4.3.5 Ⅱ类民用建筑工程的室内装修，宜采用 E_1 类人造木板及饰面人造木板；当采用 E_2 类人造木板时，直接暴露于空气的部位应进行表面涂覆密封处理。

4.3.6 民用建筑工程的室内装修，所采用的涂料、胶粘剂、水性处理剂，其苯、甲苯、游离甲苯二异氰酸酯（TDI）、总挥发性有机化合物（TVOC）的含量，应符合本规范的规定。

4.3.7 民用建筑工程的室内装修，不应采用聚乙烯醇水玻璃内墙涂料、聚乙烯醇缩甲醛内墙涂料和树脂以硝化纤维素为主、溶剂以二甲苯为主的（O/W）多彩内墙涂料。

4.3.8 民用建筑工程的室内装修时，不应采用聚乙烯醇缩甲醛胶粘剂。

4.3.9 民用建筑工程室内装修中所使用的木板及其他木质材料，严禁采用沥青、煤焦油类防腐、防潮处理剂。

4.3.10 Ⅰ类民用建筑工程中室内装修粘贴塑料地板时，不应采用溶剂型胶粘剂。

4.3.11 Ⅱ类民用建筑工程中地下室及不与室外直接自然通风的房间贴塑料地板时，不宜采用溶剂型胶粘剂。

4.3.12 民用建筑工程中，不应在室内采用脲醛泡沫塑料作为保温、隔热、吸声材料。

（五）工程施工

5.1 一般规定

5.1.1 施工单位应按设计要求及本规范的有关规定,对所用建筑材料或装修材料进行现场检验。

5.1.2 当建筑材料或装修材料进行现场检验,发现不符合设计要求及本规范的有关规定时，严禁使用。

5.1.3 施工单位应按设计要求及本规范的有关规定进行施工，不得擅自更改设计文件的要求。当需要修改设计时，应按规定程序进行变更。

5.1.4 民用建筑工程室内装修，当多次重复使用同一设计时，宜先做样板间，并对其室内环境污染物浓度进行测试。

5.1.5 样板间室内环境污染物浓度检测方法，应符合本规范第 6 章的有关规定。当测试结果不符合本规范的规定时，应查找原因并采取相应措施进行处理。

5.2 材料进场检验

5.2.1 民用建筑工程中所采用的无机非金属材料和装修材料必须有放射性指标检测报告，并应符合设计要求和本规范的规定。

5.2.2 民用建筑工程室内饰面采用的天然花岗石石材作为饰面材料时，当总面积大于 $200m^2$ 时，应对不同产品分别进行放射性指标的复验。

5.2.3 民用建筑工程室内装修中所采用的人造木板及饰面人造木板，必须有游离甲醛含量或游离甲醛释放量检测报告，并应符合设计要求和本规范的规定。

5.2.4 民用建筑工程室内装修中采用的某一种人造木板及饰面人造木板面积大于 $500m^2$ 时，应对不同产品进行游离甲醛含量或游离甲醛释放量的复验。

5.2.5 民用建筑工程室内装修中所采用的水性涂料、水性胶粘剂、水性处理剂必须有总挥发有机化合物（TVOC）和游离甲醛含量报告；游离甲苯二异氰酸酯（TDI）（聚氨酯类）含量检测报告，并应符合设计要求和本规范的规定。

5.2.6 建筑材料或装修材料的检验项目不全或对检测结果有疑问时，必须将材料送有资格的检测机构进行检验，检验合格后方可使用。

5.3 施工要求

5.3.1 采取防氡措施的民用建筑工程，其地下工程的变形缝、施工缝、穿墙管（盒）、埋设件、预留孔洞等特殊部位的施工工艺，应符合现行国家标准《地下工程防水技术规范》的有关规定。

5.3.2 Ⅰ类民用建筑工程当采用异地土作为回填土时，该回填土应进行镭-226、钍-232、钾 K-40 的比活度测定。当内照射指数（I_{Ra}）不大于 1.0 和外照射指数（I_{γ}）不大于 1.3 时，方可使用。

5.3.3 民用建筑工程室内装修所采用的稀释剂和溶剂，严禁使用苯、工业苯、石油苯、重质苯及混苯。

5.3.4 民用建筑工程室内装修施工时，不应使用苯、甲苯、二甲苯和汽油进行除油和清除旧油漆作业。

5.3.5 涂料、胶粘剂、水性处理剂、稀释剂和溶剂等使用后，应及时封闭存放，废料应及时清出室内。

5.3.6 严禁在民用建筑工程室内用有机溶剂清洗施工用具。

5.3.7 采暖地区的民用建筑工程，室内装修工程施工不宜在采暖期内进行。

5.3.8 民用建筑室内装修中，进行饰面人造木板拼接施工时，除芯板为 E_1 级的芯板，应对其断面及无饰面部位进行密封处理。

5.3.9 壁纸（布）、地毯、装饰板、吊顶等施工时，应注意防潮，避免覆盖局部潮湿区域。空调冷凝水导排应符合现行国家标准《采暖通风与空气调节设计规范》GB50019 的有关规定。

（六）竣工验收

6.0.1 民用建筑工程及其室内装修工程的室内环境质量验收，应在工程完工至少 7d 以后、工程交付使用前进行。

6.0.2 民用建筑工程及其室内装修工程验收时，应检查下列资料：

1. 工程地质勘察报告，工程地点土壤中氡浓度的检测报告、工程地点土壤天然放射性核素镭 Ra-226、钍 Th-232、钾 K-40 含量检测报告；
2. 涉及室内环境污染控制的施工图设计文件及工程设计变更文件；
3. 涉及室内环境污染控制的施工图设计文件及工程设计变更文件；
4. 建筑材料及装修材料的污染物含量检测报告，材料进场检验记录，复验报告；
5. 与室内环境污染控制有关的隐蔽工程验收记录，施工记录；
6. 样板间室内环境污染物浓度检测记录（不做样板间的除外）。

6.0.3 民用建筑工程所用建筑材料及装修材料的类别、数量和施工工艺等，应符合设计要求和本规范的有关规定。

6.0.4 民用建筑工程验收时，必须进行室内环境污染物浓度检测。检测结果应符合附表 3-12 的规定。

附表 3-12　民用建筑工程室内环境污染物浓度限量

污染物	Ⅰ类民用建筑工程	Ⅱ类民用建筑工程
氡/（Bq/m^3）	≤200	≤400
游离甲醛/（mg/m^3）	≤0.08	≤0.12
苯/（mg/m^3）	≤0.09	≤0.09
氨/（mg/m^3）	≤0.2	≤0.5
TVOC/（mg/m^3）	≤0.5	≤0.6

注：1.表中污染物浓度限量，除氡外均指室内检测值和扣除同步测定的室外上风空气测量值（本底值）后的测量值。

2.表中污染物浓度测量值的极限值判断，采用全数值比较法。

6.0.5 民用建筑工程验收时，采用集中中央空调的工程，应进行室内新风量的检测，检测结果应符合设计要求和现行国家标准《公共建筑节能设计标准》GB50189 的有关规定。

6.0.6 民用建筑工程室内空气中的氡的检测，所选用方法的测量结果不确定度不应大于 25%，方法的探测下限不应大于 10 Bq/m^3。

6.0.7 民用建筑工程室内空气中甲醛的检测方法，应符合国家标准《公共场所空气中甲醛测定方法》GB/T18204.26 中酚试剂分光光度法的规定。

6.0.8 民用建筑工程室内空气中甲醛的检测，也可采用渐变取样仪器检测方法，甲醛简便取样仪器应定期进行校准，测量结果在 0.01~0.60mg /m^3 测定范围内的不确定应小于 20%。当发生争议是，应以现行国家标准《公共场所空气中甲醛检验方法》GB/T18204.26 中酚试剂分光光度法的测定结果为准。

6.0.9 民用建筑工程室内空气中苯的检测方法，应符合本规范附录 F 的规定。

6.0.10 民用建筑工程室内空气中氨的检测，可采用国家标准《公共场所空气中氨测定方法》GB/T18204.25 中靛酚蓝分光光度法的规定。

6.0.11 民用建筑工程室内空气中总挥发性有机化合物（TVOC）的检测方法，应符合本规范附录 G 的规定。

6.0.12 民用建筑工程验收时,应抽检有代表性的房间室内环境污染物浓度，氡、氨、苯、TVOC 检测数量不得少于 5%，并不得少于 3 间。房间总数少于 3 间时，应全数检测。

6.0.13 民用建筑工程验收时,凡进行了样板间室内环境污染物浓度测试结果合格的，抽检数量减半，并不得少于 3 间。

6.0.14 民用建筑工程验收时，室内环境污染物浓度检测点应按房间面积设置：

1. 房间面积<$50m^2$ 时，设 1 个检测点；
2. 当房间面积≥50 m^2，＜$100m^2$ 时，设 2 个检测点；
3. 房间面积≥$100m^2$，＜500 m^2 时，设不少于 3 个检测点。
4. 房间面积≥$500m^2$，＜1000 m^2 时，设不少于 5 个检测点。
5. 房间面积≥$1000m^2$，＜3000 m^2 时，设不少于 6 个检测点。
6. 房间面积≥$3000m^2$，设不少于 9 个检测点。

6.0.15 当房间内有 2 个及以上检测点时，应取用对角线、斜线、梅花状均衡布点，并取各点检测结果的平均值作为该房间的检测值。

6.0.16 民用建筑工程验收时，环境污染物浓度现场检测点应距内墙面不小于 0.5m、距楼地面高度 0.8~1.5m。检测点应均匀分布，避开通风道和通风口。

6.0.17 民用建筑工程室内环境中游离甲醛、苯、氨、总挥发性有机化合物（TVOC）浓度检测时，对采用集中空调的民用建筑工程，应在空调正常运转的条件下进行；对采用自然通风的民用建筑工程，检测应在对外门窗关闭 1h 后进行。对甲醛、氨、苯、TVOC 取样检测时，装饰装修工程中完成的固定式夹具，应保持正常使用状态。

6.0.18 民用建筑工程室内环境中氡浓度检测时，对采用集中空调的民用建筑工程，应在空调正常运转的条件下进行；对采用自然通风的民用建筑工程，检测应在对外门窗关闭 24h 后进行。

6.0.19 当室内环境污染物浓度的全部检测结果符合本规范的规定时，可判定该工程室内环境质量合格。

6.0.20 当室内环境污染物浓度检测结果不符合本规范的规定时，应查找原因并采取措施进行处理。抽取措施进行处理后的工程，可对不合格项进行再次检测。再次检测时，抽检数量应增加 1 倍，并包含同类型房间及原不合格房间。再次检测结果全部符合本规范的规定时，应判定为室内环境质量合格。

6.0.21 室内环境质量验收不合格的民用建筑工程，严禁投入使用。

附录4　绿色建筑评价与等级划分

依据《绿色建筑评价标准》（GB50378-2006）绿色建筑评价指标体系由节地与室外环境、节能与能源利用、节水与水资源利用、节材与材料资源利用、室内环境质量和运营管理（住宅建筑）或全生命周期综合性能（公共建筑）六类指标组成。每类指标包括控制项、一般项与优选项。

绿色建筑的评价原则上以住区或公共建筑为对象，也可以单栋住宅为对象进行评价。评价单栋住宅时，凡涉及室外环境的指标，以该栋住宅所处住宅环境的评价结果为准。

附表4-1　划分绿色建筑等级的项数要求（住宅建筑）

等级	一般项数（共40项）						优选项数（共6项）
	节地与室外环境（共9项）	节能与能源利用（共5项）	节水与水资源利用（共7项）	节材与材料资源利用（共6项）	室内环境质量（共5项）	运营管理（共8项）	
★	4	2	3	3	2	5	—
★★	6	3	4	4	3	6	2
★★★	7	4	6	5	4	7	4

注：根据住宅建筑所在地区、气候与建筑类型等特点，符合条件的一般项数可能会减少，表中对一般项数的要求可按比例调整。

附表4-2　划分绿色建筑等级的项数要求（公共建筑）

等级	一般项数（共43项）						优选项数（共21项）
	节地与室外环境（共8项）	节能与能源利用（共10项）	节水与水资源利用（共6项）	节材与材料资源利用（共5项）	室内环境质量（共7项）	运营管理（共7项）	
★	3	5	2	2	2	3	—
★★	5	6	3	3	4	4	6
★★★	7	8	4	4	6	6	13

注：根据建筑所在地区、气候与建筑类型等特点，符合条件的项数可能会减少，表中对一般项数和优选项数的要求可按比例调整。

彩　图

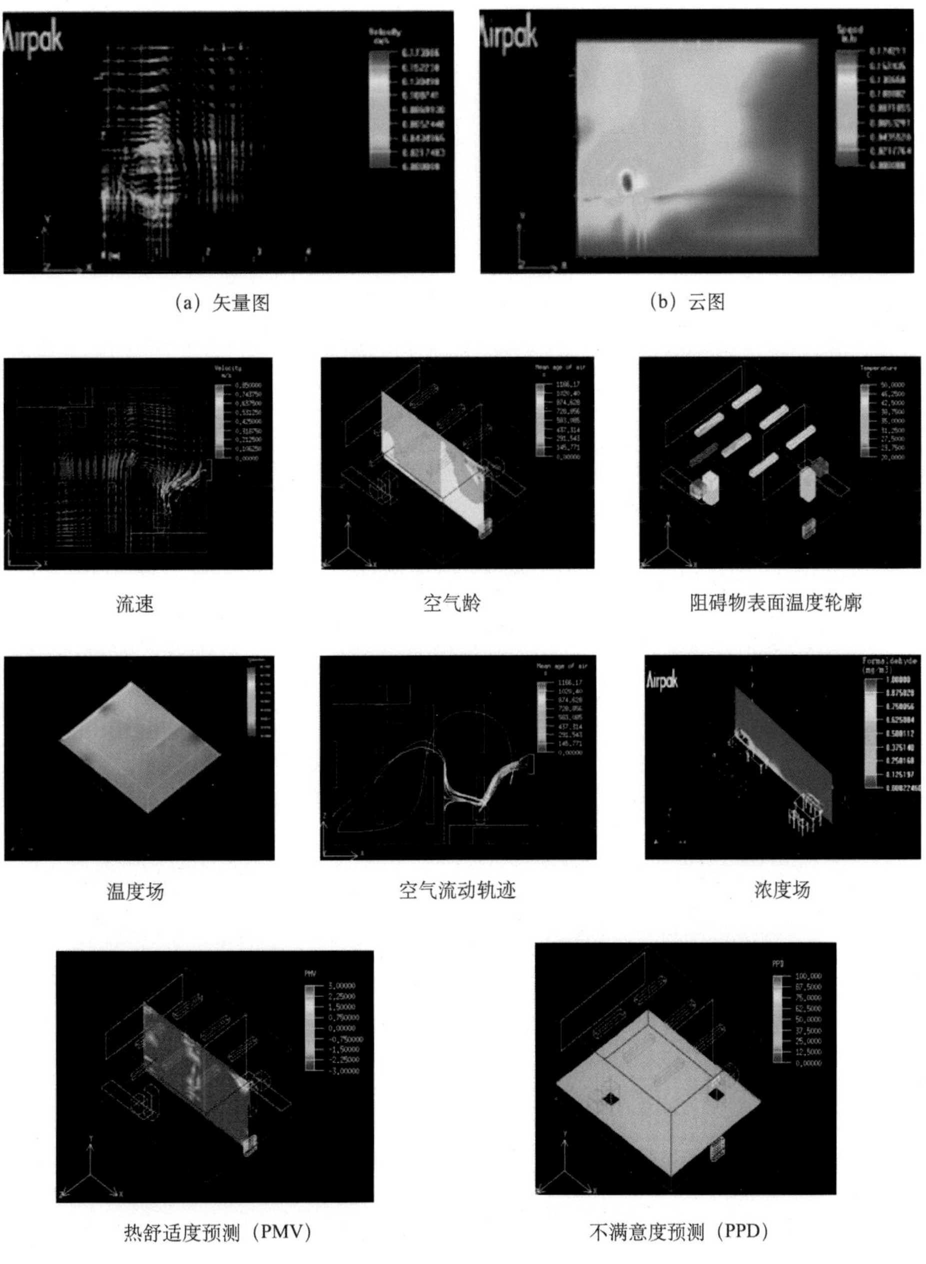

(a) 矢量图　(b) 云图

流速　空气龄　阻碍物表面温度轮廓

温度场　空气流动轨迹　浓度场

热舒适度预测（PMV）　不满意度预测（PPD）

附图 1　Airpak 可视化处理

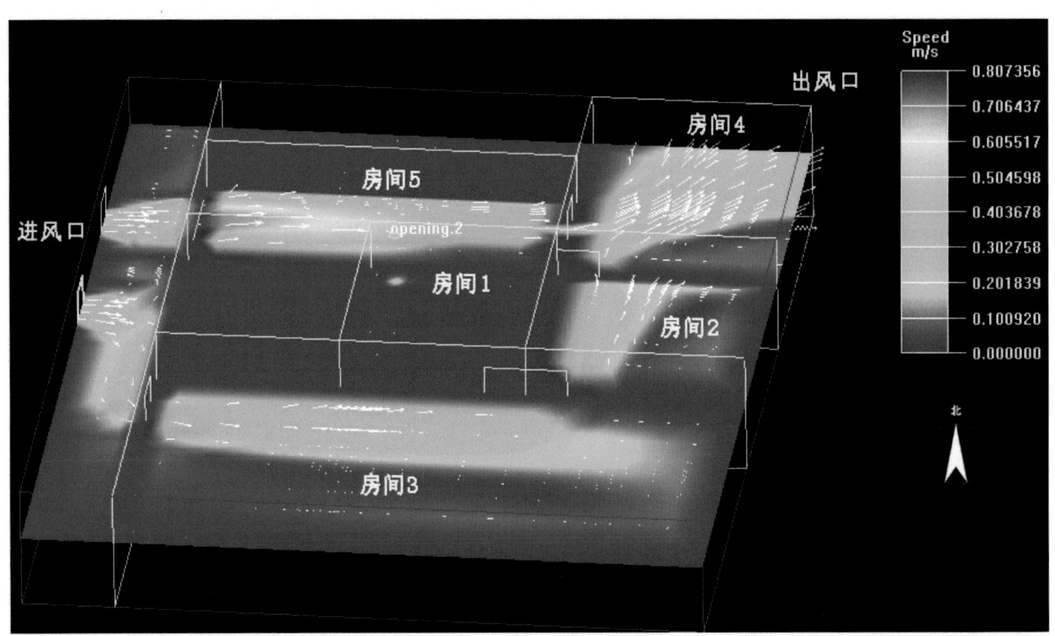

（a）风速分布图

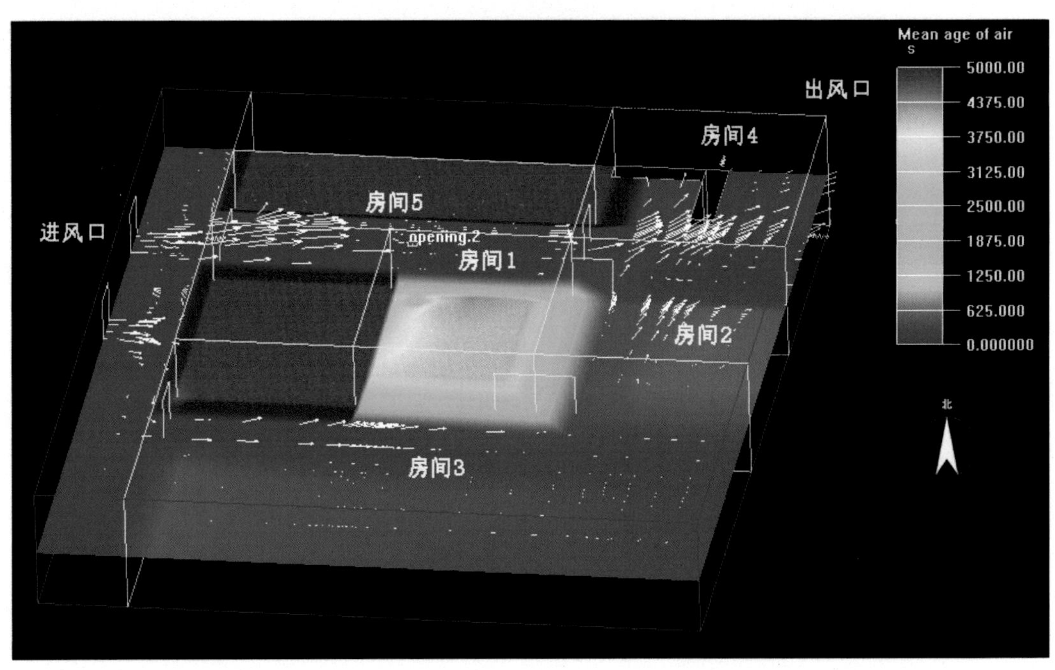

（b）空气龄分布图

附图 2　情景一：西侧大门进风、东北角办公室出风

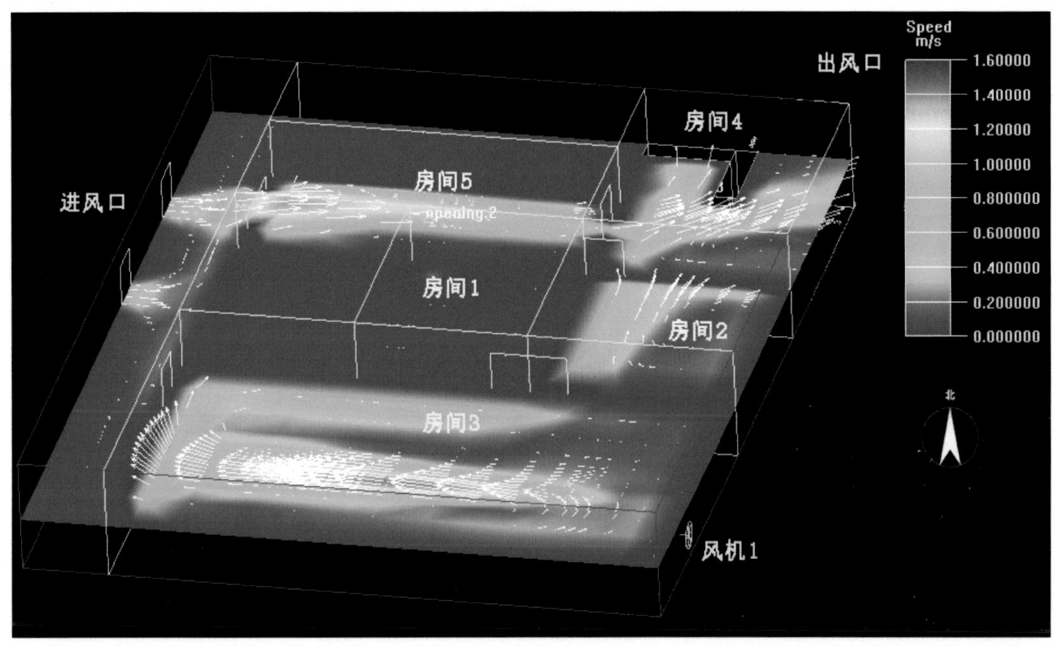

(a) 风速分布图

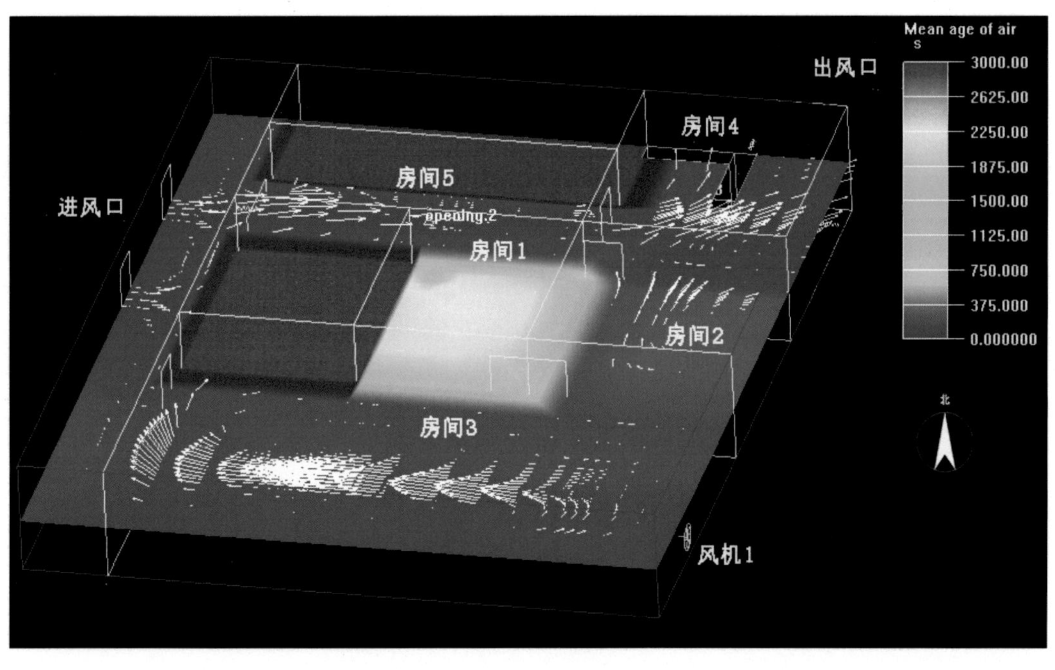

(b) 空气龄分布图

附图 3　情景二：西侧大门进风、东北角办公室出风、增设一台坐地风机

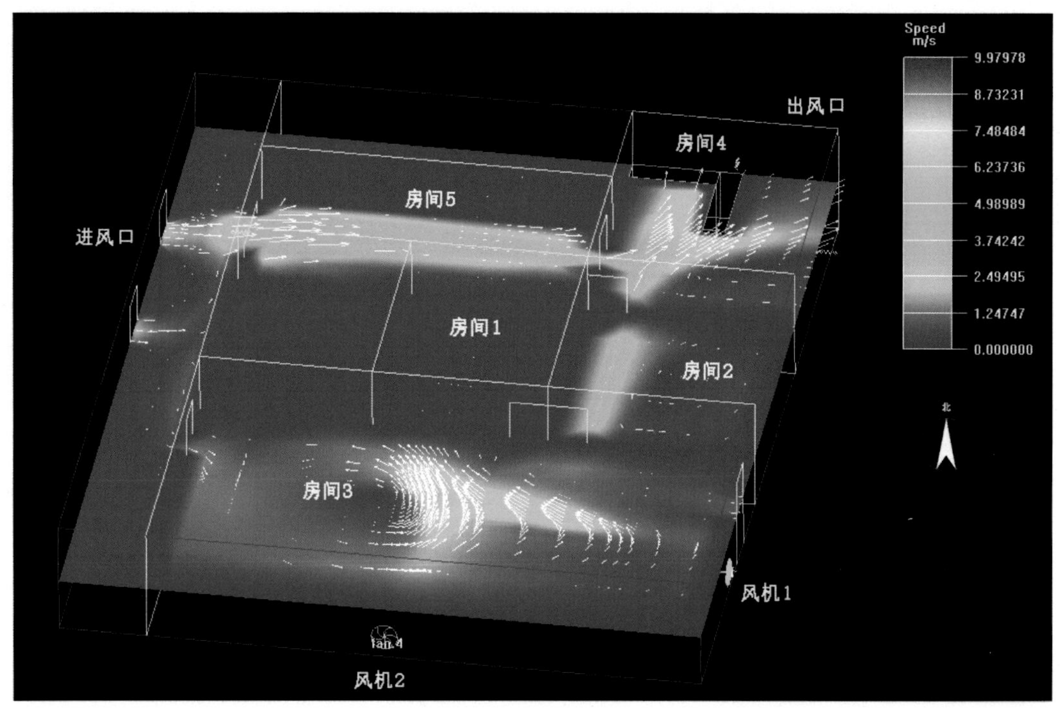

(a) 风速分布图

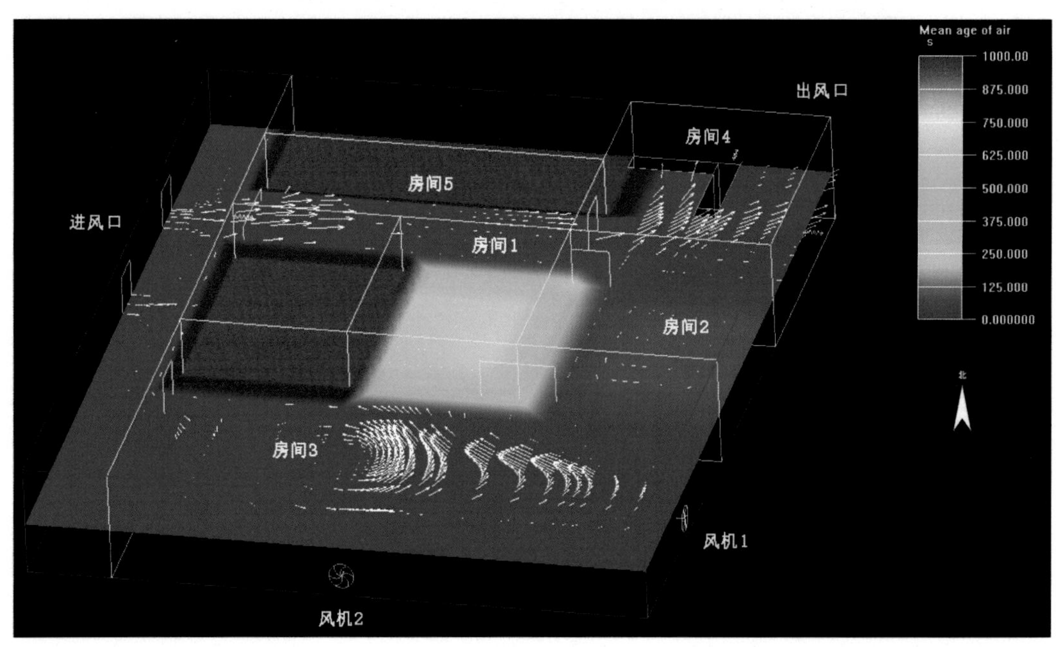

(b) 空气龄分布图

附图4　情景三：西侧大门进风、东北角办公室出风、增设两台坐地风机

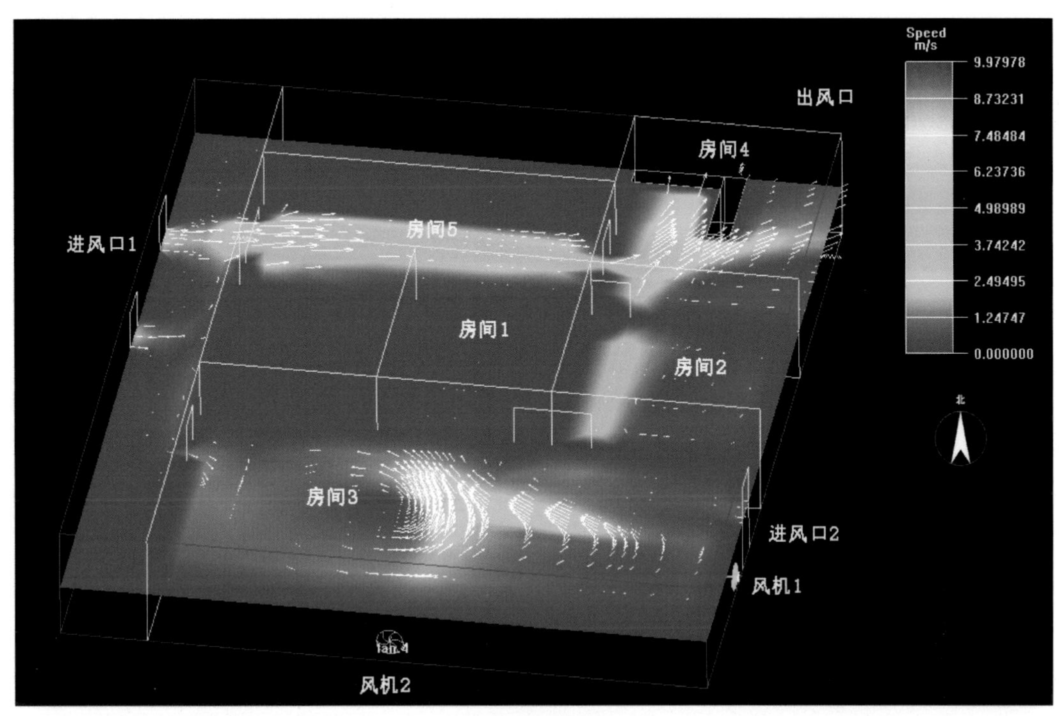

(a) 风速分布图

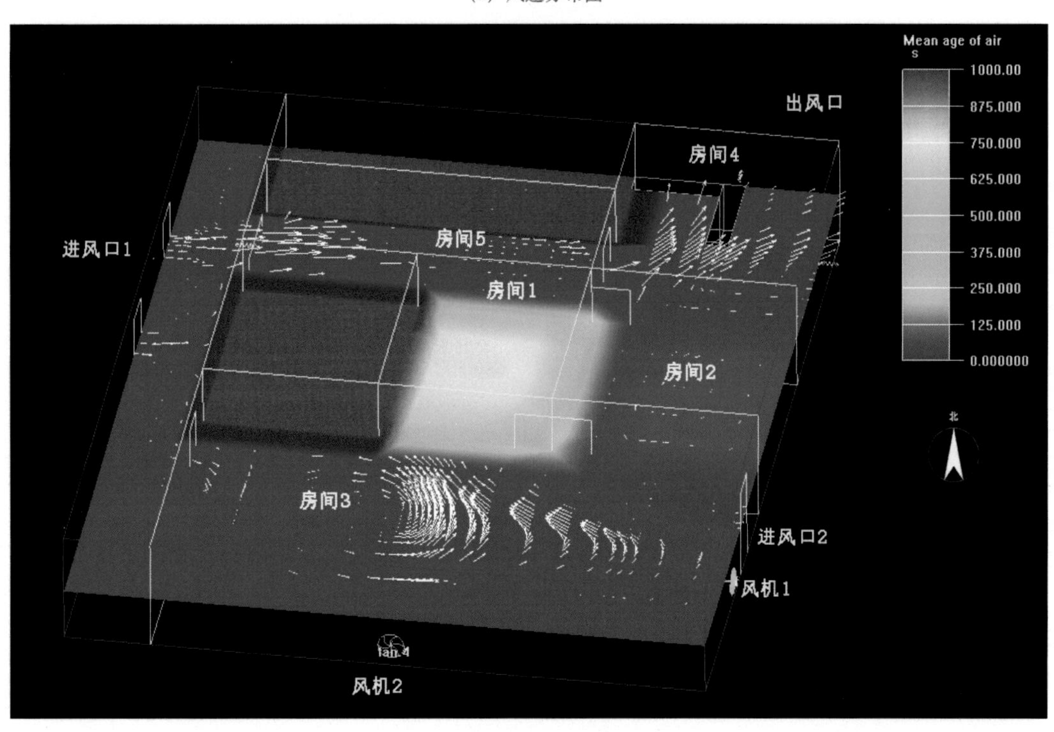

(b) 空气龄分布图

附图 5　情景四：西侧大门与东南角办公室进风、东北角办公室出风、增设两台坐地风机

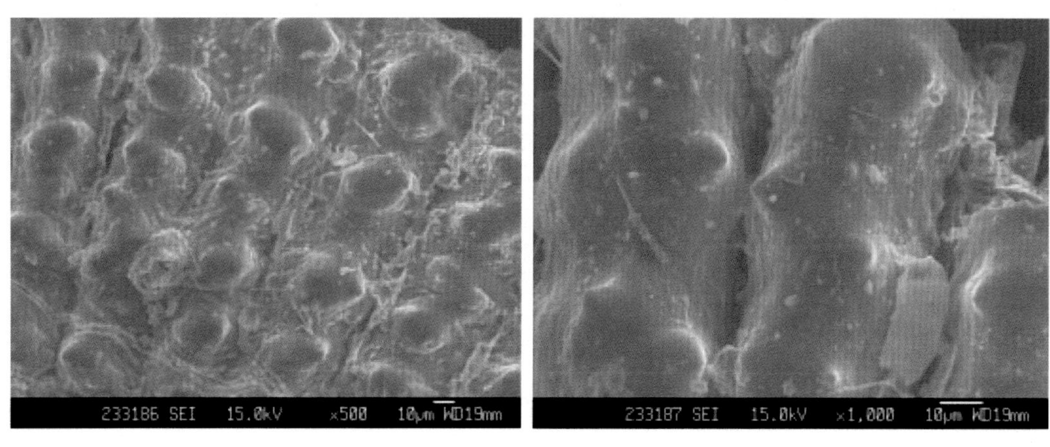

（a）放大500倍　　（b）放大1000倍

附图 6　稻壳扫描电镜微观图

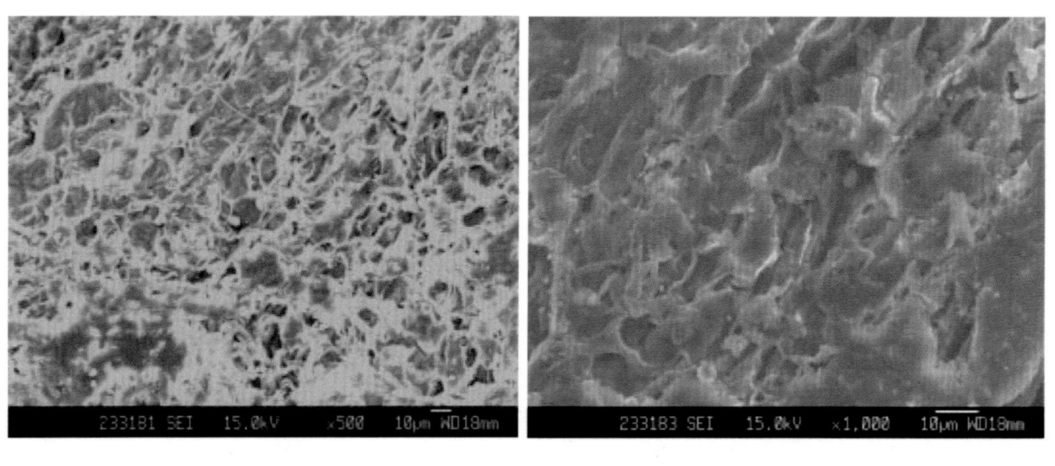

（a）放大500倍　　（b）放大1000倍

附图 7　荞麦壳扫描电镜微观图

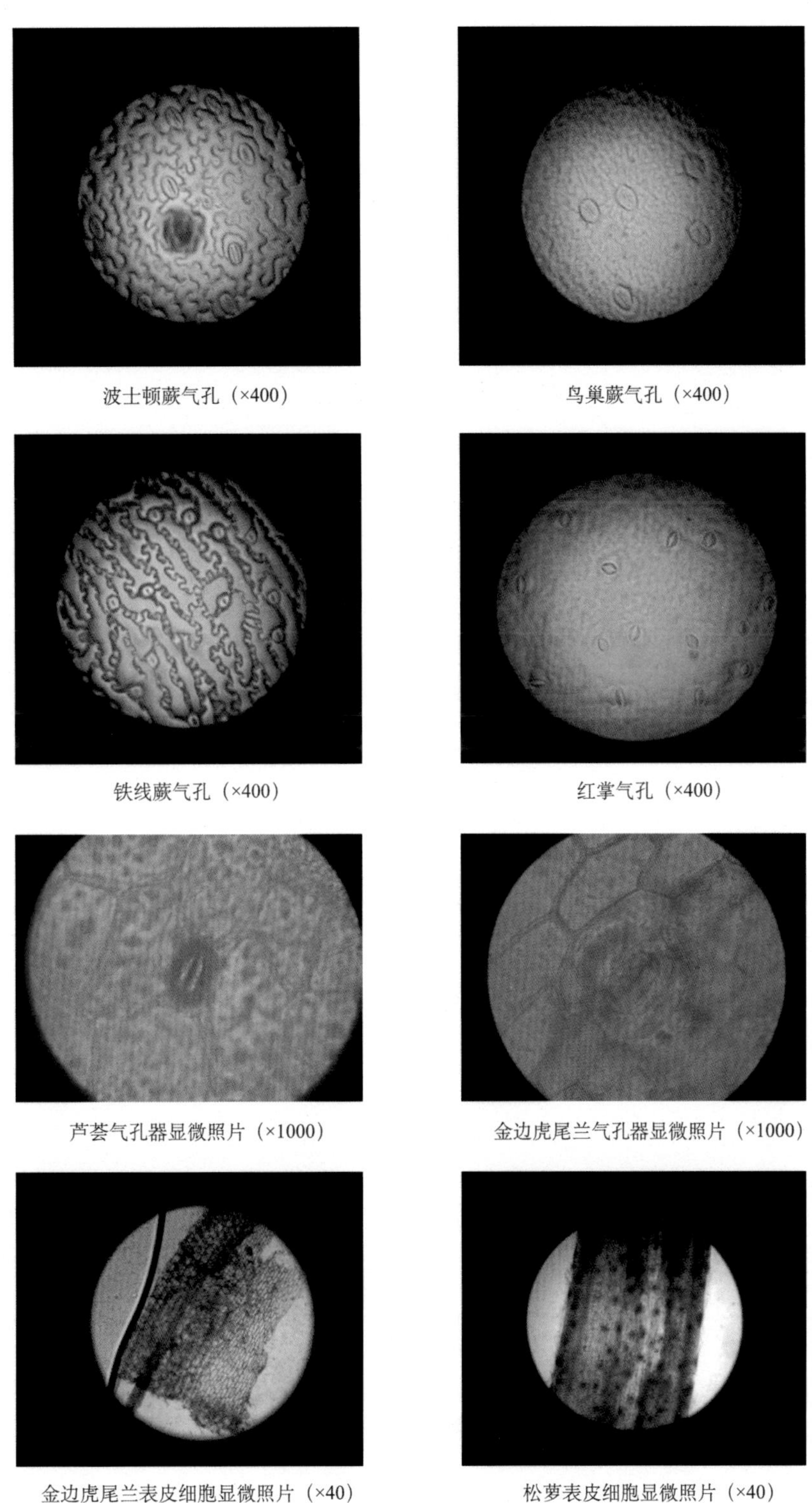

波士顿蕨气孔（×400）

鸟巢蕨气孔（×400）

铁线蕨气孔（×400）

红掌气孔（×400）

芦荟气孔器显微照片（×1000）

金边虎尾兰气孔器显微照片（×1000）

金边虎尾兰表皮细胞显微照片（×40）

松萝表皮细胞显微照片（×40）

附图 8　各植物气孔形状及表皮细胞显微图

波士顿蕨

皱叶薄荷

铁线蕨

常春藤

橡皮树

秋海棠

附图 9　净化甲醛的高效植物

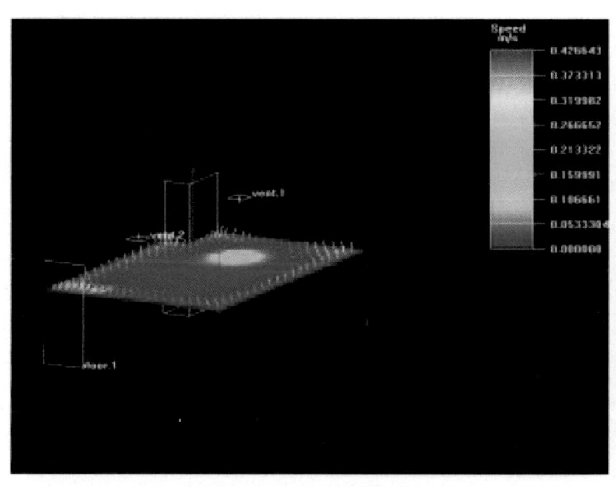

（a）房1—风速分布

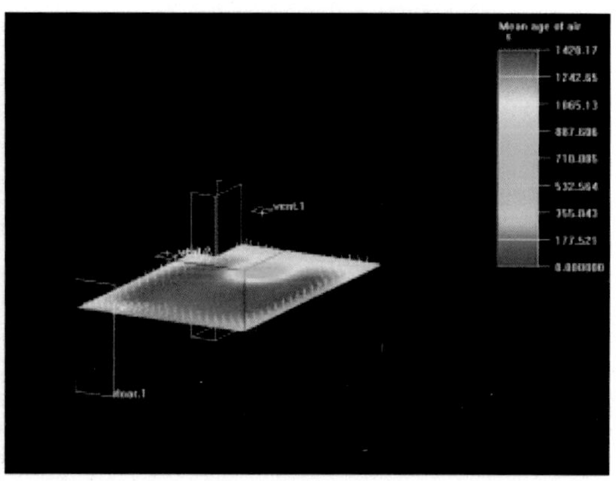

（b）房1—平均空气龄

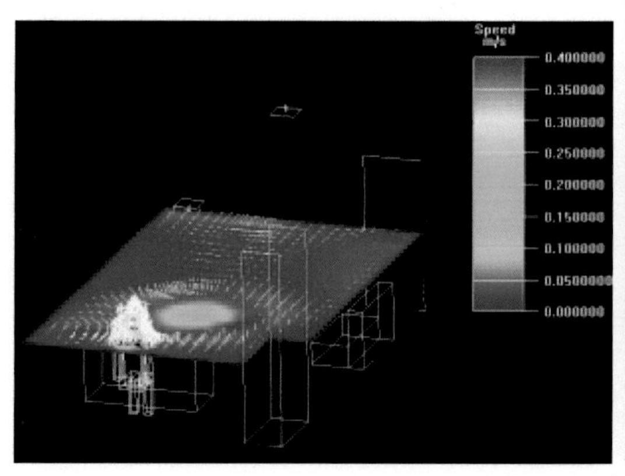

（c）房2—风速分布

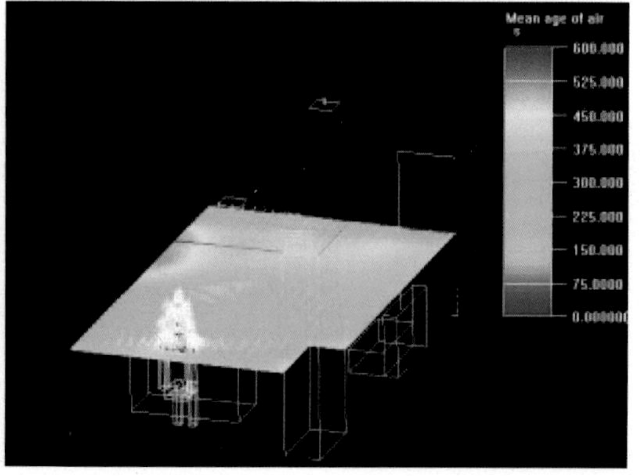

（d）房2—平均空气龄

附图 10　房间风速分布及空气龄分布情况